排水管网危害气体控制原理及技术

卢金锁　张志强　王社平　袁宏林　著

科学出版社

北　京

内 容 简 介

本书从城镇排水功能需求、管网系统构架和历史发展过程出发，以分流制污水管道和雨污合流管道为主要对象，总结分析了管道内环境特征及其作用下的危害性气体产生、扩散及传质原理，阐述了管道内常见气体的危害性质及现场和实验室监测分析方法；基于管道液相中微生物参与下气体产生、液相扩散、气液传质及气相扩散等危害气体的形成路径，总结分析了切断不同途径的危害气体控制理论与技术；从我国城市建筑与污水管道建设特征出发，着重论述了强化管道自然通风控制危害气体的技术措施、控制机理和控制效能，总结了排水管网危害气体控制技术的工程化实施案例。

本书可供排水管网规划、建设及维护等相关工程技术人员和研究人员参考，也可作为市政工程和环境工程专业研究生教材和高级技术人员培训的参考用书。

图书在版编目（CIP）数据

排水管网危害气体控制原理及技术/卢金锁等著. —北京：科学出版社，2021.2

ISBN 978-7-03-067304-6

Ⅰ. ①排⋯　Ⅱ. ①卢⋯　Ⅲ. ①给水管道–管网–有害气体–污染防治
Ⅳ. ①X511

中国版本图书馆 CIP 数据核字(2020)第 253561 号

责任编辑：朱　丽　郭允允　程雷星 / 责任校对：何艳萍
责任印制：吴兆东 / 封面设计：无极书装

科 学 出 版 社 出版
北京东黄城根北街 16 号
邮政编码：100717
http://www.sciencep.com

北京虎彩文化传播有限公司 印刷
科学出版社发行　各地新华书店经销
*
2021 年 2 月第 一 版　　开本：B5 (720×1000)
2023 年 2 月第二次印刷　　印张：19 3/4
字数：387 000
定价：139.00 元

(如有印装质量问题，我社负责调换)

前　言

　　城镇排水系统是保障城镇安全运行和提升水环境质量的重要基础设施，其中污水处理受到了重点关注，而长久以来对排水管网没有足够重视产生了诸多问题。多数城镇排水系统中普遍存在管道破损、沉积堵塞、雨污混接、污水渗漏等现象，形成了城镇污水处理规模大于供水规模、管道中雨污水源头不清和管道臭气外溢导致的局部区域臭味重等怪相，发生了直排污水污染水体、管道维护工人死伤及污水系统爆炸等严重问题。

　　管道内产生大量硫化氢和甲烷等危害气体是导致排水管道发生严重问题的原因之一。排水管道埋于地下，仅有检查井的开启孔与外界相通，通气不畅使得管道内以厌氧环境为主，在管壁生物膜及水中厌氧微生物作用下产生了硫化氢、甲烷和一氧化碳等危害气体，导致混凝土管道腐蚀、人员伤亡、遇明火爆炸和散发臭味等。我国排水管道总建设长度已突破 80 万 km，在大多数管道设计和建设中未考虑通风，随着管道沉积物增加、污水流量提升和服役年限延长，在我国普遍高密度建筑和高密度人口的城镇中，危害性气体带来的负面影响将越发突出。

　　针对污水管道中危害气体的问题，作者基于我国城市重力流污水管道密集和建筑单体密度高的特征，提出了增强污水管道自然通气降低危害气体浓度的解决思路和研究方向，先后研发了检查井跌水增强通气技术、建筑排水驱动增强通气和"建筑立管–污水管道–建筑立管"管道增强通气系统构建技术等。课题组先后十多名研究生参与完成了不同技术研发及其相应的通气监测及模拟计算、增强通气作用下控制危害气体的效果、增强通气对管壁微生物群落特征影响和污水管道危害气体分布模拟等工作。

　　危害气体风险及问题是污水管道存在的诸多问题之一，作者总结了国内外控制危害气体的方法与技术，以课题组研发的增强污水管道通气技术为核心，并将污水管道中涉及的物化、生化反应过程及气液传质等基础理论知识也包含在本书中，期望为我国排水管道规划、设计、建设及维护工作水平整体提升抛砖引玉，引发我国科研工作者对排水管道问题的兴趣，推动相关工作的技术人员对排水系统提质增效开展深入和系统的研究。

　　全书共 10 章，有三部分内容：第一部分（第 1、2 章）主要介绍城镇排水管网系统的基础知识，包括系统组成、功能和危害气体种类、检测、分布特征及系统维护等；第二部分（第 3、4、10 章）主要论述排水管道中危害气体产生机制和常见控制措施及部分实际工程案例；第三部分（第 5～9 章）主要论述了强化自然通风技术及其对排水系统气流组织的影响、作用原理、效果验证和效果模拟等。

第 1 章由高如月、王晓祎、杨洲、郑才林、卢金锁撰写；第 2 章由王波、王佳豪、杨静、袁宏林撰写；第 3 章由王晓祎、邢祎、刘艳涛、刘鑫、张志强撰写；第 4 章由吴炳文、赵子聪、李亚芹、周亚鹏、张志强撰写；第 5 章由周亚鹏、刘君卓、丁超、王社平、卢金锁撰写；第 6 章由周亚鹏、刘君卓、丁超、王社平、卢金锁撰写；第 7 章由高如月、于玺、丁文韬、袁宏林撰写；第 8 章由辛宽、周亚鹏、赵开拓、常娜、卢金锁撰写；第 9 章由王健、闫森、丁超、卢金锁撰写；第 10 章由赵子聪、张子庚、张志强、卢金锁撰写。

本书在写作过程中参阅了大量国内外文献资料，并在每章末逐一列出，如有遗漏敬请谅解，在此对所有参考文献作者表示诚挚的谢意！在本书出版之际，作者再次对帮助和支持本书成稿的同事、朋友表示衷心的感谢！同时也感谢课题组毕业和在读研究生，正是他们辛苦努力的工作，才能将研究成果呈现给读者。

由于作者水平有限，书中不足之处在所难免，恳请广大读者批评指正。

卢金锁

2020 年 5 月于西安

目 录

第1章 城镇排水管网系统及其发展

1.1 城镇排水管网系统

生活用水、工业用水及市政用水经使用后，水质受到了不同程度的污染，成为污（废）水。污（废）水携带着不同来源和不同种类的污染物质，会对人体健康、生活环境和自然生态环境带来严重危害。污（废）水需要及时收集和处理后，才可排放到自然水体或者循环重复利用。天然降水形成地面径流，为了降低地面径流对城镇生活和生产的影响，需要及时有组织地将其排向地表水体。为排除城镇污水和雨水而构建的人工或天然污水或雨水输送系统被称为城镇排水管网系统。城镇排水管网系统是城镇排水系统的重要组成部分。

1.1.1 排水管网系统功能

城镇排水管网系统是城镇公用设施的重要组成部分，承担污（废）水和雨水收集、输送任务，以防止其污染城镇环境和产生城镇内涝（蒋海涛，2008）。其主要功能有：①水量输送，即实现一定水量的位置迁移要求；②水量调节，通过储水措施(如排水调蓄池等)，解决排水管网流量与输水量或处理水量的不平衡问题；③水压调节，即采用加压措施调节水的压力，满足污水的输送及排放的能量要求。城镇排水管网通常利用地形，采用重力排水，只有当管渠埋深太大时，才采用排水泵站进行提升排水。

1.1.2 排水系统体制

生活污水、工业废水和雨水可采用同一个排水管网系统排除，也可采用各自独立的分质排水管网系统排除。不同排水方式所形成的排水系统，称为排水体制，主要有合流制和分流制两种形式。

1. 合流制排水系统

将生活污水、工业废水和雨水混合在同一管道（渠）系统内收集和输送的排水系统称为合流制排水系统。根据污（废）水和雨水汇集后的处置方式的不同，合流制排水系统又可分为直排式合流制排水系统和截流式合流制排水系统。

　　直排式合流制排水系统是将混合污水不经处理直接就近排入水体，是一种古老的排水系统，其对水体污染严重，是必须进行改造的旧合流制排水系统，目前在我国存在很少。

　　截流式合流制排水系统是在排水管网系统内建造一条截流干管，在合流干管与截流干管相交前或相交处设置溢流井，并在截流干管下游设置污水处理厂。街道管道（渠）中合流的生活污水、工业废水和雨水，一起排向沿河的截流干管，晴天和降雨初期时，所有污水都输送到污水处理厂；雨天时当混合污水水量超过一定数量时，其超出部分通过溢流井溢出，直接排入水体。截流式合流制排水系统仍有部分混合污水未经处理直接排放，使水体遭受污染。然而，由于截流式合流制排水系统在旧的城镇排水系统改造中比较简单易行，投资少，并能大量降低污染物质的排放，因此，在国内外旧排水系统改造时经常采用。

2. 分流制排水系统

　　将生活污水、工业废水和雨水分别在两套或两套以上管道（渠）系统内排放的排水系统称为分流制排水系统。其中，排除城镇污水或工业废水的管网系统称为污水管网系统；排除雨水的管网系统称为雨水管网系统。由于污水中含有大量的漂浮物及排水流量的不确定性，污水管网管道一般采用非满管流设计，雨水管网的管道一般采用满管流。工业废水的输送管道采用满管流或非满管流应根据水质特性决定。

　　由于排除雨水方式的不同，分流制排水系统又分为完全分流制排水系统和不完全分流制排水系统。完全分流制排水系统包括污水排水系统和雨水排水系统。不完全分流制排水系统只有污水排水系统，未建造雨水排水系统，雨水沿天然地面、街道边沟、水渠等渠道系统排泄。有些情况下，为了补充原有渠道系统输水能力的不足会修建部分雨水道，待城镇进一步发展后再修建雨水排水系统，使之成为完全分流制排水系统。

　　现代城镇，尤其历史悠久的城镇，多数是混合排水体制，即既有分流制也有合流制的排水系统。在大城镇中，因各区域的自然条件以及城镇发展可能相差较大，因地制宜地在各区域采用不同的排水体制也是合理的。

1.1.3　排水管网系统的构成

　　城镇排水管网系统是由不同材料的管道和附属设施构成的输水网络。一般由用水点的污水收集设施、小区排水管网、化粪池、市政排水管（渠）、调蓄池、提升泵站构成。

　　污水收集设施：排水系统的起始点，用水点排出的污水一般排到室外检查井，通过连接检查井的排水支管将污水收集到化粪池，然后排到市政排水管（渠）中或直接排到市政排水管（渠）中。

市政排水管（渠）：指分布于排水区域内的排水管道（渠道）网络，其功能是将收集的污（废）水和雨水等输送到处理地点或排放口，以便集中处理和排放。排水管网中通常设置雨水口、检查井、跌水井、溢流井、水封井、换气井等附属构筑物及流量等检测设施，便于排水系统的运行与维护管理。

排水管网由支管、干管、主干管等构成，一般顺沿地面高程由高向低布置成树状网络。在没有压力的条件下，依靠水流自身重力作用流动的排水管道称为重力流排水管道。重力流排水管道是污水排放中最常用的手段，采用这种方式排除污水不产生动力费用，维护及检修量小。

调蓄池：指具有一定容积的污水、废水或雨水储存设施。用于调节排水管网接收流量与输水或处理水量的差值。

提升泵站：指通过水泵提升排水高程而增加排水输送的能量的设施。通过水泵提升可以降低管道埋深，从而降低工程费用。另外，为了使排水能够进入处理构筑物或达到排放的高程，也需要提升或加压。提升泵站根据需要设置，较大规模的排水管网或需要长距离输送时，可能需要设置多座提升泵站。

污（废）水输水管（渠）：指长距离输送污水的管道或渠道。排水处理设施或排放口设置在远离城镇的水体下游时，往往需要长距离输送。

污（废）水排放口：排水管道的末端是污（废）水排放口，与接纳污水的水体连接。为了保证排放口的稳定，或者使废水能够比较均匀地与接纳水体混合，需要合理设置排放口。排放口有多种形式，常用的有岸边式排放口和分散式排放口。

1.2　城镇排水系统历史与发展

城镇排水系统建设有着悠久的历史，最原始的城镇排水系统是主要用于排除雨水的自然敞开沟渠。随着城镇的发展、水冲厕所的使用，排水设施被改造成排水管道。城镇排水系统也用来排除城镇的生活污水。手工业和工业的发展使得工业废水进入了排水管网系统。国内外城镇的发展和厕所的使用不同导致国内外排水系统的发展也有所不同。

1.2.1　国外排水系统的历史

排水管网系统的建设可以追溯到公元前 7000 年的城镇革命时期，当时世界上第一个城镇居住区建立起来，从而出现了早期的排水系统。公元前 3000 年，古印度出现了已知世界上最早的用于水冲厕所的排水系统。

1. 古希腊排水系统

约公元前3200年，古希腊文明进入空前繁荣时期，出现了废水和雨水收集系统，在宫殿地板下方还发现了用陶土制作的污水管道。陶制管道常常用作管径较小的污水管道，截面较大的污水管道常采用石头建造在街道下方，用于排出雨水和污水。此外，公元前1700年，古希腊克诺索斯宫殿也出现了水冲厕所与相应的排水系统（图1-1）。

(a)　　　　　　　　　　　　　　　(b)

图 1-1　古希腊体育馆的陶制污水管道（a）和马其顿街道下的石砌污水管道（b）

在大多数的矩形石砌污水管道中，可以看到管道下侧没有使用石头砌筑管道底面。这使得管道的建设成本更低，同时更容易快速进行污水管道建造。但这种管道会使污水渗入土壤，从而使运输流量减小。随着城镇的发展，古希腊还建造了截面更大的拱形石砌污水管道（图1-2）。

2. 古罗马排水系统

从古罗马时代开始，人均水消耗量与世界发达地区目前的水平相同，排水管网非常普遍。罗马的第一条排水管道是公元前800～前735年修建的，全城的排水设施到公元前100年时全部完成。罗马城并没有一个统一的排水系统，各个区域都有它们的排水系统，罗马的主排水管道有三条：马尔斯原野系统、马克希玛大排水管道（即大排水管道）[图1-3（b）]和马克西姆斯圆形竞技场系统。这三大主排水管道都直接与台伯河相连，废物和废水均排入台伯河。罗马建造排水系统的目的是在城镇内输送雨水径流，以防止洪水泛滥。但是，可能受街道上废弃物倾倒的影响，固体废弃物也排入排水系统。

此外，公元前100年，罗马人还组织建造了较为完善的大型公共厕所[图1-3（a）]，厕所内由渡槽提供连续水流，将排出的秽物冲入排水管道。

图 1-2　位于雅典（a）和伊瑞特里亚（b）的大横截面污水管道

图 1-3　古罗马多座厕所（a）和马克希玛大排水管道（b）

　　古罗马主排水管道多为半圆拱形，管道墙壁和拱顶一般为石制。马克希玛大排水管道是半圆拱形石制结构，长 900 多米，直径 5 米左右，在很长时间内不断地增修。公元前 33 年，阿格里帕曾亲自坐着小船，进入排水管道里视察（Angelakis et al.，2005）。至今这条排水管道仍然作为罗马市中心地表排水系统的一部分在使用（Angelakis et al.，2005）。

　　古罗马城每一个排水管网系统都是由一条主排水管道和多条分支排水管道组成的，例如，马克希姆斯圆形竞技场系统共有 8 条分支。分支排水管道包括道路分支排水管道和房屋分支排水管道。道路分支排水管道横卧在道路下面，在街道上有排水口。房屋分支排水管道是由私人在自己家或经营的小商店等内部修建的分支排水管道,将其连接在相邻街道上的公共道路分支排水管道上。房屋分支排水管道流出的废物和废水排到道路分支排水管道内,然后流入主排水管道,最终排入台伯河(Angelakis et al.,2005)。

古罗马时期的排水管网的建设和管理经验已经随时间流逝,而中世纪的欧洲城镇也有了初步的排水设施。直到 17 世纪,欧洲和美国城镇才开始发展地下排水管网。伦敦和巴黎的城镇最早开始发展排水管网,欧洲其他城镇紧随其后。第一条排水管道是从暴雨排水沟发展而来的,然后抽水马桶里的排泄物也排入排水管道里,这时排水管道就变成了合流制排水管道(潘明娟,2017)。直到法国大革命时,也就是 200 多年前,巴黎的排水管网总长度仅 26km,到 1887 年,排水管网全长扩展至 600km(潘明娟,2017)。

1.2.2　国内排水系统的历史

中国古代排水系统主要用于防洪、治河、灌溉、废水处理和暴雨排水等。迄今所知中国最早的排水系统,是一组出土于河南淮阳平粮台龙山时代的埋地陶质排水管道。直到 20 世纪 80 年代大规模城镇化以前,中国的大多数城镇都具备传统排水系统(Hvitved-Jacobsen et al.,2013)。传统排水系统有两个显著的特点:一是建有环城护城河,它是排水系统的重要组成部分;二是许多古城内均挖有排洪河道作为排水系统的干渠。先秦时期城镇的排水系统主要由城内沟渠、护城河以及天然的河湖共同组成。排水系统与城外的护城河相互连通,从而将城中的生活废水和雨水排到城外。概括而言,中国古代的城镇排水系统通常包括以下组成部分。

城内河:城内沟渠或河流,作为水循环系统,起到供水和排水作用。

排水沟渠:排水沟渠在地面和地下均有分布,多呈网络状,用于将废水、雨水排入城内河。

排水河:穿城而过的河流或由城内往城外而建的沟渠,主要功能是将城内河水及废水排出城外。

池塘:一般与城内河相连,起到观赏与泄洪的作用。

护城河:绕城而建,主要用于景观与防御,也起到蓄洪的作用。

中国古代城镇通过这样的设计把废水和雨水排出城镇。如果遇到强暴雨,池塘和护城河也能起到泄洪的作用,从而降低洪灾的风险(Hvitved-Jacobsen et al.,2013)。

1. 汉长安排水系统

西安是一座历史文化沉淀深厚的古城,历史上有周、秦、汉、隋、唐等 13

个朝代在此建都，是世界四大古都之一。西安位于包括渭、泾、涝、沣等在内的 8 条河流流经地带，早在秦汉时期，西安城内就已经建成了较为完备的排水系统，其中大部分管道为陶制管道。汉代之后排水系统的设计模式大多效仿了汉代以来的模式，汉长安城模式被模仿得最多。

汉长安城的城镇排水系统由护城河和排水明渠、暗渠组成。汉长安城中建筑群的排水设施主要有地漏和排水管道。汉长安城地漏均为砖砌，大小不一，直接与排水管道或砖砌排水道相连。地漏多发现于建筑群的地势较低处，便于集水。雨水和污水由地漏集水排出建筑后，流入街道两边的排水沟。排水沟直接与城外的护城河相连，或者与城内的大型排水渠道相连再由城内排水至护城河，最后污水和雨水再由护城河排至城北的渭河。汉长安城内明渠自西向东横贯全城，长达 9km。由护城河和明渠组成的排水干渠总长达 35km（Robinson，1994）。

汉长安城内排水管道线路的设置，基本上是按照地势从高到低安排的。排水管道的进水区设置在建筑区地势较高的部位，出水口则设置在较低的位置，排水管道与地面保持平行，管道内的水系在自身重力作用下自流排出。

汉长安城的排水管道主要为陶管。目前已经发现的陶管，从断面形状上来看有圆形和五角形两种（张建锋，2014）。

圆形陶管的发现较多，可以分为两种类型：A 型，直筒形陶管［图 1-4（a）］，一般为圆筒形，管壁较薄，一端稍粗，另一端稍细；B 型，曲尺形陶管［图 1-4（b）］，是用于排水管道转折处的弯头。直筒形陶管连接时，将较细的一端插入较粗的一端，节节相套，形成一定长度的管道。管道连接处的缝隙以瓦片填塞，管道的转弯处，使用"L"形的弯头，将不同方向的管道联成一体。

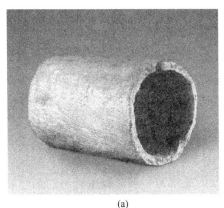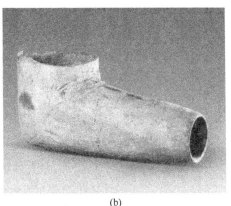

(a)   (b)

图 1-4　A 型直筒形陶管（a）和 B 型曲尺形陶管（b）

五角形陶管断面为五角形，可分为两种：第一种管道长 50cm 左右，管壁较薄，厚 3cm 左右（Ⅰ式）；第二种管道较大，长 60～72cm，管壁较厚，厚 5～7cm

（Ⅱ式）。汉长安城中许多重要建筑内的排水设施是五角形管道。这种管道一个连接一个，形成较长的地下排水管道。有的地方排水量较大，还设置了并列的多排五角形管道。

五角形陶管（图1-5）的前后两端都是平沿，口径大小相同，采用对接的方式连接，即将前一节陶管的尾端与后一节陶管的首端并列放置，尽量减少相互之间的空隙，从而形成管道。管道之间有时空隙较大，则用砖瓦碎块进行填塞。

(a)　　　　　　　　　　　　　　　(b)

图1-5　五角形陶管（a）和长乐宫多排五角形陶管（b）

从建设年代上来说，圆形的排水管道时代要早于五角形的排水管道，第一种五角形排水管道的时代要早于第二种五角形管道。

汉长安城内发现的排水管道，基本上属于排水系统的中间环节，除了与雨水井存在着密切关系外，与排水沟及路沟之间也有一定的联系，且排水管道与暗沟共同使用过一段时间。它们之间的关系主要有以下三种情况。

（1）排水管道与排水沟（渠）相通，管道内水进入排水沟后排出。

（2）排水管道作为排水沟在通过院墙等建筑下面时的过渡环节而存在，即排水沟在遇到建筑阻挡时，为了保持建筑格局的完整，改用管道的形式从建筑下面经过。

（3）排水管道有时也用作对排水暗沟的修补。

汉长安城遗址排水管道常常和排水沟连通，或者作为排水沟的起点，或者作为排水沟通过道路、建筑、城墙时的过渡部分，有时还用来对排水暗沟进行修补，二者相互连接，互为首尾，共同完成汉长安城的排水任务。排水管道的这种铺设方式，很好地解决了建筑区的排水问题与建筑布局的关系，既能将建筑区的积水尽快排出，又不打破原有的建筑格局。同时，由于积水及污水从地面以下排出，又很好地保持了建筑区的清洁卫生。

汉长安城的排水系统由内而外，由小到大，网络清晰，层次分明，但仍存在一些缺陷。排水管道主要分布于宫殿、官署等重要建筑内，并未全程铺设，这样就导致市场等区域生活污水的有效排泄无法保障，污水渗漏严重。而且，排水管道的存在是为了保持建筑格局完整。在不妨碍建筑格局完整的情况下，排泄雨水或生活污水的是排水明沟，没有防止渗漏的措施。排水系统的缺陷，导致汉长安城水污染较为严重。汉长安城的给排水系统在河流和渠道下游及大型人工湖混合，这样也导致水资源容易遭受污染，不利于城镇水资源的可持续发展。汉长安城的给排水管理机构和制度几乎没有资料记载。给排水管理方面的缺失，无法保障城镇给排水系统的可持续发展，也会制约城镇的进一步发展与繁荣。

2. 开封古城排水系统

中国北宋的都城汴京（现河南省开封古城）是汉朝以后中国古代城镇水系统建设的一个典型例子。在这一时期，排水在城镇建设中有了很大改进。当时的开封古城建在黄河岸边，城镇面积大约 50km²，分别有汴河、金水河、蔡河、五丈河 4 条河流流经城镇，承担着供水与排水的功能。在城镇建设早期，由于靠近黄河，汴河直接引黄河水作为供水道，四季水情变化大，洪水风险较高。因此，人们在城镇排水系统中做了更多考虑。

开封古城的水系由四部分组成：一是河流，开封城有 4 条河流流经，同时还有很多城内河相连，承担着供排水功能；二是护城河，在开封古城内，从内城皇宫开始有 3 条护城河环绕；三是池塘，城内有凝祥、琼林、金明、玉津 4 个池塘分布；四是排水系统，城内建有复杂的排水管网，覆盖城区，有的建在地下，有的沿街道而建，尤其是在 4 条皇宫大道两侧都建有排水沟渠。以上各部分相互贯通，起到排水、调节四季水量的作用。在冬季，即非雨季节，这一系统起到储水作用，而在雨季，则可通过排水管道、水沟、池塘、城内河、护城河蓄纳雨水并排向城外，起到排水作用，仅 3 条护城河就可蓄水 1765 万 m³，如果加上 4 条穿城河则可蓄纳水 1852 万 m³，这就有效地降低了洪涝的风险。

1.2.3 城镇（区）排水系统发展

从国内外几个典型古代城镇排水系统发展来看，城镇排水系统总体上是从雨水排除沟渠基础上发展而来的，我国古代工匠为城镇设置了到今天仍然在发挥作用的防洪系统，如江西省赣州的福寿沟。但相较于国外，我国长期将人类排泄物作为肥料，回归农田进行可持续化发展，水冲厕所在中国应用较晚，古代中国的排水系统以雨水排除和防洪为其主要功能，随着水冲厕所应用，我国也和国外城镇排水系统发展一样，进行雨水和污水合流排放。

随着城镇人口增加和城镇规模的扩大，传统排水系统使环境污染加剧，便开始了对古城和老城区传统排水系统的改造，同时新建城镇（区）采用分流制排水系统。工业发展、城镇人口增加和水冲厕所的普及导致城镇排水系统中污染物量增加,其直接排进自然水体,出现了水体的富营养化、黑臭等各种水质问题,严重影响了城镇环境,城镇污水处理应运而生,但以雨水系统发展起来的合流制排水系统水量过大,大规模的污水处理难以实现,分流制排水系统被提出和采用。当今新建城镇中采用分流制排水系统规划和建设污水管网系统和雨水管网系统。但在古城和老城区,街道狭窄,地下空间不足,难以全面改造和新建污水管道,而采用截流式合流制排水系统,因此在古城基础上发展起来的现代城镇排水系统多为混流制,既存在完全的分流制排水系统,也存在局部的合流制排水系统。

随着城镇硬化面积增加、交通和基建等城镇人为活动频繁,城镇初期雨水径流的重污染依然对环境造成极大威胁,截流式分流制的城镇排水体制被提出和推广应用。截流式分流制是分别设置污水和雨水两套独立的管渠系统,并在雨水支管上每隔一定距离设置一座截流井,截流井内设置截流管与污水管相通。雨季时,截流井截流的初期雨水径流通过截流管就近排至附近的污水管;旱季时,截流井将误排入雨水管的少量污水也截流至附近的污水管。截流式分流制通过在雨水管上设置截流井,较好地避免了初期雨水地表径流污染和误接入雨水管的污水的影响,克服了传统分流制排水系统雨污分流不彻底、初期雨水污染等不足,更好地保护了城镇地表水环境。

在已实施分流制的大型居住区、大型市场、商场等人类活动集中区和一些工业企业、交通干道等污染严重地区,可根据排水管网的高程,因地制宜地实施截流式分流制排水系统改造。城镇新建区和新建工业园区应根据用地性质,在一些可能产生较重污染的区域进行排水系统规划时考虑实施截流式分流制排水系统,统一规划和设计,以尽可能地控制面源污染,保护水环境。

截流式分流制排水系统的关键在于截流井的合理设计和建造。现有截流井的做法有截流槽式、旁侧堰式和跳越堰式三种,分别适用于不同的截流情况。与传统截流式合流制排水系统在雨污合流管上所设置的截流井不同,截流式分流制排水系统中的截流井位于雨水管上,在降雨的不同历时阶段发挥不同的功能。在降雨初期雨水径流量较小时对这部分雨水进行截流,并排入附近污水管;在降雨中后期雨水径流量较大时则使这部分雨水顺利通过截流井流入下游雨水管。

城镇排水系统发展是随着人类对居住和生活环境要求逐渐发展起来的,历史上出现的不同排水系统都有其合乎当时情形的合理性。具有历史意义的合流制排水系统实现了人类排泄物和废水最快地远离人类居住区,保障了人类集中居住区的环境卫生,遏制了介水传染疾病传播,提高了人类生活质量和品质。但由于城镇连片化扩大及人口密度增加,合流制排水系统对下游水环境造成的影响显著,分流制排水系统降低了人类排泄物和工业活动带来的污废水对环境的影响,截流式合流制是古城和老城区不得已而采取的排水系统。随着城镇人类活动增加和城镇规模扩大，初期雨水径流污染对环境的影响被认识和重视，截流式分流制排水通过将初期径流排入污水系统解决其带来的污染问题。

当前很多城镇面临社会发展水资源短缺的问题，局部回用的城镇排水理念被提出，即在城镇小区收集污水并按照再生回用目标，对其进行处理并回用于冲厕和浇洒道路等，这为水资源短缺提供了解决思路，同时也能大规模减少城镇污水管网的建设和运行，但从经济效益看，在世界范围内开展大规模应用的很少。

受城镇水资源短缺、雨水径流污染及城镇洪涝灾害影响，传统以地下管线为主的灰色排水理念受到挑战。针对雨水排水系统，各国先后提出了低影响开发、水敏感城镇和海绵城镇等绿色基础设施的理念，将地表径流尽可能在原地下渗，不仅补充地下水，也改善了地表径流对城镇环境的影响。

1.3　本书主要内容及框架

污水管道是城镇污水输送的主要方式。国内外城镇排水系统无论是合流制还是分流制，污水管道（合流制管道在此也称为污水管道）收集并输送城镇污水，至城镇污水处理厂集中处置是城镇污水的主要排除方式。随着城镇化的发展，已在国内外城镇地下建成了大量污水管道，形成的污水管网是城镇污染物质收集和转移输运的主要途径，我国污水管网以重力流运行模式为主，系统体量庞大，《中国城乡建设统计年鉴》数据显示，截至 2018 年全国污水管道总建设长度为 40.6 万 km。污水管网稳定运行是城镇功能实现、品质提升和环境质量维护的重要基础。

埋设地下的污水管道自身特性决定了污水在输移过程中产生有毒有害气体，导致混凝土管道腐蚀、遇明火爆炸、威胁维护人员生命和散发臭味问题。生活污水自用户用水点后，进入建筑物的排水立管，排入在道路下的重力污水管道，进入小区化粪池（国内部分城镇不设置）或直接流入城镇污水管道。在整个污水流动过程中，除建筑排水立管（或专用通气立管）、污水管道检查井开启孔和部分设置提升泵站的集水池与大气相通外，其余全部密闭在地下管道空间中，内外气流交换不畅，污水管道内以厌氧环境为主，其内生长了大量以污染物为营养的厌氧微生物，污水输送过程中厌氧生化过程产生了大量的甲烷、硫化氢和一氧化碳等有毒有害气体。混凝土管道是使用最为广泛的污水管道，硫化氢对其有明显腐蚀作用，其他气体对人体有毒，且在有限空间中遇明火会爆炸。

针对城镇污水管道中有害气体引发的问题，作者在总结国内外相关研究成果基础上，重点阐述了城镇污水管道中有害气体产生和控制等相关内容，涉及污水中生化、物化反应及气液传质等基础理论、污水管道内有害气体产生机制、控制方法和污水管道引发的城镇臭气系统解决案例等内容。为了便于阅读，构建了从基础理论、应用研究到实际案例的内容组织框架，其各章节主要内容阐述如下。

第 2 章主要介绍了城镇排水系统气体的危害性、检测方法、分布特性及现有的系统维护措施。管道系统环境较为封闭，以甲烷和硫化氢为主的危害气体蓄积，易造成系统爆炸、毒死毒伤、管道腐蚀等问题，构成城镇生活环境的安全隐患，严重威胁居民的生命财产安全。该章阐述了城镇污水管网系统内气体类别及危害，汇总了国内外管道气体引发的排水系统事故，介绍了危害气体的检测规范、现场监测方法和监测设备以及污水管道系统中危害气体时空分布特性，最后总结了排水系统维护管理措施。

第 3 章主要介绍了危害气体产生系统环境如水质、生物群落等，分析了危害气体的产生机理及影响因素，对于扩散释放过程，从气液界面的传质理论角度出发，考虑湿润管壁的吸附、腐蚀过程及系统内外的气体交换，阐述了危害气体在排水系统气液间的物质平衡过程，建立了危害气体的产生基础及扩散机制。

以上章节内容详细阐述了排水系统内危害气体特性、产生扩散机制及分布特征，在此理论基础上，开发了众多的控制措施，第 4 章主要介绍了这些控制措施的作用机理及效果。危害气体的控制措施包括改变环境条件抑制微生物或抑制转化过程、直接抑制微生物和控制危害气体逸出的原位控制措施及收集危害气体后集中处理的异位控制措施。污水管道中的控制措施主要为注氧、改变 pH、投加金属盐等；而对于污水暂存空间（如露天厕所）及污水处理厂等，主要采用危害气体释放控制，包括掩蔽剂以及各种气体收集处理系统。尽管危害气体的控制措施众多，但是在选择危害气体的控制措施时，需要综合考虑措施实施地点的具体情况、成本以及处理要求等，同时考虑实际情况及对下游等可能产生的影响，从而选择较为合适的控制措施。

排水系统的通风不畅是危害气体产生的主要原因，而现有的控制技术主要针对产气过程的生化控制，对改善系统通风环境的研究较少，作者从排水系统内的气流组织特性出发，提出改善管道通风、控制有害气体的三种技术，利用实验平台、现场监测、仿真模拟方法针对技术的有效性进行了验证。第 5 章重点阐述了系统内的气液两相流动规律及通气方式。城镇排水系统划分为建筑排水系统和室外排水系统两部分，对于建筑排水系统，通气方式主要分为伸顶通气和专用通气立管通气，外界空气的吸入量与排水高度、排水流量等因素相关，而吸入的空气将在地下污水管道内释放；而在市政污水管道系统内，缺乏有效的通风设施，但在系统内外气体密度差效应下，检查井的小孔存在一定的通风换气效果。另外，污水流发生跌水时也会卷吸外界空气进入系统，对系统内气体组分浓度有一定的影响。

第 6 章介绍了改善管道通风控制有害气体的三种技术原理及应用模型。强化自然通风技术为排水立管"脉冲通气"技术、建筑立管"烟囱效应"排气技术及污水管道有组织通气技术。利用实验平台、现场检测和仿真模拟方法，验证了技术通风效果的有效性，建立了实际工程应用下的通风流量预测模型。

第 7 章通过管道模拟反应器对强化通风技术功效进行了研究，主要介绍了管道反应器的理论基础，探究了强化自然通气条件下的污水管道与传统通风不畅污水管道的情况，从管道氧组分含量、污水溶解性化学需氧量（SCOD）浓度及微生物群落结构变化的角度对强化自然通气技术控制有害气体的控制机制进行了描述，为技术的应用及发展提供了一定的理论支撑。

第 8 章提供了多种危害气体的控制新思路，通过技术背景、技术原理和实施方式详细介绍了控制技术的应用，引发读者开阔思路探求更加经济有效的控制技术。

第 9 章为危害气体的模型研究，首先，介绍了现有硫化氢模型的建立基础及求解方法，如 RasEM 模型、P-P 模型、WATS 模型以及 SeweX 模型。然后，分别介绍了作者提出的 HGCD 模型、通风后硫化氢再增长模型和硫化氢控制模型，它们可实现在不同情况下模拟硫化氢气体的浓度变化情况和药剂投加措施的精准实施。最后，结合 HGCD 模型和管道的维护费用得到了管道优化模型，利用该模型对管道的设计参数进行优化，能够降低管道的建设费用及维护费用。

第 10 章介绍了危害气体控制实例，包括控制前有害气体情况，控制措施的种类、参数以及有害气体的改善情况。该章共三部分，依次是洛杉矶地区危害气体控制实例、澳大利亚黄金海岸危害气体控制实例及其他地区危害气体控制实例，所实施的控制措施主要为气味吸附、结构改造、投加药剂等。然而，目前国内未有系统的危害气体控制策略，危害气体问题频发引起社会关注，防患于未然的举措势在必行，本章内容目的在于为管道维护管理者提供借鉴与参考。

参 考 文 献

蒋海涛. 2008. 新型排水体制在城镇排水系统规划中的应用. 中国给水排水, 24(8): 1-4.

潘明娟. 2017. 古罗马与汉长安城给排水系统比较研究. 中国历史地理论丛, 32(4): 76-85.

张建锋. 2014. 汉长安城排水管道的考古学论述. 中原文物, 5: 51-59.

Angelakis A N, Koutsoyiannis D, Tchobanoglous G. 2005. Urban wastewater and stormwater technologies in ancient Greece. Water Research, 39(1): 210-220.

Hvitved-Jacobsen T, Vollertsen J, Nielsen A H. 2013. Sewer Processes: Microbial and Chemical Process Engineering of Sewer Networks. 2th ed. Abingdon: Taylor & Francis.

Robinson O F. 1994. Ancient Rome: City Planning and Administration. New York: Routledge.

第2章 城镇污水管网系统内危害气体分布、检测与维护

2.1 城镇污水管网系统内气体类别及危害

2.1.1 常见有害气体类别及危害

城镇污水管网长期处于封闭的运行状态，与外界的气体交换程度小。在收集和输送污水的过程中，残留的氧组分被微生物迅速消耗，进而在管道内形成了厌氧的微环境。厌氧环境下，污水中的各类有机物质通过微生物代谢利用，产生了甲烷、硫化氢、一氧化碳、二氧化碳等常见的有毒有害气体。此外，工业废水也是城市污水的主要来源之一，当含有蛋白质、酚醛类、油脂类、氰类等有机化合物的工业废水进入管道时，这些污染物也可以被微生物分解转化，产生其他的有害气体，如氰化氢、二氧化硫、二氧化氮等。

1. 甲烷

甲烷是一种简单的化合物，化学性质稳定，是天然气、沼气、坑气等的主要成分，是一种无色、无味、无毒和易爆炸的气体。甲烷的爆炸上限是 15.4%（体积分数），但它具有一个很低的爆炸下限，当浓度达到 5%（体积分数）时即可产生爆炸性的后果（胡修稳，2012）。甲烷密度比空气小，它在污水管道内气相空间流动过程中极易在管道高点或与管道连通其他基础设施的局部高点，如封闭检查井盖下方和废弃的污水管道等富集。倘若污水管道内的甲烷气体浓度累积到一定浓度，某些情况下不仅会引发排水管道的爆炸，还有可能导致下井作业的维修工人窒息伤亡。甲烷同时也是国际社会公认的导致全球变暖的温室气体之一，研究表明，城镇污水管道系统内的甲烷气体所造成的温室效应相当于二氧化碳造成温室效应的 21～23 倍，保守估计下每年由城镇污水系统排放的甲烷气体占全球总温室气体排放量的 18%（Liu et al.，2015）。

2. 硫化氢

硫化氢是一种可燃的、具有臭鸡蛋气味的气体，也是污水管道内最为常见的危害性气体。硫化氢有剧毒，它能够威胁管道维护人员的健康，主要对人体呼吸

系统、眼部及神经中枢系统造成损伤。低浓度硫化氢可使人们感觉不适，高浓度的硫化氢（150ppm）瞬间可使人嗅觉减退，无法察觉危险；浓度进一步增大（250ppm）会使人出现肺水肿；超过 500ppm 时出现虚脱和呼吸衰竭的中毒症状；超过 1000ppm 时会瞬间致人死亡。硫化氢对人体伤害情况见表 2-1。硫化氢同时也是城市臭气的主要来源，城市污水管道相当于城市的"消化系统"，在城市污水管道输送过程中，有机污染物的腐化及厌氧发酵作用释放出含硫、含氮的臭味气体，使城镇污水检查井周边出现恶臭现象。

表 2-1　硫化氢对人体伤害情况

硫化氢浓度/ppm	接触时间	伤害程度
0.002～0.2	即刻	可嗅到臭鸡蛋气味
3～5	即刻	有强烈刺激性气味
5	—	可允许最大作业浓度
10～50	<1h	眼部、喉部不适
50～100	1～2h	眼部严重受损
150～250	1h	嗅觉神经麻痹
300～500	0.5～1h	意识丧失、呼吸系统严重受损
500～1000	数秒钟	瞬间急性中毒，呼吸加快，麻痹致死
>1000	0～30s	"电击样"中毒，瞬间死亡

资料来源：朱雁伯等，2000。

硫化氢具有弱酸性，排污管道内聚集的大量硫化氢会对排污管道造成不同程度的腐蚀。美国对其 131 个国内城市的污水管道调查结果表明，一半以上城市的污水管道受到了严重的腐蚀，混凝土污水管道的年平均腐蚀厚度达到 2.5～10mm，硫化氢则是污水管道腐蚀和管道漏损的重要原因（Vollertsen et al.，2008）。据统计，2019 年底我国城市排水管道总长度已经达到 73.7 万 km，其中污水管道总长度约 40 万 km。混凝土管道具有良好的抗压性能、耐久性能以及生产成本低、制作方便、价格便宜、使用寿命长等不可替代的优势，在市政道路建设中被广泛使用。然而，污水管道外部的土壤环境会造成埋地管道外腐蚀，同时管道内输送的污（废）水本身产生的有害气体及微生物参与过程会造成管道的内腐蚀，污水管道中的水流状态发生变化时会导致水中溶解的硫化氢气体释放出来，并逐渐吸附在潮湿的污水管道内壁上，在微生物的作用下将溶解的硫化氢氧化成硫酸，硫酸则会与排水管道发生反应开始损害排水管道，改变其理化性状，最终将混凝土的污水管道完全破坏掉（杜洪彦等，2001；Santos et al.，2012），使其失去使用功能。

在污水管道外腐蚀现象中，由于污水管道接触土壤范围大，属于宏观电池。

宏观电池主要有氧浓差电池、盐浓差电池、酸浓差电池、温差电池、应力腐蚀电池（罗金恒等，2004）。氧浓差电池是埋地管道局部严重腐蚀的主要原因之一。由于水平埋放的管道各处深浅不同，氧的浓度不同，管道下部因氧浓度小而成为阳极遭受腐蚀。在密实的土壤中氧传递相对困难，腐蚀的阳极反应减慢；在疏松土壤中氧的传递较快，氧的极限扩散电流增大，腐蚀反应的速度也随之加快（王书浩等，2008）。在紧密潮湿的土壤中，由于氧浓度低，适合厌氧菌的生长。研究发现，硫酸盐还原菌的活动会造成金属强烈腐蚀，对缺氧环境中腐蚀的阴极去极化过程有促进作用。细菌在新陈代谢中产生硫化氢、二氧化碳和酸，改变了管道周围的土壤环境，破坏金属表面的覆盖层，加速了管道腐蚀。还有一些细菌以管道的石油沥青防腐层为养料，对防腐层造成破坏而使管道丧失防腐功能（白清东，2006）。杂散电流腐蚀是指正常电路漏失而流散于大地中的电流对管道产生的腐蚀。杂散电流从土壤进入管道的部位为腐蚀电池的阴极区，导致金属表面涂层脱落，杂散电流从管道流出的部位成为阳极区，在此处管道遭受腐蚀。在管道阳极区绝缘层的破损处，腐蚀集中并具有强烈的破坏性（席光锋等，2008）。而污水管道架空的部分易受到大气腐蚀，大气中的水蒸气在金属表面形成水膜，水膜中溶解了大气中的气体及杂质，使金属表面发生电化学腐蚀。

在污水管道内腐蚀现象中，污水管道一般为非满流管道，污水管道内存在与污水接触的完全湿区间、与顶部气体流动的气相接触的潮区间和由于污水充满度变化产生的潮湿结合区。潮区间受到污水管道内产生的腐蚀性气体腐蚀，完全湿区间受到污水本身腐蚀，而潮湿结合区既受到污水本身腐蚀，还受到腐蚀性气体腐蚀。但无论哪种腐蚀，污水管道的内腐蚀主要与污水中硫及其物化、生化过程的产物相关。

1）微生物腐蚀

混凝土污水管道中微生物引起的腐蚀已经被公认为是破坏污水管道系统的主要原因，造成了严重的经济损失、公众健康和环境等问题（Jiang et al.，2016）。美国环境保护署曾对 34 座城市的排水管道进行调查，发现混凝土管道的腐蚀速率为 2.5～10mm/a（Zhang et al.，2008），腐蚀会明显缩短混凝土管道的使用寿命。混凝土的生物腐蚀是由微生物引起的生物化学过程。腐蚀过程是自然界硫循环的一部分，这种化学反应的结果被认为是生物硫酸腐蚀。一般认为混凝土管道的微生物腐蚀主要分为两类：一类是含有大量硫化氢的工厂废水或化粪池污水排入混凝土管道，导致微生物腐蚀；另一类是管道底部沉积的淤泥在厌氧状态下产生的微生物腐蚀。澳大利亚的 Thistlethwayte 提出了人们广为接受的腐蚀机理，见图 2-1。

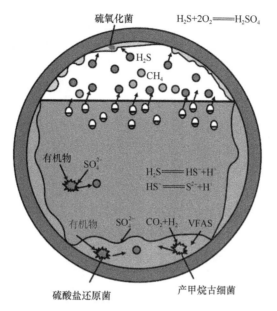

图 2-1　混凝土管中污水腐蚀机理

污水和废水中的有机和无机悬浮物随水流流动而逐渐沉积于管道底部成为淤泥，随着发酵过程中氧气和硝酸盐浓度的降低，硫酸盐成了有机碳厌氧氧化过程中的外部电子受体，淤泥中的硫酸根离子被脱硫弧菌等不同种类的硫酸盐还原菌（SRB）还原，在液相中生成硫化氢（Grengg et al.，2015）。通过气体扩散，硫化氢气体从管道液相中释放进入顶部气相空间，与管壁相接触，吸附并积累在混凝土管壁潮湿的孔隙空间内（Yuan et al.，2015），通过一系列的生物化学反应过程，导致硫酸的产生，最终腐蚀混凝土。Islander 等（1991）首先提出了混凝土管道腐蚀过程的模型，由微生物引发的混凝土管道腐蚀主要可以分为三个阶段，在这个过程中硫氧化菌（SOB）起着至关重要的作用。

2）镁盐与铵盐腐蚀

镁盐与氢氧化钙反应生成无胶凝作用的氢氧化镁，铵离子与混凝土的化学作用同镁离子相同，反应生成难电离的氨水，随着氨水浓度增加，释放出氨气，因此反应能充分进行。铵离子腐蚀作用下，固相的游离石灰不断被溶解，毛细孔粗化，孔隙增加，混凝土渗透系数加大，离子迁移速度随时间加快。因此，铵离子与镁离子侵蚀性质虽然相同，但前者的侵蚀速度明显比后者快。

3）有机物腐蚀

生活污水和工业废水中含有的脂肪酸、柠檬酸、乳酸等多种有机酸对混凝土产生腐蚀，它们虽是弱酸，但其腐蚀机理与强酸相似，即与氢氧化钙作用生成可溶性盐，逐渐被水溶解带走。污水中好氧菌的代谢物——有机酸及呼吸作用排出的碳酸也是引起混凝土腐蚀的主要原因（韩静云等，2001）。此外，有机物质在污水中成为微生物的营养源，给微生物腐蚀创造了有利条件。

3. 二氧化碳

二氧化碳是一种无色无味气体，能溶解于水，溶解比例大约为 1:1。虽然二氧化碳不能产生爆炸，但是二氧化碳是窒息性气体。在低氧情况下，7%浓度的二氧化碳就能对人体造成损伤，10%~20%浓度的二氧化碳可在短时间内引起人的死亡，二氧化碳对人体伤害情况见表 2-2。近年来，排污管道维修人员井下有限空间作业时，因二氧化碳而导致人员窒息伤亡的事故也时有发生，并且大量的二氧化碳聚集在管道内还会腐蚀管道。此外，二氧化碳是温室效应的"最大贡献者"。

表 2-2　二氧化碳对人体伤害情况

CO_2 浓度/%	对人体的伤害程度
0.7	无明显伤害
1.0	感觉空气浑浊；昏昏欲睡
3.0	呼吸急促、心跳加快
7.0	头痛、恶心、眩晕、脑部缺氧
10	熄灭蜡烛，痉挛，严重昏迷甚至死亡
20	数秒致人猝死

资料来源：Maresh et al.，1997。

4. 一氧化碳

一氧化碳在标准状况下为无色、无臭、无味的气体，在水中的溶解度其低，极难溶于水，一氧化碳极易与血红蛋白结合，形成碳氧血红蛋白，使血红蛋白丧失携氧的能力和作用，造成组织窒息，严重时致死。一氧化碳对人体全身的组织细胞均有毒性作用，对大脑皮质的影响最为严重。美国国家职业安全卫生研究所给出的室内应急暴露限值时间加权平均值为 35ppm，立即危及生命和健康浓度为1200ppm。因此对正常人来讲，一氧化碳浓度 1200ppm 是一个重要界限值，超过此值，即有中毒危险。一氧化碳气体对人体伤害情况见表 2-3。

2.1.2　其他有害气体及危害

1. 氰化氢

氰化氢标准状态下为液体。氰化氢易在空气中均匀弥散，在空气中可燃烧。

表 2-3 一氧化碳对人体伤害情况

一氧化碳浓度/ppm	接触时间	伤害程度
100	—	最大允许值
200	2～3h	轻微头疼
400	1～2h	头疼、恶心
800	1～2h	痉挛、昏迷
1200	1h	痉挛、昏迷、死亡
2400	0.5h	15min 痉挛后死亡
3200	10min	意识丧失，痉挛后死亡
6400	数秒钟	猝死

资料来源：Dart，2001。

氰化氢在空气中的含量达到 5.6%～12.8%时，具有爆炸性。氢氰酸具有剧毒。急性氰化氢中毒的临床表现为患者呼出气中有明显的苦杏仁味，轻度中毒主要表现为胸闷、心悸、心率加快、头痛、恶心、呕吐、视物模糊；重度中毒主要表现为呈深昏迷状态，呼吸浅快，阵发性抽搐，甚至强直性痉挛。氰化氢对人体的危害较大，其特点是毒性大、作用快。当氰化氢浓度超过 18ppm 时就会对人体造成损害，当浓度超过 110ppm 时吸入 30min 便可导致死亡。氰化氢气体对人体伤害情况见表 2-4。

表 2-4 氰化氢对人体伤害情况

氰化氢浓度/ppm	接触时间	伤害程度
5～18	6h	头痛、眩晕
18～36	6h	身体产生障碍
45～54	1h	休克，甚至死亡
110～135	0.5～1h	急性死亡
270	<0.5h	很快致死

资料来源：邱榕和范维澄，2001。

2. 二氧化氮

二氧化氮常态下呈黄褐色液体或棕红色气体，其固体无色，有刺激性气味。在常温下（0～21.5℃）二氧化氮与四氧化二氮混合而共存。二氧化氮有毒，有刺激性，溶于浓硝酸中而生成发烟硝酸，与碱作用生成硝酸盐。二氧化氮主要损害呼吸道，表现为神经衰弱综合征及慢性呼吸道炎症。个别病例出现肺纤维化，可引起牙齿酸蚀症。二氧化氮气体对人体伤害情况见表 2-5。二氧化氮还是酸雨的成因之一，所带来的环境效应多种多样，包括地表水的酸化、水体富营养化、大气能见度的降低等。

表 2-5 二氧化氮对人体伤害情况

二氧化氮浓度/ppm	伤害程度
<1	可察觉的有刺激的酸味
1	允许的暴露浓度
5～10	对鼻子和喉部有刺激
50	1min 内人体呼吸异常
100～200	肺部有压迫感，暴露稍长一会儿将引起死亡

资料来源：王晓东，2014。

2.2 国内管道气体引发的排水系统事故

污水管道自然或非自然状态下都会积累大量的有毒有害气体，当富集到一定程度时，遇明火就可发生爆炸，造成人员伤害和财产损失；当管道维护人员进行下井或进入管道操作时，若不采取适当的技术措施降低或消除危害气体，会造成进入检查井或管道的技术人员中毒或窒息事故。近年此类事件不断在各地发生，被报道在互联网上，引起社会和城市管理者的普遍关注。下面将从互联网上查询到的典型污水管道事故进行了统计整理。

2.2.1 爆炸事故案例统计

污水管道中产生的甲烷、硫化氢、一氧化碳或其他源头输入的有毒有害气体，会在管道内局部高点处蓄积。当气体浓度到达爆炸极限，遇到明火时就会产生爆炸，不仅对排水管道及周边设施造成损害，更危及周边群众的生命安全，造成极不利的社会影响和社会恐慌。其中近年典型排污系统爆炸事故统计见表 2-6。

表 2-6 典型排污系统爆炸事故统计表

时间	地点	原因	伤亡统计	数据来源
1985-06-27	重庆市	汽油泄漏到排污管道，遇明火后爆炸	26 死 200 伤	中华人民共和国中央人民政府. 2012-09-21.关于重庆市大溪沟地区下水道发生爆炸事故的通报. http://www.gov.cn/zhengce/content/2012-09/21/content_4510.htm
2001-10-30	安徽省滁州市	汽油泄漏到排污管道，遇明火后爆炸	无严重伤亡	新浪新闻.2001-11-01. 安徽省滁州市中心下水道连环爆炸 场面惊人千米长街烟火冲天人. http://news.sina.com.cn/c/2001-11-01/390552.html
2002-09-11	重庆市	排污管道布设混乱，遇明火后爆炸	3 死 20 伤	搜狐新闻. 2002-09-11. 重庆一农贸市场今晨发生爆炸. http://news.sohu.com/10/40/news203094010.shtml
2003-01-30	北京市大兴区	儿童燃放鞭炮，引爆检查井内沼气	1 死	新浪新闻. 2011-01-30. 中消协春节特别警示：污水井（化粪池）内藏沼气 燃放鞭炮须远离. http://finance.sina.com.cn/roll/2017-04-16/doc-ifyeimzx6575031.shtml
2004-05-29	四川省泸州市	天然气泄漏到排污管道，遇明火后爆炸	5 死 35 伤	中国法院网. 2004-05-31. 四川泸州气体爆炸事故原因查明. https://www.chinacourt.org/article/detail/2004/05/id/118774.shtml

续表

时间	地点	原因	伤亡统计	数据来源
2005-02-03	兰州市城关区	儿童燃放鞭炮，引爆检查井内沼气	无人员伤亡	兰州晨报.2005-02-04. 鞭炮"炸飞"水井盖.http://news.sina.com.cn/o/2005-02-04/11585045592s.shtml?from=wap
2006-07-31	云南省玉溪市	排污管道积聚沼气，遇明火后爆炸	25伤	国际在线.2006-07-31. 云南易门县城街道排水沟发生爆炸造成25人受伤. http://news.cri.cn/gb/8606/2006/07/31/106@1155077.htm
2008-06-05	广东省湛江市	排污管道遇明火后爆炸	10伤	人民网.2008-06-05. 广东湛江排污管不明气体连环爆炸. http://unn.people.com.cn/GB/14770/21733/7348414.html
2008-10-22	广东省广州市	排污管道积聚沼气，遇明火后爆炸	无人员伤亡	搜狐网.2008-10-23.广州下水道沼气爆炸.http://www.sohu.com/20081023/n260208630.shtml.
2009-01-21	内蒙古呼和浩特市	儿童燃放鞭炮，引爆检查井内沼气	1死	安全管理网.2013-02-04. 燃放鞭炮需远离污水井、化粪池.http://www.safehoo.com/item/302410.aspx
2010-02-05	北京市丰台区	爆竹明火引爆化粪池内沼气	无人员伤亡	中国法院网.2011-10-12. 化粪池边燃放鞭炮炸飞轿车 5方被判赔偿. https://www.chinacourt.org/article/detail/2011/10/id/465806.shtml
2011-02-17	西安市灞桥区	儿童燃放鞭炮，引爆检查井内沼气	1伤	西安新闻网.2011-02-17. 放鞭炮引爆污水井内沼气 井盖被炸飞男孩受伤. http://news.xiancn.com/content/2011-02/17/content_2342220.htm
2011-05-27	陕西省宝鸡市	可燃气体泄漏引发管道爆炸	1伤	搜狐.2011-05-28. 陕西一化工厂发生爆炸 事故为管道老化所致. http://news.sohu.com/20110528/n308773367.shtml
2011-07-10	浙江省宁波市	排污管道积聚沼气，遇高温天气爆炸	无人员伤亡	张涛，2016.
2011-11-29	安徽省合肥市	污水管道遇明火后爆炸	1死	丁超，2015.
2012-01-06	湖北省襄阳市	排污管道井盖上的通气孔被堵死，遇高温天气爆炸	无人员伤亡	郭丹彤，2017.
2012-11-30	北京市朝阳区	倾倒高温煤渣引发化粪池爆炸	1伤	央视网.2015-02-26. 倒煤渣引沼气爆炸 伤者起诉物业获赔. http://news.cntv.cn/2015/02/26/ARTI142491 1020148926.shtml
2013-02-09	河南省驻马店市	爆竹明火引爆化粪池内沼气	1死1伤	央视网.2013-02-10. 河南一男童放鞭炮引爆下水道炸死长辈. http://news.cntv.cn/2013/02/10/ARTI13605 00068077345.shtml
2013-11-22	山东省青岛市	汽油泄漏到排污管道，遇明火后爆炸	62死136伤	搜狐新闻.2014-01-11. 山东青岛11-22中石化输油管道爆炸事故调查报告. http://news.sohu.com/20140111/n393346554.shtml
2014-02-20	湖北省武汉市	化粪池的沼气聚集，遇明火后爆炸	3伤	中国政府网.2014-02-21.武汉一道路地下疑似发生沼气爆炸. http://www.gov.cn/jrzg/2014-02/21/content_2616910.htm
2014-02-20	湖北省武汉市	排污管道积聚沼气，遇高温后爆炸	2伤	新浪湖北.2014-02-21. 武汉古田二路地下沼气爆炸 路面开口车被掀翻. http://hb.sina.com.cn/news/b/2014-02-21/0758146043.html?from=hubei_xgbd
2014-12-11	湖北省黄石市	汽油排放到排污管道，遇明火后爆炸	无人员伤亡	人民网.2014-12-12. 湖北黄石发生地下管道爆炸事故 沿途窨井盖依次被炸翻. http://sh.people.com.cn/n/2014/1212/c176737-23196990.html
2015-12-14	北京市朝阳区	可能是化粪池内沼气聚集	无人员伤亡	中国青年网.2015-12-15. 北京朝阳一小区化粪池爆炸 砖头砸进私家车. http://news.youth.cn/sh/201512/t20151215_7418770.htm
2018-03-24	江西省景德镇市	污水管道爆炸	1死5伤	景德镇市应急管理局.2018-03-24. 景德镇市珠山区发生一起下水管道爆燃事故. http://aj.jdz.gov.cn/sgtb/2018 0326/7c4933c7-4612-42c4-93e4-486a22d1915d.html

现有研究表明，气温较高时污水管道内微生物活性较高，污水管道内甲烷和硫化氢等危害气体产生量较大。但从表 2-6 统计的排水系统爆炸事故发生的时间中可以看出，在我国气温较高的 5~10 月共发生 9 起事故，而 11~4 月低温阶段却发生 15 起事故，从发生的次数看，爆炸事故与气温无关。因此，爆炸事故全年均有可能发生，爆炸事故的次数并不会随气温的降低而减少。观察爆炸事故的发生地点可看出：我国从南到北、从东到西的多数地区都发生过污水管道爆炸事故，未有明显的气体风险较低的地区。

从公开报道的事故分析看出：管道内气体富集达到爆炸极限，管道内外相同的检查井遇到明确的火源或不明确的火源时，便会造成检查井及管道内气体的爆炸。其中，比较常见的火源是儿童向污水管道内扔燃放爆竹，在国内春节前后，已经引起了多起污水管道爆炸事故。日常生活也能常见到：吸烟群众不知出于何种原因，愿意将烟蒂通过检查井盖的开启孔投入污水管道，其风险是显而易见的。由此可见，市政和物业部门有责任和必要向社会宣传污水管道的危险性，应提出防明火要求，明确污水管道的检查井井盖需由专人打开。

造成污水管道爆炸的另外一个原因是油、天然气泄漏进入污水管道，在管道和检查井内形成油气混合物而爆炸，这与污水管道内爆炸气体引起的事故相比，造成的人员伤亡和财产损失更多。污水管道作为城镇污染物的重要排除途径，当发生液体污染物泄漏事故后，自然会向污水、雨水管道系统汇集，同时为了降低高浓度污染物的危害，普遍采用水稀释的方法，其间会发生很多物化反应，在管道内形成油气混合物，一旦遇到高温或者明火，便会引起爆炸。因此，在城镇内处置污染物泄漏事故，应防治污染物排除产生的次生事故。

2.2.2　毒死毒伤案例统计

除了造成人员伤亡和财产损失巨大的污水管道爆炸事故外，在污水收集系统内由于操作不当造成维护工人毒死毒伤的事故更为常见。2000 年至今报道的典型排污系统毒死毒伤事故统计如表 2-7 所示。

表 2-7　典型排污系统毒死毒伤事故统计表

时间	地点	原因	伤亡统计	数据来源
1995-10-24	广东省汕头市	工人无防护措施清理污泥池，硫化氢中毒	3 死 5 伤	元绵槐，1997
2001-06-05	深圳市龙华区	工人无防护措施清理排污管道，硫化氢中毒	2 死 1 伤	张涛，2016
2002-09-14	深圳市罗湖区	工人无防护措施清理排污管道，硫化氢中毒	1 死 5 伤	长城网. 2002-09-5. 深圳清洁工疏通下水道出意外 工友互救连环中毒. http://news.hebei.com.cn/system/2002/09/15/006244120.shtml
2003-08-07	广州市番禺区	工人无防护措施清理排污管道，硫化氢中毒	3 死	张涛，2016

续表

时间	地点	原因	伤亡统计	数据来源
2004-07-04	浙江省慈溪市	工人清理排污管道，安全意识淡漠致硫化氢中毒	3 死 1 伤	安全管理网. 2004-07-04. 事故通告. http://www.safehoo.com/case/notice/201111/241154.shtml
2005-04-12	云南省昆明市	市民不慎钻入排污管道，硫化氢中毒	4 死 2 伤	张涛，2016
2008-12-09	海南省海口市	工人未按规定清理排污管道，硫化氢中毒	2 死	新浪网. 2008-12-10. 海口桂林洋：两民工清淤不慎中毒 命丧下水道. http://news.sina.com.cn/o/2008-12-10/064014857612s.shtml
2009-05-30	江苏省无锡市	市民疏通排污管道不慎掉入其中，硫化氢中毒	2 死 2 伤	张涛，2016
2010-05-04	浙江省杭州市	市民清理废弃排污管道无防护，硫化氢中毒	3 死	中国新闻网. 2010-05-04. 杭州余杭一工厂下水道内清淤 三人中毒身亡. https://www.chinanews.com/sh/news/2010/05-04/2262137.shtml
2011-06-25	甘肃省兰州市	市民清理废弃排污管道无防护，硫化氢中毒	2 死	每日甘肃. 2011-06-26. 兰州：硫酸疏通下水道 夫妇俩中毒身亡. http://gansu.gansudaily.com.cn/system/2011/06/26/012046216.shtml
2012-02-16	台湾省高雄市	施工硫化氢中毒	3 伤	东南网. 2012-02-16. 下水道施工 3 人沼气中毒. http://www.fjsen.com/b/2012-02/16/content_7843161.htm
2012-04-11	重庆市	工人无防护措施在排污管道作业，硫化氢中毒	5 伤	张涛，2016
2014-10-28	浙江省宁波市	工人疏通污水井内管道，防护不到位，硫化氢中毒	3 死 1 伤	都市快报. 2014-10-30. 四名工人下井清淤 疑似硫化氢中毒 3 死 1 伤. https://hzdaily.hangzhou.com.cn/dskb/html/2014/10/30/content_1827316.htm#
2014-11-11	陕西省榆林市	工人维修污水井内管道，防护不到位，硫化氢中毒	2 死	新浪网. 2014-11-13. 靖边两名下水道维修工人被困下水道中毒身亡. http://sx.sina.com.cn/yulin/focus/2014-11-13/092021770.html
2015-05-04	江苏省苏州市	工人无防护措施清理排污管道，硫化氢中毒	2 死	凤凰网. 2015-05-07. 吴江 2 名下水道疏通工人殒命污水井. http://js.ifeng.com/city/sz/detail_2015_05/07/3871733_0.shtml
2015-07-21	河北省迁安市	工人无防护措施清理排污管道，硫化氢中毒	3 死	安全管理网. 2016-12-20. 河北省安全生产监督管理局迁安市鑫达来工贸有限公司"7-22"中毒事故调查报告. http://www.safehoo.com/Case/Case/Poison/201612/467560.shtml
2016-08-24	重庆市	工人无防护措施清理排污管道，硫化氢中毒	3 死	新浪新闻. 2016-08-24. 重庆一企业疏通污水管道时发生意外 致三人死亡. https://news.sina.cn/gn/2016-08-24/detail-ifxvitex8857029.d.shtml
2018-03-28	安徽省阜阳市	工人无防护措施清理排污管道，硫化氢中毒	4 死	安徽省应急管理厅. 2019-02-22. 关于阜阳市颍泉区非法火纸作坊"2018•3•28"较大中毒事故处理批复意见的通知. http://www.fy.gov.cn/openness/detail/content/5c6fa5647f8b9a3f238b4578.html
2018-05-13	广东省深圳市	工人无防护措施清理化粪池，硫化氢中毒	3 死 1 伤	中国安全生产网. 2018-05-27. 进入有限空间作业 切记一根绳子系着生命. http://www.aqsc.cn/wpy/201805/27/c75488.html
2018-05-24	江苏省泰州市	工人无防护措施清理排污管道，硫化氢中毒	1 死 3 伤	现代快报. 2018-05-24. 突发！4 人沼气中毒被困，路过小伙跳入 3 米深污水管道救人. http://news.xdkb.net/2018-05/24/content_1095967.htm?from=groupmessage
2019-06-05	广东省佛山市	污水处理工程发生一起违规作业，硫化氢中毒溺水	3 死	搜狐网. 2019-11-07. 违规作业 中毒后溺亡 有限空间又出事故致 3 死 17 人被追责. https://m.sohu.com/a/352278682_120214174/

对表 2-7 中我国排水系统毒死毒伤事故发生时间进行统计，5～10 月高温阶段共计 15 起，11～4 月低温阶段 6 起，高温天气发生事故明显高于低温阶段。造成

这种情况的原因很多，高温条件下，微生物活性高，能产生更多有毒有害气体，同时高温时气体分子运动加快，促进了有毒有害气体的释放，增大了排水设施内有毒有害气体的浓度。还有一个原因是，污水管道及系统的维护工作也常在高温季节，操作人员暴露在高浓度气体下的概率较高。与污水管道爆炸事故的发生一样，管道有害气体造成的毒死毒伤事件在全国不论大城市还是小城市都有发生，与排水系统所处的地理环境、收集水质及服务人口的生活习惯无关。

对表 2-7 中的数据统计发现，我国从 2000 年至今，排水系统造成的中毒性人员伤亡高达几十人。有文献表明 2004～2005 年仅北京、上海、天津发生的硫化氢中毒事故中就有 40 多人伤亡，表明污水管道系统中毒事故发生率远高于表中统计数据，说明人员伤亡较轻或者影响较小的事件，可能未全部公开报道。

对公开报道的中毒事故的原因分析表明，尽管我国有地下污水管道维护规范，但防护措施不到位、无防护措施等不规范的养护维护方式是造成毒死毒伤事故的主要原因。污水管道内有大量有毒有害气体，进入检查井和管道作业极具危险性，若是下井人员没有做好防护措施，轻则危害健康，重则危及生命。然而，公众对管道危险性认识严重不足，导致中毒事故一次次发生。因此，加强群众的安全意识以及相关工作人员的专业培训迫在眉睫。

对比表 2-6 和表 2-7 可知，关于污水管道中公开报道爆炸事故和毒死毒伤事故的数量基本相等，没有明显差异。但从公开报道的危害程度可看出，毒死毒伤事故造成财产损失较小，但每次管道中毒事故必然会出现人员伤亡，而且一旦中毒，救治难度非常大。因此，了解排水系统内危害气体的分布，完善排水系统内危害气体的检测方法不可小觑。

2.3 危害气体的检测与分布

排水收集系统中有毒有害气体导致的爆炸、维护人员中毒等安全事件频发，人们逐渐认识到排水系统有毒有害气体浓度与分布检测的重要性。为了保障检测结果的准确性与权威性，我国住房和城乡建设部发布了《城镇排水设施气体的检测方法》（CJ/T 307—2009）行业标准。本节主要针对排水系统有害气体检测的方法设备及有害气体的时空分布特征进行梳理和论述。

2.3.1 危害气体的检测

在总体检测形式上，排水收集系统有毒有害气体的检测可分为现场便携式仪器检测和实验室仪器检测两种。在实际工作中，一般采用现场和实验室相结合的检测方式形成优势互补，提高检测工作的效率和数据的准确性。

1. 气体样品的采集

排水管道系统相对密闭，污水在管道内输送过程中始终存在气液传质过程，在一定的温度及大气压条件下，该传质过程处于平衡状态。在管道检修或清淤时，检查井盖打开将会破坏气液传质平衡状态，从而使危害性气体的浓度及空间分布特性发生变化。因此，为了能够检测和反映管道正常运行状态下危害性气体的浓度与分布，在样品采集过程中需要保证排水系统的相对密闭性，这是排水系统危害性气体样品采集的特别之处。

排水管道系统气体样品采集方法一般可分为直接采样法和浓缩采样法。直接采样法操作简单、快速，被测组分浓度较高或分析方法灵敏度足够高时，直接采取少量气体样品即可满足分析要求。该方法的缺点在于测得的结果是瞬时或者短时间内危害气体的平均浓度，受采样过程干扰因素影响较大。浓缩取样法指的是利用恰当的吸收液对拟检测的气体进行吸收浓缩，并通过测定吸收液中溶解性气体（包含离子态）间接测定管道危害气体浓度。该方法适用于检测气体浓度较低的情况，具有较好的灵敏度，并对检测仪器及方法要求不高，且能够较好地反映出一段时间内的危害气体浓度情况。但其缺点在于采样过程较复杂，受限于气体的物化性质，仅适用于氨气、硫化氢、二氧化硫和氯气四种气体的采集。

1）直接采样法

排水收集系统主要由管道、检查井、沟渠、泵站等排水设施组成。考虑便于操作、能够基本反映管道真实状态等取样点选择要求，检测人员常常确定部分具有代表性的检查井作为危害气体样品采集位置。取样过程中，气体采集点在采样检查井中的垂直高度要求见表2-8。具体操作为：样品采集人员利用测距仪或者其他工具测量所选择检查井的实际深度；将带有进气头的取样管通过井盖伸入检查进内，并根据表 2-8 中相关要求将进气头固定在相应的采样高度位置；最后利用相应的气体采集装置进行气体采集和保存，以便后续危害性气体的定性和定量分析。

表 2-8　检查井中的采样点垂直高度

气体类别	气体密度/（kg/m³）	采样点在采样空间的垂直高度
甲烷、氨气	0.77～0.78	自下往上的 5/6 处
一氧化碳、硫化氢、氧气、可燃性气体 总挥发性有机物	1.25～1.54	自下往上的 1/2 处
二氧化硫、二氧化碳、氯气	1.98～3.21	自下往上的 1/6 处

2）浓缩采样法

根据气体的物化性质，能够利用浓缩采样法采集的气体主要包括氨气、硫化氢、二氧化硫和氯气四种。以上四种气体在浓缩采样中常用的吸收液参见表2-9。

表2-9 不同气体浓缩采样法吸收液列表

气体项目	吸收溶液
氨气	稀硫酸溶液
硫化氢	碱性氢氧化镉悬浮液
二氧化硫	甲醛缓冲溶液
氯气	溴化钾–甲基橙的酸性溶液

3）具体操作方法

首先依据实际情况确定采样点的具体位置。检查井内的采样点建议先用测距仪或其他测距设备，测量采样空间的垂直高度。测量检查井的垂直高度，再确定采样点的具体高度。顺序连接采样导出装置、干燥器（根据具体检测项目取舍）和抽气泵。将导出装置的进气头部分置于适当采样点，启动抽气泵，使气体样品导出。收集抽气泵流出的气体样品，根据实际情况，可采用直接采样或浓缩采样。在样品标签上应注明采样编号、采样地点、采样日期和时间、测定项目等信息，做好采样记录。

2. 检测方法

依据《城镇排水设施气体的检测方法》（CJ/T 307—2009），排水管道危害气体的实验室测定方法主要包括："甲烷的测定 气相色谱法"、"氨气的测定 纳氏试剂比色法"、"硫化氢的测定 亚甲蓝分光光度法"、"二氧化硫的测定 甲醛吸收–副玫瑰苯胺分光光度法"和"氯气的测定 甲基橙分光光度法"。表2-10是关于这几种方法的简要介绍。

3. 检测仪器与设备

1）气相色谱仪

气相色谱仪主要由气源部分、进样装置、色谱柱、检测器等组成。在物质分析方面，气相色谱仪具有如下一些特点：高灵敏度，其检出下限为1.0^{-10}g，可作

表 2-10　排水管道危害气体的实验室测定方法表

气体项目	检测方法	检测步骤
甲烷	气相色谱法	用气袋采集排水管道气体样品，以带氢火焰离子化检测器的气相色谱仪直接测定，用保留时间定性，峰面积定量
氨气	纳氏试剂比色法	用稀硫酸溶液吸收氨，在碱性条件下以铵离子形式与纳氏试剂反应生成黄棕色络合物，该络合物的色度与氨的含量成正比，在 420nm 波长处进行分光光度测定
二氧化硫	甲醛吸收–副玫瑰苯胺分光光度法	二氧化硫被甲醛缓冲溶液吸收后，生成稳定的羟甲基磺酸加成化合物。在样品溶液中加入氢氧化钠使加成化合物分解，释放出二氧化硫与副玫瑰苯胺、甲醛作用，生成紫红色化合物，用分光光度计在 577nm 处进行测定
硫化氢	亚甲蓝分光光度法	硫化氢被碱性氢氧化镉悬浮液吸收，形成硫化镉沉淀。吸收液中加入聚乙烯醇磷酸铵可以减弱硫化镉的光分解作用。然后，在硫酸溶液中，硫离子与对氨基二甲苯胺溶液和三氯化铁溶液作用，生成亚甲基蓝。根据颜色深浅，比色定量
氯气	甲基橙分光光度法	含溴化钾、甲基橙的酸性溶液和氯气反应，氯气将溴离子氧化成溴，溴能破坏甲基橙的分子结构，在酸性溶液中将红色减褪，用分光光度法测定其褪色的程度来确定氯气的含量

超纯气体、高分子单体的痕迹量杂质分析和空气中微量毒物的分析；高选择性，可有效地分离性质极为相近的各种同分异构体；高效能，可把组分复杂的样品分离成单组分；速度快，一般分析只需几分钟即可完成；适用范围广，既可分析低浓度的气体、液体，也可分析高浓度的气体、液体，不受组分含量的限制；所需试样量少，一般气体样用几毫升，液体样用几微升或几十微升；操作比较简单等。

2）分光光度计

分光光度计由辐射源、单色器、试样容器、检测器和显示装置等组成，具有操作简单、准确度高、重现性好的特点。分光光度计通过测定被测物质在特定波长处或一定波长范围内光的吸收度，实现对被测物质进行定性和定量分析。在分光光度计中，将不同波长的光连续地照射到一定浓度的样品溶液时，便可得到与众不同波长相对应的吸收强度。例如，以波长（λ）为横坐标，吸收强度（A）为纵坐标，就可绘出该物质的吸收光谱曲线。利用该曲线进行物质定性、定量的分析方法，称为分光光度法，也称为吸收光谱法。

3）非色散红外光谱仪

非色散红外光谱仪主要由光源、干涉器、检测器构成，具有灵敏度高、操作简单、连续自动检测的特点，适合用于低浓度的一氧化碳和二氧化碳等气体测定。非色散红外光谱仪基于朗伯–比尔定律，通过测定待测气体对特征波长红外辐射吸收强度来定量分析气体浓度，该方法通常称作非色散红外吸收法。

4）电化学传感器

电化学传感器一般由透气膜、电极、电解质、过滤器构成，通过与被测气体发生反应并产生与气体浓度成正比的电信号来工作。电化学传感器具有以下特点：可以检测某特定的气体，选择性的程度取决于传感器的类型、目标气体和目标气体的浓度；线性输出，低功耗和良好的分辨率；良好的重复性和准确性，一旦校准到已知浓度，传感器将提供可重复的、精确的目标气体读数；不被其他气体污染，其他环境气体的存在将不会缩短传感器的寿命；比大多数其他气体检测技术更经济。利用电化学传感器定性、定量分析气体浓度的方法称为电化学传感器法。

4. 危害性气体现场检测方法

《城镇排水设施气体的检测方法》（CJ/T 307—2009）规定了9种排水管道危害气体的现场便携式测定方法，包括："二氧化碳的测定 不分光红外线气体分析法"、"氨气的测定 电化学传感器法"、"一氧化碳的测定 电化学传感器法"、"硫化氢的测定 电化学传感器法"、"二氧化硫的测定 电化学传感器法"、"氯气的测定 电化学传感器法"、"总挥发性有机物的测定 光离子化总量直接检测法"、"氧气的测定 电化学传感器法"和"可燃性气体的测定 催化燃烧法"。测定原理如表2-11所示。

5. 现场检测便携式设备

便携式气体检测仪的关键部件是气体传感器。气体传感器从工作原理上可以分为三大类：①利用气体物理化学性质的传感器，如半导体式（表面控制型、体积控制型、表面电位型）、催化燃烧式、固体热导式等。②利用气体物理性质的传感器，如热传导式、光干涉式、红外吸收式等。③利用气体电化学性质的传感器，如定电位电解式、迦伐尼电池式、隔膜离子电极式、固定电解质式等。

国内市场上的便携式现场检测仪器种类繁多，可以分为以下两类：集多成分检测于一体的复合气体检测仪（如四合一气体检测仪、五合一气体检测仪等），针对某一特定成分的单气体检测仪与检测管（如甲烷检测仪、硫化氢检测仪，二氧化碳检测管、硫化氢检测管等）。常见的便携式气体检测仪如下。

1）美国英思科 iBridMX4 和 MX6 多合一气体检测仪

（1）iBridMX4。美国工业科学公司（ISC）开发了一台便携式气体检测仪，其可实现4种气体检测，采用统一的软件，只需要换气体传感器，即可实现对特定气体的检测。

表 2-11　排水管道危害气体便携式测定方法表

气体项目	检测方法	检测原理
二氧化碳	不分光红外线气体分析法	二氧化碳对红外线具有选择性的吸收，在一定范围内，吸收值与二氧化碳浓度呈线性关系。根据吸收值确定样品二氧化碳的浓度
氨气	电化学传感器法	电化学传感器法利用电化学反应机理，氨气与电解液发生电化学反应，产生电势差，该电势差与氨气浓度成正比，通过测定电势差来确定氨气浓度
一氧化碳	电化学传感器法	电化学传感器法利用电化学反应机理，一氧化碳气体与电解液发生电化学反应，产生电势差，该电势差与一氧化碳气体浓度成正比，通过测定电势差来确定一氧化碳气体浓度
硫化氢	电化学传感器法	电化学传感器法利用电化学反应机理，硫化氢气体与电解液发生电化学反应，产生电势差，该电势差与硫化氢气体浓度成正比，通过测定电势差来确定硫化氢气体浓度
二氧化硫	电化学传感器法	电化学传感器法利用电化学反应机理，二氧化硫气体与电解液发生电化学反应，产生电势差，该电势差与二氧化硫气体浓度成正比，通过测定电势差来确定二氧化硫气体浓度
氯气	电化学传感器法	电化学传感器法利用电化学反应机理，氯气与电解液发生电化学反应，产生电势差，该电势差与氯气浓度成正比，通过测定电势差来确定氯气浓度
总挥发性有机物	光离子化总量直接检测法	该法选择合适的吸附剂（TenaxGC 或 TenaxTA），用吸附管采集一定体积的排水管道气体样品，将气体样品直接注入光离子化气体分析仪，样品采样泵直接吸入后进入离子化室，在真空紫外光子（VUV）的袭击下，将 TVOC 电离成正负离子。测量离子电流的大小，就可确定 TVOC 的含量
氧气	电化学传感器法	被测气体中的氧气，通过传感器半透膜充分扩散进入铅镍合金-空气电池内，经电化学反应产生电能，其电流大小遵循法拉第定律与参加反应的氧原子摩尔数成正比，放电形成的电流经过负载形成电压，测量负载上的电压大小得到氧含量数值
可燃性气体	催化燃烧法	催化燃烧式气体传感器是利用催化燃烧的热效应原理，由检测元件和补偿元件配对构成测量电桥，当遇到可燃性气体时，可燃气体在检测元件载体表面及催化剂的作用下发生燃烧，载体温度就升高，通过它内部的铂丝电阻也相应升高，从而使平衡电桥失去平衡，输出一个与可燃气体浓度成正比的电信号

　　iBridMX4 可通过选配多种传感器选项，测量 1～4 种有毒有害气体，选配一体式采样泵，动力足，可从多达 100 英尺的距离外进行采样，MX4iBrid 主要技术参数介绍如下：①工作温度范围。常规下：−20～50℃。②工作湿度范围。常规下：15%～90%非冷凝（持续）。③报警。红色闪亮报警灯、超强声音报警（在 30cm范围内 95dB）及振动报警。④传感器原理。可燃气体／甲烷——催化燃烧原理；氧气、一氧化碳、硫化氢、二氧化氮、二氧化硫——电化学原理。⑤iBridMX4 检测范围如表 2-12 所示。

　　（2）iBridMX6。iBridMX6 可以任意选择安装多种传感器以检测不同的气体，既可以选择扩散式操作，也可以选择泵吸一体式操作，它是世界上第一款彩色液晶显示屏多合一气体检测仪。泵吸式可以将地下排污管道内有害气体吸到仪器内，极大地保护检测人员人身安全，它还能储存记录大量数据，方便在电脑上进行读取、存储，安全高效。

表 2-12　iBridMX4 检测范围表

气体	化学式	测量范围	精度
氧气	O_2	0~30%	0.1%
甲烷	CH_4	0~100% LEL[①]	0.1%
二氧化硫	SO_2	0~150ppm	0.1ppm
二氧化氮	NO_2	0~150ppm	0.1ppm

① LEL, 爆炸下限。

iBridMX6 主要技术参数介绍如下：①工作温度范围。-20~55℃。②工作湿度范围。一般 15%~95%，非冷凝（持续）。③报警。红色闪亮报警灯、超强声音报警（在 30cm 范围内 95dB）及振动报警。④传感器原理。可燃气体 / 甲烷——催化燃烧原理 / 红外吸收原理；氧气与有毒气体——电化学原理；二氧化碳——红外吸收原理；挥发性有机化合物（VOCs）——10.6eV 光离子化检测器（PID）。⑤iBridMX6 检测范围如表 2-13 所示。

表 2-13　iBridMX6 检测范围表

气体	化学式	测量范围	精度
氧气	O_2	0~30%	0.1%
一氧化碳	CO	0~1500ppm	1ppm
硫化氢	H_2S	0~500ppm	0.1ppm
氢气	H_2	0~2000ppm	1ppm
氨气	NH_3	0~500ppm	1ppm
二氧化碳	CO_2	0~5%	0.01%

2）澳大利亚 OdaLog ThermoFisher 便携式在线气体检测仪

澳大利亚 OdaLog ThermoFisher 便携式在线气体检测仪是专为废水环境设计的直读式气体检测仪。它可进行定点长期气体监测，并利用红外线进行远距离数据传输，数据传输更加灵活。其产品型号如表 2-14 所示。

3）中国保时安便携式气体检测仪

河南省保时安电子科技有限公司推出了以下两款便携式气体检测仪：

表 2-14　OdaLog ThermoFisher 便携式在线气体检测仪类型

产品型号	单一气体/多种气体检测	数据传输方式	续航模式
Odalog Logger L2	单一气体	蓝牙或数据线	12 个月
OdaRTx Logger	单一气体	可实时获取数据	>12 个月
Low Range H_2S Logger	单一气体	蓝牙或数据线	一周
7000 MkII Multi Gas Monitor	多种气体	蓝牙或数据线	七周

（1）BH-90A 单一气体检测仪。可检测的部分常见气体：可燃气（EX）、氧气、硫化氢、一氧化碳、二氧化氮、二氧化碳、一氧化氮、二氧化硫、氯气、氨气、氢气、臭氧等，气体检测范围见表 2-15。

表 2-15　BH-90A 单一气体检测仪检测范围表

气体	化学式	测量范围	分辨率
可燃气	EX	0～100% LEL	0.1% LEL / 1%
氧气	O_2	0～30%	1%
硫化氢	H_2S	0～100ppm	0.1ppm
一氧化碳	CO	0～1000ppm	1ppm
二氧化氮	NO_2	0～20ppm	0.1ppm
二氧化碳	CO_2	0～5000ppm	1ppm / 0.1%
一氧化氮	NO	0～250ppm	1ppm
二氧化硫	SO_2	0～20ppm	0.1/1ppm
氯气	Cl_2	0～20ppm	0.1ppm
氨气	NH_3	0～100ppm	0.1/1ppm
氢气	H_2	0～1000ppm	1ppm
臭氧	O_3	0～10ppm	0.1ppm

（2）BH-4A 四合一气体检测仪。支持超过 30 种传感器，可根据需要自由组合，灵活配置（根据用户需要可以支持四种气体同时检测）。默认的四种检测气体：可燃气、氧气、硫化氢、一氧化碳，气体检测范围见表 2-16。

表 2-16　BH-4A 四合一气体检测仪检测范围表

气体	化学式	测量范围	分辨率
可燃气	EX	0～100% LEL	0.1% LEL / 1%
氧气	O_2	0～30%	1%
硫化氢	H_2S	0～100ppm	0.1ppm
一氧化碳	CO	0～1000ppm	1ppm

2.3.2　危害气体的分布特征

我国地大物博，不同区域城市居民生活习惯具有较大差异，污水水质和水量也显著不同，导致污水管道中气体环境组分存在一定的分布差异。

以典型污水管道危害性气体甲烷和硫化氢为例，表 2-17 中汇总了广州、兰州、昆明、西安、重庆五座城市典型区域污水管道中的危害气体平均浓度。可以看出，不同城市排水管道危害气体浓度具有显著的差异性。黄建洪等（2012）通过单样本 K-S 对广州、兰州和昆明的硫化氢浓度检验结果表明，不同区域城市硫化氢溢出浓度具有相同的溢出规律，即近似服从于正态分布，独立样本的 t 检验结果表明，不同区域城市污水排水系统中，广州与昆明、兰州与昆明的硫化氢溢出浓度存在显著差异。胥文敬（2014）对兰州排水管道内硫化氢气体进行了检测，其峰值范围与广州排水管道内硫化氢气体浓度差异不明显，季俊青（2013）对兰州排水管道内甲烷气体进行了检测，甲烷气体浓度峰值为 0.39%LEL，略高于昆明排水管道内的甲烷浓度（周新云，2012）。

表 2-17　各城市排水管道有害气体浓度范围

气体浓度	广州	兰州	昆明	西安	重庆
甲烷浓度/%LEL	0～0.95	0～0.39	0～0.19	0～1.49	0～19.1
硫化氢浓度/ppm	0～12	0～14.095	0～30.5	0.73～24.74	0～34

硫化氢和甲烷等危害性气体广泛存在于管道系统中。管道系统包括管道上游与管道下游，管道上游主要包括排水支管、支干管和化粪池，管道下游包括排水干管、泵站和污水处理厂。

1. 不同管道位置的危害性气体分布特征

在管道上游，污水支管内的硫化氢浓度变化具有一定的时段性。严铁生（2017）对污水支管硫化氢浓度的调查显示，在污水流量高峰期，其硫化氢浓度也达到了峰值，其浓度约达 76.06ppm。污水支干管的硫化氢浓度相对较低，但其浓度起伏变化情况较为复杂，峰值时最大浓度在 3ppm 左右。Zuo 等（2019）对排水管道内硫化氢浓度进行测定后发现，化粪池是污水中硫循环的一个重要反应区域，但由于化粪池水面有浮渣等物质，阻隔了硫化氢从液面向空气中的传质过程，因此，化粪池后的排水管道中，硫化氢浓度呈现较高趋势，其调研区域的硫化氢峰值浓度可达 320ppm。甲烷气体也常见于化粪池后的排水管道内，米莉等（2015）对重庆市排水管道气体组分的调查显示，甲烷气体的峰值最高可达 14.9%～19.1%LEL。

在管道下游的提升泵站中，严铁生（2017）对泵站管道内的气体环境组分进行调查发现，硫化氢浓度较为稳定，其范围为 2～8.5ppm，对泵站管道内的甲烷气体浓度检测发现，其浓度变化具有时段性，范围为 1.31%～1.74%LEL（郝晓地等，2017）。污水干管的硫化氢浓度相对较低，但其浓度起伏变化情况较为复杂，峰值时最大浓度在 3ppm 左右。

对于甲烷气体的产溢来说，COD、硫酸盐和硫化物浓度对甲烷均会产生影响，但各个因素间并不是简单的加和关系，不同污水中甲烷的产生在多个影响因子的共同作用下呈现出不同于单个影响因子作用的规律。污水中的有机质浓度不同也有可能导致活跃于不同生活污水中的微生物优势种群的差异，造成甲烷产气量的不同。对于硫化氢气体的产溢来说，温度、水质和流速都会影响硫化氢在管道中的浓度。Zuo 等（2019）在调研过程中发现，与管道上游相比，温度对硫化氢气体产溢的影响在管道下游较大，污水水质对于硫化氢的释放也存在一定影响，高浓度的 COD 会导致更高的硫化氢产生速率，当污水流速较低时，污水中的有机物质会沉淀于底部，水力停留时间增加，加速了硫化氢的产生量。

2. 不同建筑功能区内管道中危害性气体分布特征

由于污水特性与危害气体的产溢有着一定的相关性，因此在不同建筑功能区下的管道内，其气体空间分布特征也有所不同。城市建筑区域主要分为居民小区、生活辅助区、学校和办公区等。

在监测时段中，菜市场检查井中甲烷浓度一直为零，该区域排放的水质形成的管道环境和污泥中产甲烷菌含量较低，在日变化过程中甲烷的产生量较低而无法检出（严铁生，2017）。硫化氢气体在上午 9:00 时出现一天中的最大值 24.14ppm，之后时段随着污水中营养物质的消耗，硫化氢气体的逸散量也逐渐减少，到 18:30 时，浓度降到峰谷。在居民小区的检查井中，其硫化氢气体的浓度范围为 0.09～58.58ppm，且硫化氢浓度具有一定的波动性，而甲烷气体主要出现在化粪池后的管道内，其浓度在 0～0.8%LEL 波动。季俊青（2013）对学校的主要功能区文教区的排水系统中气体组分检测的结果显示，排水系统中硫化氢和二氧化碳气体的排放速率基本一致，排水系统硫化氢和二氧化碳气体的排放速率变化趋势一致，均在下午 17:20 左右出现最小值，而在上午 11:00～12:00 达到最大值；甲烷气体的最大值出现在上午 11:00。学校排水系统中的气体浓度变化规律与用水习惯呈现较强的正比关系。

在同一城市内，随着排水管道收集的污水类型和污水管道走向的不同，其排水系统内气体环境组分会有所不同。从污水管道走向来看，污水管道分为支管和干管、管道上游和管道下游。污水支管和干管的气体组分受污水流量影响较大，其浓度波动受污水特性的影响具有一定的时段性。在管道上游的化粪池是危害气体的聚集源，甲烷气体浓度通常较高，管道下游的泵站气体组分较为稳定，浓度变化范围较小。从收集和运输污水类型的不同来看，城市中不同建筑区域下的排水管道气体组分也存在一定的差异。生活辅助区内硫化氢浓度较高，且浓度变化程度较大，在居民小区和学校内硫化氢的变化程度同样与用户生活规律呈正相关，由于居民小区内通常设有化粪池，因此其管道内还会存在一定浓度的甲烷气体。

3. 危害性气体的时间分布特征

危害气体在温度和污水流量发生变化时，其浓度也会发生一定的波动。因此，危害气体具有一定的时间分布特征，其组分和浓度在同一管道内的不同季节、同一检查井在一天内不同时间段，也是有所差异的。

1）危害性气体的日变化规律

硫化氢、二氧化碳和甲烷三种有害气体呈现非线性状态分布在检测井内，其变化规律较复杂。总体来看，在用水低谷期到用水高峰期过渡阶段：硫化氢的含量增加，二氧化碳的含量和甲烷的含量均减少。在用水高峰期到用水低谷期过渡阶段：硫化氢的含量减少，二氧化碳的含量和甲烷的含量均增加。相对来说，硫化氢的含量和二氧化碳的含量随时间的变化趋势比甲烷的含量随时间的变化趋势更明显；硫化氢的变化量最大，而二氧化碳和甲烷的变化量很小；在一天检测时间段内，早晨和晚上硫化氢的含量相对较低，而二氧化碳的含量和甲烷的含量在早晨和晚上相对较高，其余时间段变化规律较复杂。

居民小区检查井中硫化氢浓度的波动与时间关系明显，在 9:00、12:30、15:00 和 21:10 四个时间点发生了明显的硫化氢气体浓度高峰值，分别为 11.85ppm、18.23ppm、6.5ppm 和 58.58ppm；而在 5:00、10:00、14:30、次日凌晨 2:00 出现硫化氢浓度的谷值，分别为 1.67ppm、3.67ppm、1.36ppm 和 0.09ppm，并在凌晨 2:00 达到一天中的最小值 0.09ppm，在晚上 21:10 达到了一天中的最大值 58.58ppm。表明居民小区硫化氢气体的逸散情况与小区居民生活作息密切相关，具有时段特征（严铁生，2017）。

严铁生（2017）在经过检测检查井内气体组分后发现，在一天的变化过程中，2.0m 处硫化氢气体浓度一直高于其他检测点，在 2.0m 和 1.2m 检测点处，硫化氢气体最大值都发生在晚上 9:30，各自浓度分别为 58.58ppm 和 46.8ppm。表明居民区检查井中外界因素对井内气体扰动较小，井内垂直方向上的气体日变化规律基本一致，但其浓度水平还是有所差异，在 2.0m、1.2m、0.5m 处硫化氢气体的日均浓度分别为 10.94ppm、10.69ppm、0.43ppm，表明夏季居民区检查井内在中部及以下位置有较高浓度的硫化氢气体，而在井口位置硫化氢气体基本不存在。

2）危害性气体的季节分布特征

在同一管道中，气温和居民用水量的季节变化会造成管道中有害气体含量发生变化。一年四季特征废气的产排规律有明显的变化，温度的差异是污水排水系统中特征废气产排差异的原因之一。对某市政街道管段顺水流方向各个检查井内甲烷气体进行检测，可发现管道中甲烷气体的含量随着季节的不同不断变化。

冬季气温较低管道中微生物的活性较低，不利于甲烷、硫化氢等气体的产生，管道中有害气体的含量相对较低。春季气温回暖，微生物的活性增强，硫酸盐还原菌和产甲烷菌产生硫化氢和甲烷的能力增强，管道中有害气体的量开始升高。

夏季气温最高，温度最适宜微生物的生长，再加上夏季用水量大，给管道中生物膜的生长提供了极为优越的环境，硫酸盐还原菌和产甲烷菌的活性达到一年中的最大值，从而导致管道中有毒有害气体的浓度也达到了峰值。但是在温度较高的 8 月，管道中甲烷的浓度却是一个较低的水平，这主要是因为该市 8 月降水集中，且短时间的强降水也较多，雨水管网系统来不及输送的雨水会经由污水管道排出城市，雨水的大量汇入造成了污水管道满管甚至检查井冒井现象的出现，给污水管网系统水力条件、气体空间造成巨大的冲击，对管道中微生物系统也带来很大的扰动。降水过后，周围空气进入管道填充气体空间，管道中氧含量较高，破坏管道中厌氧环境，不利于甲烷、硫化氢等有害气体的产生。秋季气温降低，居民用水量减少，微生物的生存环境和活性逐渐变差，硫化氢、甲烷等有毒有害气体的产生量减少，管道中有害气体的浓度降低。

刘艳涛（2016）对某街道检查井连续 12 个月的甲烷浓度进行检测后发现，检测井内甲烷的含量随春夏秋冬季节的变化呈递减趋势，间接说明检测井内甲烷的含量分布规律受温度的影响比较大，二氧化碳和硫化氢的含量随春夏秋冬四季变化呈现波动变化趋势；各季节检测井内二氧化碳、硫化氢、甲烷的平均变化量依次大约为 0.20%、3.2ppm、1.6%LEL（0.08%），说明在检测井内，季节变换对硫化氢的含量分布的影响远大于季节变换对二氧化碳和甲烷的含量分布的影响。有害气体在检测井的含量分布随春夏秋冬四季的变换呈现波动变化，但总体来讲，气体含量值均在夏季最大，冬季最小，春季和秋季呈现此消彼长的关系，偶尔也有冬季含量高的反常情况，这间接反映了温度对污水管道内有害气体产生的影响。

严铁生（2017）对夏季和冬季同一检查井内气体组分进行了检测，发现夏季居民区检查井内井盖下 2.0m、1.2m 两个检测点上硫化氢气体日变化情况基本一致，0.5m 处硫化氢气体浓度很低，几乎没有。冬季居民小区检查井中垂直方向不同高度检测点上硫化氢气体变化规律在部分时段相似，但气体浓度峰值与夏季相比有大幅下降。

季俊青（2013）对兰州市某居民区的检查井进行了气体组分监测，发现硫化氢排放量与季节关系密切，夏季的排放量远大于其他季节，井内硫化氢浓度的大小顺序是：夏季>春季>秋季>冬季。这是由于夏季的气温较高，排水管道内的污水温度也高于其他季节，最高可达 25℃，这个温度有利于微生物的繁殖和生长，提高了微生物的活性，更多的有机物在排水管道中被分解，从而产生了更多的硫化氢废气；该检查井在四季的四次检测中均未检测到氨气和甲烷的产生，这是因为该井离化粪池的距离较远，化粪池内产生的甲烷已经在上游的检查井中溢出，且该检查井内水流较为平稳，波动较小，同时，氨气的高水溶性，均不利于氨气的溢出；居民区检查井内二氧化碳浓度在不同的季节变化不明显，但仍可看出夏季的二氧化碳浓度稍大于其他季节，这也是由于夏季微生物的高活性，产生较多的二氧化碳气体。

同一管段内，危害气体甲烷和硫化氢的浓度在不同季节呈现夏季较高，冬季较低的趋势，而在降水较多时，其浓度均会发生一定程度的下降。检查井特征危害气体浓度变化具有时段性，即一天之内用水高峰期时段和低谷期时段，危害气体浓度峰值具有明显差异，用水高峰期各种特征废气的产排要高于低谷期。一周之内，由工作日和周末污水排放量不同导致污水的水质及排水系统中特征废气的产排有所差异，工作日周一至周五每天危害气体的浓度变化不大。

2.4 排水系统维护管理

城镇排水系统作为城市水循环的关键一环，是处理城镇废水和雨水排放的关键，排水系统对于保障城镇的正常运转十分重要。城镇排水系统主要由三大部分组成：建筑内部排水系统、小区排水系统和市政排水系统。然而，排水管网中的污水由于微生物的作用会产生和排放硫化氢、甲烷等危害性气体，硫化氢中毒和甲烷爆炸事故时有发生，严重威胁着施工人员及其他人群的生命健康安全。因此，排水系统的维护与管理对于城镇的发展和人们的生命安全具有重要意义。

2.4.1 建筑内部排水系统维护

建筑排水管道最常见的问题是室内排水管道堵塞，如硬杂物进入管道，停留在管道中部、拐弯处、排水管末端。排水管道的堵塞会造成水流不畅，排泄不通，严重一些会在地漏、水池、马桶等处外淌。此外，存水弯的水封会隔离有害气体，但可能因为水封深度不够造成排水管道系统中的气体窜入室内。2019 年 8 月 11 日，上海"95 后"夫妻江某和陈某在家中卫生间意外中毒死亡。后经法医鉴定，导致两人死亡的原因为硫化氢中毒。经专家分析，卫生间出现硫化氢的原因很可能就是水封深度不够。存水弯的水封会因水封深度不够等遭受破坏；有的卫生器具由于使用间歇时间过长，尤其是地漏，长时间没有补充水，水封水面不断蒸发而失去水封作用，这些是造成卫生间臭气外逸的主要原因（王增长，2010）。对于建筑内部排水系统来说，排水设施的维护，尤其是卫生间内排水设施的维护相当重要。对建筑内部排水系统维护工作提出以下措施。

（1）建立健全排水设施档案。专业人员需对小区内所有建筑排水设施建立档案，对各项设备、设施的使用情况，都要记录在案。

（2）建立定期巡查制度。各个物业管理公司需配备具有一定业务能力和经验的工人，或者外包给专门的管网维护公司；对建筑内的排水管线、排水设备等进行定期排查，发现问题要及时上报。

（3）加强对排水系统及设备的养护。定期检查排水管道及阀门是否生锈或渗漏，发现隐患及时处理；检查楼板、墙壁、地面等处有无滴水、咽水、积水等异常现象，如发现管道确有漏水情况，应及时修理，以防损伤建筑物和有碍环境卫生；厕所、浴室是卫生设施比较集中和管道布置密集的地方，应作为检查的重点，并有必要定时向地漏的存水弯部分注水，保持一定水封高度。

（4）配合其他部门做好排水工作。物管公司需配合市政部门做好排水工作，既要保证污水的顺利排放，又要保证排放的污水符合排放标准，不污染环境。

（5）做好宣传教育工作。倡导用户爱惜各项设备设施；不要向下水道内倒杂物，以免堵塞管道；不要随意改变管道的线路；杜绝破坏排水设备设施的行为或现象。

2.4.2　小区排水系统的维护

小区排水管道最常见的问题是管道堵塞，排水不畅通。造成堵塞的原因有检查井盖不严，砂石、杂土和树叶等杂物进入排水管道，或者树根从管道接口、裂缝处进入管道内吸取养分，在排水管内生成圆节状根系，使管道堵塞。此外，小区化粪池如果没有及时清理，会导致化粪池脏水溢出，恶臭熏天，严重影响周围群众的生活。还有化粪池的排气孔由于各种原因容易发生堵塞，堵塞的化粪池会产生大量的甲烷，像煤气罐一样，一旦接触明火，就会发生爆炸。由此可见，对小区排水系统及时维护是十分必要的。对小区排水系统维护提出以下防控措施。

（1）熟悉小区范围内排水管线及其附属设施的分布、走向、埋深及管径等基本情况。

（2）对小区内的雨污水检查井进行定期巡查，检查井盖是否有破损（防止杂物落入），井内管道和爬梯是否完好等。若有损坏，需及时修复，并做好记录。

（3）检查雨水井及其附件是否完好，重点检查雨水井附近有无堆放建筑材料及其他体积较小的杂物，以防雨水将这些东西冲入雨水道，造成管道被堵塞。

（4）排水管道要定期检查和冲洗。排水管道周围有树木生长时，每年至少两次检查排水管道内是否产生树根。夏季在暴雨过后要及时检查及清理排水和雨水管内的淤泥杂物。

（5）定期清理小区内化粪池、隔油池等污水预处理设施（如化粪池、隔油池等），清理周期根据小区的使用情况确定，严防化粪池排气孔堵塞等。

（6）进行井下作业人员，应严格执行国家制定的排水管渠井下作业相关操作规程，确保机械设备和安全防护装置齐全、完好、有效。

2.4.3 市政排水系统的维护

市政排水系统是城镇必不可少的基础设施，是处理和排除城镇污水和雨水的工程设施，关系城镇人群的生产生活，是城镇日常管理维护的重要内容之一。随着我国城镇化进程的加快、社会经济的快速发展和人们生活水平的提高，城镇人口越来越密集，过去建设的一些老旧管网已难以适应城市的污水排放需求，不少管网由于年久失修，发生堵塞、腐蚀、渗漏等情况，导致许多路面塌陷事故，一些老城区这些情况更为严重。污水的集中处理需要大量的污水排水管网来收集和输送污水，从而加长了污水管道的长度，增加了污水在排水管道中的水力停留时间，污水中的溶解氧在密闭的排水管道中很容易被消耗，使污水管道形成厌氧环境，从而产生大量的硫化氢气体，硫化氢遇到氧气会被氧化成二氧化硫，并经过一系列反应形成硫酸，腐蚀管道（周新云等，2013）。高浓度的硫化氢还会使人意识模糊陷入昏迷，严重时可致死。硫化氢中毒案例中，作业和营救人员对硫化氢的毒性和危害性知之甚少，缺乏最基本的防护措施，常造成事故，且死亡率较高。因此，有必要加强硫化氢中毒及救护知识的教育培训，提高防范意识，尽可能避免硫化氢中毒的发生（陈卫等，2006）。管道中产生的甲烷，如果处置不当，则可能导致管道发生爆炸。2019 年 5 月 29 日 15 时许，广西南宁道路绿化带排污管道处发生不明气体爆炸事故，造成现场施工人员一死一伤。施工人员未按照规范施工是惨剧发生的主要原因。提高作业人员的安全意识与技术水平对于防范事故的发生非常重要。

市政排水管道产生的有害气体对于管道的维护造成了极大困扰，国内外学者对抑制管道中的硫化氢和甲烷进行了大量研究，主要是通过提高污水氧化还原电位，提高污水 pH 和给污水中加入金属盐等措施来去除有害气体，延长管道使用寿命，但试验模拟管道与实际管道存在一定差距，加之成本较高，故很难实施[《城镇排水管道维护安全技术规程》（CJJ 6—2009）]。当前排水管道的维护需按照国家标准，规范排水管道维护作业的安全管理和技术操作，提高安全技术水平，保障排水管道维护作业人员的安全和健康。井下有毒有害气体的浓度除应符合国家现行有关标准的规定外，其浓度和爆炸范围还应符合表 2-18 的规定。

气体检测应测定井下的空气含氧量和常见有毒有害、易燃易爆气体的浓度及爆炸范围。对市政排水管道维护提出以下措施。

（1）对排水管网的运行状况进行全面核查。定期对排水管网的运行情况进行普查，可以对相关信息进行及时了解并对管网运行实际情况进行更新。对排水管道运行情况的普查，可以对其排水情况和相关设备运行情况进行了解。普查的主要内容包括管道内气体、水流速度和充满度、附属构筑物、重要支护线和设施运行情况等。

表 2-18 常见有毒有害、易燃易爆气体的浓度和爆炸范围

气体名称	相对密度（取空气相对密度为1）	最高容许浓度/（mg/m³）	时间加权平均容许浓度/（mg/m³）	短时间接触容许浓度/（mg/m³）	爆炸范围/（体积分数，%）	说明
硫化氢	1.19	10	—	—	4.3～45.5	—
一氧化碳	0.97	—	20	30	12.5～74.2	非高原
		20				海拔 2000～3000m
		15				海拔高于 3000m
氰化氢	0.94	1	—		5.6～12.8	—
溶剂汽油	3.00～4.00	—	300		1.4～7.6	—
一氧化氮	1.03	—	15		不燃	
甲烷	0.55	—			5.0～15.0	
苯	2.71	—	6	10	1.45～8.0	—

资料来源：许小冰等，2012。

（2）加强排水管道巡查。对排水管道进行定期巡视，检查的工作内容主要包括：检查井盖及井座是否出现丢失或损坏的情况、地面有无沉陷情况、管道水流情况、管内淤积情况和有无违章接入的管线等。巡查过程中，应对现场实际巡查情况及时做好记录，以便日后对管道的维护与检修工作提供相应的参考。

（3）及时进行清掏，注意安全防护。对排水管道进行定期清掏，清掏工人携带个人防护器材及清掏工具进入管道，一定要按规范，安全操作。还可以采用机械清掏，以提高清掏效率，有效清除人工难以清掏的管段，保证管道正常运行。

（4）对现有的排水设备进行更新。为了提高市政排水管道的使用性能和使用寿命，需要定期对相关的排水设备进行完善和更新，确保设备能够在排水系统中保持最好的工作状态。

（5）完善管道维护和管理机制。市政排水管道的运行维护与管理水平，直接关系着排水管道的运行能力，影响着市民生活能否正常、有序进行。中华人民共和国住房和城乡建设部发布了新的行业标准《城镇排水管道维护安全技术规程》（CJJ 6—2009），具体从事管网维护和修理的专业人员，应依照该规程进行。相关人员应不断加强城市排水管网的系统管理工作，明确责任、加强监督，提升管理人员的专业水平与职业素养，更好地为排水管道的运行维护与管理工作服务，为城市可持续发展助力。

参 考 文 献

白清东. 2006. 腐蚀管道剩余强度研究. 大庆: 大庆石油学院.

陈娟, 崔淑卿. 2012. 空气中二氧化硫对人体的危害及相关问题探讨. 内蒙古水利, (3): 174-175.

陈卫, 宋佩娣, 郑兴灿, 等. 2006. 污水系统中导致硫化氢中毒的影响因素与控制措施. 给水排水, (1): 15-19.

丁超. 2015. 污水管道有害性气体运动与分布规律研究. 西安: 西安建筑科技大学.

杜洪彦, 邱富荣, 林昌健. 2001. 混凝土的腐蚀机理与新型防护方法. 腐蚀科学与防护技术, 13(3): 156-161.

郭丹彤. 2017. 窨井内受限空间可燃气体爆炸特性研究. 北京: 首都经济贸易大学.

韩静云, 田永静, 陈忠汉. 2001. 污水中好氧菌对混凝土排污管管壁腐蚀的研究. 混凝土与水泥制品, 3: 23-25.

郝晓地, 杨文宇, 林甲. 2017. 不可小觑的化粪池甲烷碳排量. 中国给水排水, (10): 37-42.

胡修稳. 2012. 重庆主城区污水管道气体安全风险评估模型研究. 重庆: 重庆大学.

黄建洪, 周新云, 周瑜, 等. 2012. 不同区域城市排水系统中 H_2S 的溢出规律. 环境化学, 31(10): 1549-1554.

霍玉美, 张文军, 张进伟. 2018. 浅析过程质谱分析仪在过程气体监测中的应用. 仪表技术, (11): 9-11.

季俊青. 2013. 兰州市生活排水系统废气产排量测算及控制对策研究. 兰州: 兰州交通大学.

李健槟. 2009. 城镇下水道气体检测规范的研究. 广州: 中山大学.

刘金艳. 2008. 论排水系统中硫化氢气体来源危害及预防措施. 内蒙古科技与经济, (24): 123, 125.

刘锴, 何群彪, 屈计宁. 2003. 城市污水处理厂臭气问题分析与控制. 上海环境科学, (S2): 4-7, 190.

刘艳涛. 2016. 污水管中有害气体的分布规律及其模型探究. 西安: 西安建筑科技大学.

罗金恒, 王曰燕, 赵新伟, 等. 2004. 在役油气管道土壤腐蚀研究现状. 石油工程建设, 30(6): 1-5.

彭妙会. 2019. 垃圾转运站臭气浓度监测要点及恶臭原因分析. 化工管理, (31): 132-133.

邱榕, 范维澄. 2001. 火灾常见有害燃烧产物的生物毒理(I)——一氧化碳、氰化氢. 火灾科学, (3): 154-158.

邱赟, 尹基宇. 2019. 城市污水处理厂臭气治理措施分析. 资源节约与环保, (4): 125-126.

王书浩, 孟力沛, 肖铭, 等. 2008. 秦京输油管道腐蚀机理分析及腐蚀检测. 油气储运, 27(2): 36-39.

王晓东. 2014. 二氧化氮及其衍生物对肺和脑一般毒性的研究. 太原: 山西大学.

王玉婧, 章骓, 吕凡, 等. 2019. 生活垃圾转运站恶臭污染控制现状与问题思考. 环境卫生工程, 27(1): 1-8, 13.

王增长. 2010. 建筑给水排水工程. 6 版. 北京: 中国建筑工业出版社.

席光锋, 张峰, 韩伟. 2008. 杂散电流对长输油气管道的危害及其检测. 油气储运, 27(7): 40-42.

胥文敬. 2014. 城市污水排水系统中 H_2S 的溢出规律研究. 兰州: 兰州理工大学.

许小冰, 王怡, 王社平, 等. 2012. 城市排水管道中有害气体控制的国内外研究现状. 中国给水排水, 28(14): 9-12.

严铁生. 2017. 城市不同区域排水管道中毒害气体分布规律研究. 西安: 长安大学.

元绵槐. 1997. 一起硫化氢急性中毒事故的教训. 职业与健康, (4): 50.

张涛. 2016. 城市排污管道有害气体分布规律与危害控制研究. 北京: 首都经济贸易大学.

中华人民共和国住房和城乡建设部. 2009. 城镇排水设施气体的检测方法(CJ/T 307—2009). 北

京: 中国标准出版社.

中华人民共和国住房和城乡建设部. 2010. 城市排水管道维护安全技术规程(CJJ 6—2009). 北京: 中国建筑工业出版社.

周新云. 2012. 昆明市城市生活排水管道中 H_2S 的产排规律研究. 昆明: 昆明理工大学.

周新云, 黄建洪, 宁平, 等. 2013. 城市污水排水系统中 H_2S 控制措施的研究现状. 环境科学与技术, 36(1): 74-78.

朱雁伯, 王溪蓉, 张礼文, 等. 2000. 排水系统中硫化氢的危害及预防措施. 中国给水排水, (9): 46-48.

Dart R C. 2001. 5 分钟毒理学会诊. 杨进生, 等译. 北京: 中国医药科技出版社.

Alexander M, Bertron A, de Belie N. 2013. Performance of Cement-based Materials in Aggressive Aqueous Environments State-of-the-art Report. 1st ed. Dordrecht: Springer.

Blanco-Rodriguez A, Camara V F, Campo F, et al. 2018. Development of an electronic nose to characterize odours emitted from different stages in a wastewater treatment plant. Water Research, 134: 92-100.

Cayford B, Dennis P, Keller J, et al. 2012. High-throughput amplicon sequencing reveals distinct communities within a corroding concrete sewer system. Applied and Environmental Microbiology, 78(19): 7160-7162.

Cecilia C, Marcella G, Jacopo B. 2020. Measurements techniques and models to assess odor annoyance: a review. Environment International, 134: 105261.

Gabrisová A, Havlica J, Sahu S. 1991. Stability of calcium sulphoaluminate hydrates in water solutions with various pH values. Cement and Concrete Research, 21(6): 1023-1027.

Grengg C, Mittermayr F, Baldermann A, et al. 2015. Microbiologically induced concrete corrosion: a case study from a combined sewer network. Cement and Concrete Research, 77(C): 16-25.

Islander R L, Devinny J S, Mansfeld F, et al. 1991. Microbial ecology of crown corrosion in sewers. Journal of Environmental Engineering, 117(6): 751-770.

Jiang G, Wightman E, Donose B C, et al. 2014. The role of iron in sulfide induced corrosion of sewer concrete. Water Research, 49: 166-174.

Jiang G, Zhou M, Chiu T H, et al. 2016. Wastewater-enhanced microbial corrosion of concrete sewers. Environmental Science & Technology, 50(15): 8084.

Liu Y, Ni B J, Sharma K R, et al. 2015. Methane emission from sewers. Science of the Total Environment, 524-525: 40-51.

Maresh C M, Armstrong L E, Kavouras S A, et al.1997. Physiological and psychological effects associated with high carbon dioxide levels in healthy men. Aviation, Space, and Environmental Medicine, 68(1): 41-45.

Mittermayr F, Rezvani M, Baldermann A, et al. 2015. Sulfate resistance of cement-reduced eco-friendly concretes. Cement and Concrete Composites, 55: 364-373.

Monteny J, Vincke E, Beeldens A, et al. 2000. Chemical, microbiological, and in situ test methods for biogenic sulfuric acid corrosion of concrete. Cement and Concrete Research, 30(4): 623-634.

Mori T, Nonaka T, Tazaki K, et al. 1992. Interactions of nutrients, moisture and pH on microbial corrosion of concrete sewer pipes. Water Research, 26(1): 29-37.

Okabe S, Odagiri M, Ito T, et al. 2007. Succession of sulfur-oxidizing bacteria in the microbial community on corroding concrete in sewer systems. Applied and Environmental Microbiology, 73(3): 971-980.

Santos J M, Kreim V, Guillot J M, et al. 2012. An experimental determination of the H_2S overall mass transfer coefficient from quiescent surfaces at wastewater treatment plants. Atmospheric

Environment, 60(11): 18-24.

Vollertsen J, Nielsen A R H, Jensen H S, et al. 2008. Corrosion of concrete sewers——the kinetics of hydrogen sulfide oxidation. Science of the Total Environment, 394(1): 162-170.

Yousefi A, Allahverdi A, Hejazi P. 2014. Accelerated biodegradation of cured cement paste by *Thiobacillus* species under simulation condition. International Biodeterioration & Biodegradation, 86: 317-326.

Yuan H, Dangla P, Chatellier P, et al. 2015. Degradation modeling of concrete submitted to biogenic acid attack. Cement and Concrete Research, 70(C): 29-38.

Zhang L, Schryver P D, Gusseme B D, et al. 2008. Chemical and biological technologies for hydrogen sulfide emission control in sewer systems: a review. Water Research, 42(1-2): 1-12.

Zuo Z , Chang J , Lu Z , et al. 2019. Hydrogen sulfide generation and emission in urban sanitary sewer in China: what factor plays the critical role?. Environmental Science Water Research & Technology, 5(5): 839-848.

第 3 章 危害气体产生与扩散基础

3.1 管道系统内部环境

排水管道系统内部的环境演变涉及许多过程，其中主要有物理化学过程以及生物过程。熟悉这些过程前应了解管道内物质由五个主要部分组成：①包含悬浮颗粒的水相；②生物膜附着在管道的浸没固体部分；③管道沉积物；④管道的空气或顶空；⑤暴露在管道大气中的管道内壁（包括湿气层和黏着物质）。

微生物是管道内产生有害气体的主要作用者，污水的水质及微生物种群直接引起各种生物化学反应过程。

3.1.1 管道中的污水水质

污水中成分的含量在某种程度上可以反映出人类身体的生化功能及其生活方式。全球范围内，污水中的成分存在着极其相似之处，同时也存在差异性。

本书选择了太湖地区和华北地区的两座城镇污水处理厂（A 和 B）为代表分析南北方污水处理厂的进水水质变化特征，以此说明污水管道中的水质特征。

表 3-1 是 2008～2011 年对这两座污水处理厂进水的统计数据，可以看出，2010 年相比 2008 年，A 污水处理厂进水 BOD_5/TN 和 COD_{Cr}/TN 分别降低了约 20.2% 和 31.2%，反硝化碳源不足的问题日益突出。在太湖流域污染源不断得到有效治理的过程中，各项水质指标 BOD_5、COD_{Cr}、TN、NH_3-N、TP 和 SS 均呈现降低趋势，污水处理厂进水负荷不断下降。总体分析，2010 年 A 污水处理厂进水 COD_{Cr} 年平均为 225mg/L，与其他资料中我国南方大部分城镇污水的 COD_{Cr} 一般为 200mg/L 左右的规律相吻合，难以满足生物系统高效脱氮对碳源的要求。分析 2010 年 A 污水处理厂进水碳源、TN、水量和水温变化，产生的波动性由大到小排列依次为 BOD_5/TN、BOD_5、TN、水温和水量，对于 A 污水处理厂生物系统脱氮，在四个变量中碳氮比产生的影响最大，水量变化产生的影响最小。华北地区的 B 污水处理厂，年度之间进水 COD_{Cr} 均值比较稳定，但 BOD_5 呈现降低趋势，进水有机物中易生物降解部分比例有所下降，直接表现为 BOD_5/COD_{Cr} 的平均值由 2008 年的 0.48 降低为 0.3。相对进水 COD_{Cr}、TN、TP、SS 和 COD_{Cr}/TN 在年度之间变化比较小之外，进水 NH_3-N 出现了增加趋势。另外，进水 BOD_5 的降低，造成进水 BOD_5/TN 年度之间降低了 36.1%，对生物系统的反硝化更为不利。相对 A

表 3-1　A、B 污水处理厂进水水质变化特征

指标	A 污水处理厂		B 污水处理厂	
	2008 年	2010 年	2008 年	2010~2011 年
BOD_5/(mg/L)	101~354	59.5~326	49.0~380	42.9~252
COD_{Cr}/(mg/L)	53.5~755	85.3~834	79~1190	130~698
BOD_5/COD_{Cr}	0.18~1.39	0.18~1.53	0.23~0.85	0.1~0.83
TN /(mg/L)	21~69.6	19~78.9	23.2~147	23.2~81.5
BOD_5/TN	1.93~11.5	1.24~11.4	0.98~11.2	0.87~6.26
COD_{Cr} /TN	4.42~25.1	2.46~17.3	1.45~26.4	2.44~15.3
NH_3-N/(mg/L)	15.2~49.8	9.02~32.3	15.7~87.4	15.5~74.2
TP/(mg/L)	3.4~15.6	1.54~29.9	0.67~24.2	2.46~10.4
SS/(mg/L)	196~680	140~800	50~1140	36~660

资料来源：张玲玲等，2012。

污水处理厂，B 污水处理厂在年度之间的变化较小，可见污染源治理对污水处理厂进水水质会产生明显影响。对于 B 污水处理厂，碳源、TN 和水量产生的波动性由大到小排列为 BOD_5/TN、BOD_5、TN 和水量，与 A 污水处理厂各因素对脱氮产生的影响规律相同。

　　比较 A 和 B 两座污水处理厂，可以发现进水水质呈现不同特点。太湖流域经过治理后，A 污水处理厂进水的 BOD_5/COD_{Cr} 明显高于 B 污水处理厂，2010 年两者 BOD_5/COD_{Cr} 相差比例达到了 37.5%。A 污水处理厂进水 NH_3-N/TN 平均为 0.56，B 污水处理厂为 0.84，可以推测 A 污水处理厂进水中有机氮的比例显著高于 B 污水处理厂，进水中氮的组分不同，运行中对有机氮氨化的关注程度也有所区别。A 污水处理厂和 B 污水处理厂进水水质的相同点为进水 BOD_5/TN 和 COD_{Cr}/TN 均比较低，属于低碳氮比污水。综合分析，A 和 B 两座污水处理厂进水水质有所不同，需要根据进水水质的特点，选择适宜的污水处理工艺，以发挥不同生物处理单元的最大优势。

　　具体分析 A 污水处理厂和 B 污水处理厂进水 24h 的水质指标变化规律，可以发现南北方污水处理厂的时变化特性有所不同。结果表明，A 污水处理厂和 B 污水处理厂进水 COD_{Cr} 的时变化特性有所不同，A 污水处理厂进水 COD_{Cr} 呈现波浪形变化，B 污水处理厂进水的时变化规律不明显。A 污水处理厂进水有机物峰值分别出现在 8:00、16:00 和 23:00 左右，峰值与其他时间进水 COD_{Cr} 差别比较大；而 B 污水处理厂进水峰值分别出现在 10:00 和 13:00，14:00~24:00 COD_{Cr} 比较稳定，峰值与其他时间的 COD_{Cr} 差值比较小。此外，A 污水处理厂和 B 污水处理厂进水 $SCOD_{Cr}$ 在 24h 内的变化比较稳定，COD_{Cr} 均主要受到了颗粒性有机物浓度变化的影响。

24h 内 A 污水处理厂和 B 污水处理厂进水的 TN 和 NH₃-N 的变化都比较大，两座污水处理厂中进水 NH_3-N 和 TN 都呈现了近似的变化趋势，NH_3-N 在 TN 中所占的比例都比较稳定；但 A 污水处理厂和 B 污水处理厂出现 TN 和 NH_3-N 峰值的时间不相同，变化趋势也有所不同，南北方污水处理厂日进水 TN 和 NH_3-N 变化规律有所差别。分析 TN 和 COD_{Cr} 的变化曲线，两座污水处理厂 TN 与 COD_{Cr} 的相关性都不大，从而造成日进水 COD/TN 的比例不稳定。

A 污水处理厂 7:30～10:30、16:30～23:30 进水 TP 较高，其余时间 TP 相对较低，进水 TP 基本呈现波峰波谷的变化。分析 A 污水处理厂 TP 和 COD_{Cr} 的日变化曲线图，两项指标出现波峰与波谷的位置基本重合，尽管极值大小浓度和出现的时间不同，但变化趋势契合度很高，进水中 C 与 P 的比例比较稳定。尽管在早晨 6:00 以后，A 污水处理厂和 B 污水处理厂的 TP 都明显上升，但 TP 变化曲线总体有所不同，波浪形变化的峰值出现的时间也存在差别。B 污水处理厂进水 STP 的浓度在 24h 内变化比较稳定，TP 主要受到进水 SS 影响。比较 COD_{Cr} 和 TP 的日变化曲线，COD_{Cr} 和 TP 的变化吻合度不高，进水 C 与 P 的比例比 A 污水处理厂的稳定性差。

以往城镇下水道仅仅被认为是城镇污水处理厂的污水供应系统，事实上污水处理过程中有机物的去除和转化效率是取决于整个排水系统的设计和管理的。在夏季气温较高的大城镇下水道中，由于污水在下水道中驻留时间较长，一般会出现厌氧条件，特别是生成的硫化物会对污水处理厂及管网的运行管理造成不良影响。因此，对下水道的设计应该重新认识，将下水道和污水处理厂视为一个整体，应考虑下水道、污水处理厂的相互作用及影响。而研究下水道中微生物对污水的转化作用以及所需的环境条件，是考虑设计各种类型下水道及整个污水处理系统问题的基础。

综合分析，南北方的污水处理厂污染物日变化规律不同，但也有相同点。以 A 污水处理厂为代表的南方污水处理厂，24h 内有机物波浪形规律比较明显，但以 B 污水处理厂为代表的北方污水处理厂有机物变化规律不明显；两座污水处理厂进水有机物变化的相同点是浓度都主要受到非溶解性有机物的影响。A 污水处理厂、B 污水处理厂两厂进水 TN 和 NH_3-N 的日变化都比较大，与 COD_{Cr} 的相关性也比较差，NH_3-N 占 TN 的比例均相对稳定，但两座污水处理厂的变化范围和极值都不相同，出现的时间也不同。就 TP 变化而言，A 污水处理厂 TP 与 COD_{Cr} 的变化契合度高，B 污水处理厂与 COD_{Cr} 的关系不明显，而且两座污水处理厂 TP 的日变化有所不同。得出以下结论。

（1）南北方有代表性的两座污水处理厂进水水质年度变化呈现了不同特点，进水共同特点为 BOD_5/TN 和 COD_{Cr}/TN 均比较低，反硝化碳源不足的问题比较突出。对于两座污水处理厂生物脱氮，产生的波动性由大到小排列为 BOD_5/TN、

BOD_5、TN 和水量，在四个变量中，碳氮比的影响最大，水量变化产生的影响最小。

（2）进入雨季，相对于旱季，南北方的污水处理厂进水水质和水量有所变化，而雨季对北方污水处理厂的影响更为显著，需要考虑季节变化对污水处理厂运行的影响。水质具体的变化幅度大小有所区别，但雨季污染负荷降低的趋势相同。

（3）A 污水处理厂有机物浓度变化波浪形规律比较明显，B 污水处理厂有机物变化规律不明显，两座污水处理厂有机物、氮和磷极值出现的时间和大小均不相同。进水的相同特点是有机物浓度均主要受到非溶解性有机物的影响，NH_3-N 占 TN 的比例相对稳定，与 COD_{Cr} 的相关性不大，而且 COD_{Cr} 的波动幅度比氮和磷更大。

（4）南北方两座污水处理厂中，进水悬浮性慢速可生物降解有机物 X_S 占 40%～50%，需要关注 X_S 组分的利用。B 污水处理厂进水中可溶性快速易生物降解有机物 S_S 的比例要高于 A 污水处理厂，而悬浮性慢速不可生物降解有机物 X_I 的比例要显著低于 A 污水处理厂。

（5）污水处理厂进水水质特性不同，采用不同的生物处理工艺后出水水质均能达标排放。固体（悬浮固体）——基本上该组分在水中的溶解性与其固相特性有关（颗粒）。溶解氧（DO）、硝酸盐和硫酸盐可能是与氧化还原条件相关的潜在物质，在氧化还原过程中充当电子受体。通常基质中的溶解态和非溶解态在表面进行相互作用和转化，成分之间的相互转化不仅仅发生在水相，同时还在沉积物和生物膜上出现。

有许多学者对下水道中污水所含污染物质的变化规律进行了测定、模拟与分析，如下所述。

Raunkjaer 等（1995）以一段 5km 长的重力流污水管道为研究对象，研究了污水管道内污水中生化需氧量（biochemical oxygen demand，BOD）的变化。结果表明，在 25 ℃时，城镇生活污水流经污水管道后，获得了较高的 BOD 去除率，去除率可以达到 30%～40%。Green 等（1985）通过采用 SBR（序批式活性污泥法）生物反应器模拟重力污水管道，以 Dan Region 地区为研究地点，该地区有主干管长达 37km 的污水收集管网，污水管道的管径范围为 600～2100mm，污水在管道内的 HRT（水力停留时间）超过 10h。在研究过程中，通过不同时间段向 SBR 生物反应器间歇加水来模拟实际污水管网中不同管道处的汇流，研究表明，反应器内污水的 COD 去除率高达 79%～80.8%，污水水质得到了极大地改善。

Ozer 和 Kasirga（1995）通过对一根长 3m 的管道进行研究，发现污水经过管道输送后，污水中有机物的含量降低，有机物得到一定程度的去除，附着在管道内壁上的生物膜在有机物去除过程中起到了十分重要的作用。国内学者在微生物对有机物的去除方面也进行了大量的研究。

Sun 等（2014）利用七个序批式厌氧生物膜管道反应器对甲肼醇（污水管网中主要臭味物之一）的变化情况进行了研究。结果表明，附着在管道反应器内壁的生物膜中的产甲烷菌活性与甲肼醇的降解速率有关，随着生物膜中产甲烷菌活性增加，甲肼醇的降解速率也会增加，与之相反，当产甲烷菌活性较低时甲肼醇将会出现积累。

王西傅等（1999）将细胞固定化的技术应用到污水管网中，通过模拟实验的方式评价了该技术对污水管网中污水的净化效果，并对厌氧工艺模式、好氧工艺模式、缺氧–好氧工艺模式及厌氧–缺氧–好氧工艺模式的运行效果进行了对比分析，结果表明，在保证一定 HRT 的前提下，对污水管网进行细胞固定化处理，同时对管网内的污水进行适当曝气，可以使管网内的有机污染物浓度和出水悬浮物浓度达到排放标准中的二级标准，且可以保证有机污染物的去除率达到 60%以上。

Chen 等（2001）以一条长 1.5km 的混凝土污水管道作为研究对象，对管道内的有机物含量进行了连续监测，结果表明，污水在流经管道的过程中溶解性有机碳（dissolved organic carbon，DOC）得到一定程度的去除。进一步对实验结果进行分析，发现沉积物上的微生物对有机污染物的去除作用比水中的微生物对有机物的去除作用更明显，其中沉积相中的微生物对有机污染物去除的贡献率为 60%，而污水相中的微生物的贡献率为 40%，由此说明在有机污染物的去除过程中，沉积相中微生物的生化反应过程是有机污染物去除的主要过程。为了进一步验证管网中微生物对有机污染物的去除作用，田文龙（2004）通过对污水管网进行人工挂膜来改善膜微生物的生长条件，并对流经挂膜后的管网中的污水进行了有机物含量变化的研究，结果表明，流经污水管道后的污水中有机物的含量急剧降低，有机物的去除率高达 70%。

3.1.2　管道微生物群落特性

城镇污水管网的主要功能是收集并运输污废水，随着污水在管网系统中的流动，污水中的悬浮物及微生物会沉积并附着在管道内壁上，由此形成生物膜。生物膜中所含丰富的微生物以污水中的有机物和无机物作为底物来生长繁殖。管道内的微生物群落具有多样性，不同管段内的微生物特性也存在一定的差异，通常用 Shannon 指数来评判微生物的多样性，Shannon 指数越大，微生物多样化程度越高。

Jin 等（2018）于 2018 年模拟研究了长 1200m 污水管道沿程的功能性微生物群落分布特征。从管网内的微生物多样性来看，沿污水系统长度方向 30～600m 的 Shannon 指数为 4.53～4.79，从 800m 到管网末端 1200m 的区间内 Shannon 指数减少到 4，Shannon 指数的减少表明污水管网沿程的微生物多样化程度在降低。

从微生物的门水平上看，在开始段的 30～600m 下水道中，变形菌门（Proteobacteria）的相对丰度仅为 30.08%～50.94%，在 600～800m 管段内变形菌门开始占据优势，其相对丰度达到 71.7%～83.2%；在 0～600m 下水道中，拟杆菌门（Bacteroidetes）的相对丰度为 25.2%～28.9%，在 800～1200m 管段内处迅速下降至约 10%。此外，在 30～600m，厚壁菌门（Firmicutes）的相对丰度为 12.2%～18.9%，而在 800～1200m 管段内它大幅下降至小于 2.5%。事实上，在厌氧消化系统中，变形菌门、拟杆菌门和厚壁菌门属于重要的发酵菌门（Kang et al.，2011），这就可以说明管网内的生化反应过程是以发酵作用为主的。

通常，发酵可大致分为水解和酸化两个过程。在水解过程中，难降解的有机物被分解成易降解的有机物、大分子物质被分解为小分子物质，在酸化过程中会产生酸及气体。Hvitved 等（2013）发现变形菌门是污泥发酵过程中水解和酸化的主要门类，这表明变形菌门的竞争能力可能在管网末端更强，在这里酸化可能是主要过程（末端小分子物质累积）。有研究表明拟杆菌门和厚壁菌门具有水解蛋白质和碳水化合物的功能（Ueki et al.，2006；Leven et al.，2007）。随着沿程管网内大分子有机物含量的下降，这两个菌门的相对丰度也在下降，这一结果说明拟杆菌门和厚壁菌门在管网末端的竞争力减弱。

发酵菌属（FB）在污水管网沿程的群落数量显示下降趋势，并且微生物群落结构也发生了变化。在管网系统的第一个 30m 处，毛球菌属（*Trichococcus*）和克隆杆菌（*Cloacibacterium*）是主要的属，随着距离的增加，*Cloacibacterium* 逐渐消失。先前的研究表明，毛球菌属可以适应水解底物（特别是大分子有机化合物）丰富的环境（Buchanan and Gibbons，1974）。因此，沿着污水管网长度 0～400m，由于高分子有机化合物的含量高且有机物成分复杂，此环境可能更适合毛球菌属生长。600～800m 段，毛球菌属可能不再适应环境的变化，其相对丰度显著下降。而在 800m 处黄杆菌属（*Flavobacterium*）的相对丰度升高并成为优势菌属，在 800m 后，黄杆菌属的相对丰度开始沿程降低，这是由于其所利用的物质不断被消耗而导致其在与其他菌属的竞争中逐渐处于劣势。这表明发酵菌属在污水管网沿程的变化趋势以 600～800m 为分界线，优势菌属由毛球菌属转变为黄杆菌属。

产氢产乙酸菌属（HPA）主要是消耗水解产物并用于最终的酸化。主要的产氢产乙酸菌属为韦荣氏球菌属（*Veillonella*）和厌氧绳菌属（*Anaerolinea*）。有研究表明，韦荣氏球菌属和厌氧绳菌属分别更喜欢利用乳酸和小分子脂肪酸（Rogosa and Bishop，1964；Yang et al.，2015）。因此，韦荣氏球菌属更适应管网前端乳酸较丰富的环境，当乳酸的含量降低到一定值时，韦荣氏球菌属的生长繁殖被恶劣的环境所抑制，使厌氧绳菌属在小分子脂肪酸较充足的管网末端稳定生存。

硫酸盐还原菌（SRB）在 30m 处脱硫弧菌属的相对丰度要高于其他硫酸盐还

原菌菌属。研究表明，脱硫弧菌属会优先利用甲醇和乳酸作为碳源（Tsukamoto and Miller，1999）。管网沿程 100～400m 段，脱硫弧菌属的相对丰度逐渐下降，而脱硫线菌属的相对丰度增加成为优势菌属，这可能是由于在这个范围内异丁酸的积累，为脱硫线菌属提供了较好的碳源（Fukui et al.，1999）。然而，由于 SO_4^{2-} 含量低，所有硫酸盐还原菌属的相对丰度在下水道 600m 以后逐渐降低，这表明管网沿程硫酸盐还原的生化反应逐渐减弱。总的来说，污水管网沿程硫酸盐还原菌的优势菌属从脱硫弧菌属转变为脱硫线菌属，并在管网末端逐渐消亡。

反硝化菌属（DNB）同样以 600～800m 为分界线，反硝化菌属的分布在管网中发生了改变，优势菌属由脱氯单胞菌（*Dechloromonas*）转变为嗜脂菌（*Alicycliphilus*）。在管道的 30～600m，水解酸化反应的主要产物为乙酸，这使得以 O_2 和 NO_3^- 作为电子受体来氧化乙酸的 *Dechloromonas* 成为优势菌属（Achenbach et al.，2001），但是由于管网沿程 DO 和 NO_3^- 的降低，*Dechloromonas* 在该范围内的相对丰度逐渐降低；而在管网 600m 以后，管道中稳定的丙酸环境使得 *Alicycliphilus* 逐渐取代 *Dechloromonas* 成为优势菌属（Mechichi et al.，2003）。

除了上文所提到的微生物，所有其他的属可以被视为一个新的微生物群落，即其他细菌（OB）。沿污水管网系统 OB 的相对丰度从 60% 变化到 95%，这表明上文所提到的菌群（FB、HPA、SRB 和 DNB）的竞争能力沿管道逐渐减弱，而 OB 很好地利用了 FB 发酵作用所产生的可降解有机物，并且在管网末端成为最主要的微生物群落。

产甲烷菌（MA）在污水管网中占主导地位的是产甲烷八叠球菌属、广古菌门中的菌属和甲烷杆菌属。其中，在污水管网的 30m 并没有发现产甲烷菌属，这可能是由于管网首端 MA 缺乏可代谢的底物。产甲烷八叠球菌属（*Methanosarcina*）的相对丰度在 100～800m 逐渐增加，有研究表明，产甲烷八叠球菌属能够利用乙酸和氢营养途径生长（Regueiro et al.，2012），因此它更适合在前 800m 含有复杂基质的环境中生存。与此同时，广古菌门中的菌属（*Euryarchaeotad*）的相对丰度在这个范围内不断减小。然而，在 800m 后，产甲烷八叠球菌属的相对丰度下降，而广古菌门中的菌属的相对丰度在 800～1200m 不断增加，并且超过产甲烷八叠球菌属成为相对丰度最高的产甲烷菌，这表明管网 800～1200m 的底物基质条件更适合广古菌门中的菌属的生长。可以看出，沿程污水管网中产甲烷菌的优势菌属从产甲烷八叠球菌属转变为广古菌门中的菌属。

3.2　危害气体产生基础

下水道中以厌氧环境为主导，在厌氧环境中，硫酸盐在硫酸盐还原菌 SRB 的作用下被还原成硫化氢。由于硫化氢的臭味对周围居民的健康会产生严重影响，同时硫化氢释放到有氧环境时，部分被氧化为硫酸而具有腐蚀性，如混凝土和金属管道的腐蚀，危害相关工作人员的健康以及臭气问题，因此，对其实施有效控制具有重大的经济效益和社会效益。

3.2.1 管道系统物质循环过程

通常排水管道和化粪池内环境阴暗、潮湿、空气流通不畅，污水中携带着大量的污染物质，种类繁多、组成复杂。污水中的颗粒物质易于在管道中沉积并形成厌氧污泥层，污泥层中滋生的厌氧微生物会将污水中的有机污染物分解，并产生大量的有毒有害性气体。有调查显示，污水管道中毒及爆炸性气体有甲烷、氢气、硫化氢和一氧化碳等。

空气中硫化氢气体在潮湿管壁表面逐渐扩散到一层薄液膜中，在液面上被氧化成硫酸。硫酸的作用使混凝土表面生成一层腐蚀层，主要成分为硫酸钙。随着大量硫酸的生成，混凝土表面的腐蚀层逐渐变厚。混凝土酸化过程还会产生大量钙矾石，钙矾石逐渐膨胀，导致混凝土出现内部开裂和点蚀，为硫酸进入混凝土内部发生进一步的酸化腐蚀创造了条件。

H_2S 的产生是一个物理、化学及生物相互影响的复杂过程。污水中的有机含硫物质和无机含硫物质 SO_4^{2-} 在厌氧条件下被管壁生物膜中、污水中和管道底部沉积物中的 SRB 分解产生硫化物。产生的硫化物从沉积物和生物膜中释放到污水中，此过程涉及硫化物的动态平衡。当平衡稳定后，多余的硫化物从液相中释放出来进入气相空间形成 H_2S。气相空间中的部分 H_2S 又被硫氧化菌所氧化形成硫酸，形成的硫酸与混凝土管道中的碳酸钙发生反应，进而对污水管道进行了腐蚀。污水管道中 H_2S 气体产生的原理如图 3-1 所示。

排水管道内除产生硫化氢气体外，甲烷、氧化亚氮等气体的产生也受到了关注。对于甲烷的释放，其控制方法是通过投加硝酸盐、亚硝酸盐和充氧，改变甲烷产生所需的严格厌氧环境。

甲烷（CH_4）是沼气的主要成分，无色、无味，具可燃性，比空气轻，对空气的质量比是 0.544，是引起管道爆炸事故发生的主要气体。甲烷对人体基本无毒，但当空气中甲烷的浓度过高时，会导致氧气含量的降低从而使人产生不适甚至窒息死亡。当空气中甲烷的体积比达 25%～30%时，可引起人头疼、头晕、乏力、共济失调等不适现象。甲烷易燃，与空气混合后能形成爆炸性的混合物，当空气中甲烷的体积比为 5%～15%时遇明火易产生爆炸。

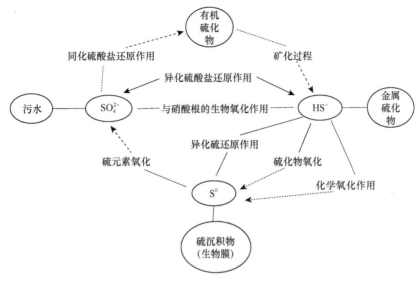

图 3-1　污水管道中 H_2S 气体产生的原理（丁超，2015）

甲烷气体的产生机理主要是：复杂有机物在产酸菌水解酶的作用下转化为小分子的有机物，继而在产酸发酵菌的作用下转化为有机酸和醇，再通过产氢产乙酸菌转化为氢和乙酸，最后在产甲烷菌作用下产生甲烷和二氧化碳。污水管道中甲烷的产生原理如图 3-2 所示。

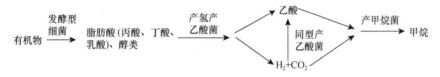

图 3-2　污水管道中甲烷的产生原理（刘艳涛，2016）

城镇排水管道中的污水以生活污水为主，含有丰富的碳、氮、磷等营养物质，且管道内部为密闭空间，为厌氧菌的生长提供了有利条件。实际管道生物膜中的细菌以拟杆菌纲、β-变形菌纲、δ-变形菌纲为主，古菌则以甲烷鬃毛状菌科、甲烷球菌科为主。SRB 还原硫酸盐所产生的 H_2S 是管道腐蚀的主要原因，同时，污水在管道输送途中削减了大量 SCOD，其中 72%的削减量来自产甲烷过程。因此，SRB 和 MA 是管道中的关键菌群，实际管道中液相 CH_4、H_2S 浓度可达 30mg/L、12mg/L。目前，国内排水管道的材质多为混凝土，管道内壁粗糙不平、比表面积较大，虽然水泥的水化过程产生了较高的碱度，但 H_2S 的积累逐渐降低了液相 pH，同时腐蚀管道表面，使微生物能够不断侵入管壁内部，进一步加剧管道结构破损（图 3-3）。

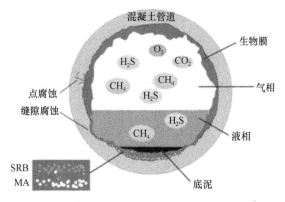

图 3-3 管道内部横截面（刘艳涛，2016）

图 3-4 是 TN、NH₃-N、NO₃-N、有机氮及 TP 在管网沿程的变化，由图 3-4（a）可看出，TN 管网沿程呈现降低的趋势，平均降低率为 7.7%。TN 初始平均浓度为 70.3mg/L，在流经分别为 200m、400m、600m、800m、1000m、1200m 长的管段时，平均浓度降为 68.9mg/L、67.9mg/L、67mg/L、66.2mg/L、65.5mg/L、64.9mg/L，平均每间隔 200m 降低率分别为 2.0%、1.5%、1.3%、1.2%、1.1%、1.0%，TN 含量的降低主要与管网中的微生物作用有关。

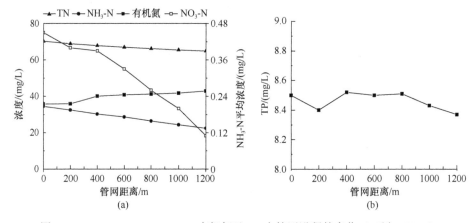

图 3-4 TN、NH₃-N、NO₃-N、有机氮及 TP 在管网沿程的变化（王斌，2015）

污水经过 1200m 管网的输送后，NH₃-N 平均浓度由管网初始端的 35.8mg/L 升高至末端的 42.9mg/L，平均升高率为 19.8%。在流经分别为 200m、400m、600m、800m、1000m、1200m 的管段时，测得 NH₃-N 平均浓度升高率分别为 2.2%、7.1%、2.6%、2.7%、2.7%、1.2%，可以明显看出在初始 400m 距离内 NH₃-N 的升高最为明显。

从图 3-4（b）可看出，TP 平均浓度由管网初始的 8.5mg/L 降至 1200m 管网末端的 8.37mg/L，TP 在污水管道中的含量变化不大，可能与管网中相对稳定的缺氧环境有关，而磷的有效去除必须在缺氧/好氧交替的环境才可以实现。

NH$_3$-N 浓度升高主要是因为有机氮的氨化作用，特别是在污水开始进入管网内，大部分的有机氮都被转化为氨氮，随后的变化趋于平缓。NO$_3$-N 在污水管道内沿程呈现下降趋势，流经 1200m 距离后 NO$_3$-N 平均浓度由管网初始端的 0.45mg/L 降至末端的 0.11mg/L，平均降低率为 75.6%。沿程 200m、400m、600m、800m、1000m 处的浓度分别为 0.4mg/L、0.39mg/L、0.33mg/L、0.26mg/L、0.2mg/L，平均每间隔 200m 降低率分别为 11.1%、2.5%、15.4%、21.2%、23.1%、45%。NO$_3$-N 浓度的降低说明污水管网中存在反硝化作用，将水中的 NO$_3$-N 转化为 N$_2$。

图 3-5 是 SO$_4^{2-}$ 在管网沿程的变化，从图 3-5 中可以看出，SO$_4^{2-}$ 在模拟管段内沿程呈现降低的趋势。SO$_4^{2-}$ 平均浓度由管网初始端的 38.0mg/L 降至 1200m 管网末端的 25.3mg/L，平均降低率为 33.4%。沿程 200m、400m、600m、800m、1000m 处的浓度分别为 35.9mg/L、32.6mg/L、28.9mg/L、27.5mg/L、26.3mg/L，平均每间隔 200m 降低率分别为 5.5%、9.2%、11.3%、4.8%、4.4%。SO$_4^{2-}$ 含量的降低与管网内硫酸盐还原菌的代谢作用有关，污水进入模拟管段内，在缺氧/厌氧的环境下硫酸盐还原菌将 SO$_4^{2-}$ 还原为 S^{2-}，从而导致 SO$_4^{2-}$ 浓度的降低。

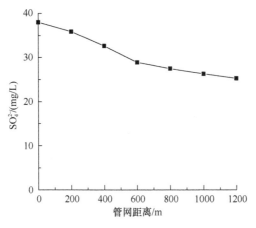

图 3-5 SO$_4^{2-}$ 在管网沿程的变化（王斌，2015）

无论在厌氧还是有氧条件下，污水管道中的硫循环都是有重要意义的。因为硫循环过程在多相系统，即生物膜、污水管道沉积物、水及气–固表面上进行，因此硫循环十分复杂。

硫循环的细节如图 3-6 所示，包括了好氧（硫的氧化）和厌氧（硫的还原）过程。

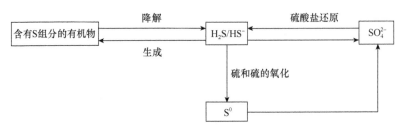

图 3-6　与污水管道中有氧和无氧过程相关的生物硫循环概述（Hvitved-Jacobsen et al.，2004）

厌氧硫酸盐还原菌（主要是脱硫弧菌和脱硫酵母菌）生长缓慢，因此如果它们出现在水中，将被排出污水管道系统。然而，在生物膜（污水管道污泥）和污水管道沉淀（沉积物）中，厌氧硫酸盐还原菌可能会被保留。因此，硫酸盐还原主要发生在生物膜和沉淀中。然而，脱落的（厌氧）生物膜可能导致污水中少量硫化物的产生，通常小于总量的 10%。生物膜对厌 氧压力管道中硫化物的产生的重要性是显而易见的。

在重力流污水管道中，较厚的生物膜的底部通常是永久厌氧的，这一事实可反映生物膜对厌氧压力管道中硫化物产生的重要性。但是水中的条件可能根据复氧程度和硫酸盐还原速率在有氧和无氧之间变化。

从图 3-6 中容易看出，硫化物的产生过程基本上有两种类型：含硫有机物的降解和硫酸盐还原。在数量上，只有硫酸盐还原比较重要。然而，应该注意的是，在厌氧条件下含硫有机物（某些类型的蛋白质）的降解会导致难闻的挥发性硫化物的形成，如硫醇。

有机还原性硫化物可降解为硫化氢或者硫氢根离子，而硫化氢或者硫氢根离子也可通过一系列反应形成有机还原性硫化物，由此说明该反应在污水管道中是可逆的。

关于污水管道中有氧和厌氧过程之间的相互作用，有趣的是，DO 的消耗是通过还原性化合物的氧化而进行的。这些还原性化合物中的几种，如硫化物和低分子有机物，又在厌氧条件下产生。在无溶解氧的情况下，一般会发生厌氧微生物诱导的废水转化。这些问题主要与硫化氢和挥发性有机化合物的形成有关。

3.2.2　硫化氢气体的产生

硫化氢的产生受多种因素影响，主要包括以下几个方面：①温度；②电子供体及受体；③污水中硫酸盐浓度；④其他因素。

1. 温度

温度对硫化氢产气量的影响主要通过影响微生物的作用而间接影响硫酸盐还原反应。硫酸盐还原菌是生物化学硫循环中硫酸根的异化还原作用最主要的参与者。国外研究了温度对硫酸盐还原菌的代谢活动及菌群组成的影响，以及在 $-3.5 \sim 40\,^{\circ}\mathrm{C}$ 温度范围内逐步提高温度，硫酸盐还原速率的变化情况。结果表明，随着温度季节性变化，硫酸盐还原菌的细菌数量和硫酸盐还原反应速率变化较小。

2. 电子供体及受体

用经验模拟的方法评估硫化氢产量的研究始于 20 世纪 70 年代。近十年的研究结果表明，不同种类的碳源作为硫酸根还原反应的电子供体，对硫酸盐还原菌的活性有重要的影响。Albert 等（2008）研究表明可溶性 COD 中可被硫酸盐还原菌利用的碳源包括挥发性脂肪酸（VFAs）和容易发酵的物质。微生物从低氧化还原电位的有机物中获得电子后转移到高氧化还原电位的氧化底物中（氧气、硝酸盐、硫酸根）。

3. 污水中硫酸盐浓度

孙剑辉等（1998）研究了影响含硫酸盐有机废水厌氧消化的主要因素，结果表明，硫酸盐通过还原硫细菌 SRB 对产甲烷菌 MPB 的抑制主要取决于 $\mathrm{COD/SO_4^{2-}}$ 值。废水的 COD 值越大，单位体积废水产生的气体量就越大，随气体排出的 H_2S 就越多，消化液中的硫化物的浓度就越小。当 $\mathrm{COD/SO_4^{2-}} \geqslant 1$ 时，相对产甲烷率与 $\mathrm{COD/SO_4^{2-}}$ 之间有很好的线性关系。对含碳化合物为主的有机废水，若 $\mathrm{COD/SO_4^{2-}} \geqslant 2$，就可以完全去除硫酸盐，使厌氧处理能够顺利进行，硫化氢的产量相对增加。

4. 其他因素

污水中硫化氢的生成归因于硫酸盐还原菌对硫酸根的厌氧还原反应，因此，污水中的溶解氧浓度及氧化还原电位（ORP）也是重要的影响因素。缺氧环境中，发生硫酸还原反应的适宜氧化还原电位为负值或较小的正值。适宜二价硫生成的氧化还原电位的范围为 $-100 \sim -250\,\mathrm{mV}$。Delgado 和 Gomez-Skarmeta（1997）研究了污水管道中硫化氢的产气情况，研究发现 ORP 在 $-140 \sim -211\,\mathrm{mV}$ 的范围内，污水中的二价硫浓度从 0 迅速增加到 20mg /L。研究还发现，污水在管道内停留 $5 \sim 10\mathrm{h}$ 后，污水中的溶解氧几乎完全被消耗，形成有利于硫化氢生成的厌氧环境。

3.2.3 甲烷气体的产生

影响污水管道中甲烷产生和释放的因素主要有：①污水在管道中的水力停留时间（HRT），HRT 越长污水中溶解态 CH_4 的含量就越高，同时在重力式管道中气态的 CH_4 的含量也会相对较高；②管道的内表面积和整个管道体积的比值（A/V），A/V 的比值越高越有利于污水管道中生物膜的形成，从而使 CH_4 的产生量也更大；③温度是影响 CH_4 产生的一个重要因素，温度越高甲烷的产生量越大，美国对污水泵站的检测结果显示，在 80%的情况下，夏季污水管道里气体空间中的甲烷含量明显高于冬季；④有机物（COD），CH_4 的产生主要依赖于污水中可生物利用的 COD 的含量，当 COD 浓度很高的工业废水排入市政管网时，管道中 CH_4 的生成量会有明显提高。

Putnin 等（2017）在研究中指出，发展中国家由于污水管道在建设和管理中的一些不当方式，如坡度、渗漏量等设置不合理，使污水在管道中的停留时间过长，管道中产生厌氧环境，很容易造成管道中 CH_4 的产生。

控制污水管道中有害气体生成方面的研究主要集中在：①提高管道水环境的氧化还原电位，如通入氧气、加入硝酸盐或亚硝酸盐等，控制硫化氢和甲烷的产生；②提高管道水环境的 pH，抑制硫酸盐还原菌 SRB 和产甲烷菌 MA 的活性；③投加金属盐，如铁、铜等，控制硫化氢和甲烷的产生。

Ganigué 和 Yuan（2014）的研究发现，长期向污水中通入 15～25mg/L 的氧气含量，可以使甲烷的产生量降低 47%。Gutierrez 等（2008）在研究中发现，氧气的注入严重影响污水管道中生物膜的厌氧环境，当向污水连续通入 15～25mg/L 的氧气时，由于对厌氧环境的破坏，硫化氢的产量将下降 65%，但这一过程并不能彻底阻止硫化氢的产生，停止通氧后硫化氢的产生再次恢复。

Li 等（2017）在亚硝酸盐对管道中硫化物和甲烷产生的影响研究中发现，亚硝酸盐的浓度越高，在水中的水力停留时间越长，其对硫酸盐还原菌 SRB 和产甲烷菌 MA 的抑制作用越强。研究提出可以从以下三个方面控制污水管道中硫化氢和甲烷的生成：①提高水环境的氧化还原电位，即氧化去除管道中的硫化氢，如向管道中通入空气和纯氧，破坏管道中的厌氧环境，以减少硫化氢和甲烷的生成，加入硝酸盐等氧化去除硫化物；②向管道中加入重金属盐，如铁、锌、铝、铜等使硫化物得以沉淀；③通过提高水的 pH，减少水中溶解态的硫化氢向气态转化。

Mohanakrishnan 等（2009）研究了向长直管道中加入硝酸盐对管道中生物膜的活性和性能的影响，其研究表明在管道中硝酸盐可以有效控制硫化物的生成，这主要依赖于硝酸盐在管道中持续不断的大量存在，这样有利于管道中生物膜对硫化物的氧化。另外，向管道中加入硝酸盐还可以有效地控制甲烷的释放。污水管道中甲烷的产生主要是在脱氮过程中的中间产物，像一氧化氮和二氧化氮，其产生量主要与管道中的氮化物浓度和细菌的种类有关，硝酸盐的加入通过改变氧化还原电位或化学氧化来抑制甲烷的生成。在实验中硝酸盐加入几小时以后甲烷的生成量又开始增加，说明硝酸盐对甲烷释放的抑制作用是可逆的。

游离的亚硝酸（FNA）对污水管道中生物膜中硫酸盐还原菌和产甲烷菌有影响，主要是对管道生物膜中硫酸盐还原菌 SRB 和产甲烷菌 MA 活性的影响，当 FNA 的浓度为 0.26mg N/L，接触时间为 12h 时，能够有效地抑制硫化氢的产生，5d 时间内硫化氢的产生量降低>80%；相对而言，当 FNA 的浓度为 0.09mg N/L，接触时间为 6h 时，就能有效地抑制甲烷的产生。向污水管道中加入 FNA+H_2O_2 能有效控制硫化氢的生成，当接触时间为 8~24h 时，10d 时间内硫化氢的产生量降低>80%。

Gutierrez 等（2008）在研究中发现，当把污水的 pH 控制在 10.5~12.5，接触时间为 0.5~6.0h 时，硫化氢的产生量降低了 70%~90%，甲烷产生量降低 95%~100%，且硫酸盐还原菌 SRB 和产甲烷菌 MA 的活性在几周内都很难恢复到正常水平。当控制污水的 pH 为 8.6 和 9.0 时，SRB 的活性降低了 30% 和 50%，且恢复到正常 pH 时其活性一个月后才恢复到正常水平，而 MA 基本失去了活性，pH 恢复到 7.6±0.1 后，3 个月后 MA 才恢复活性。

在管道中加入 Fe^{3+} 不但能够沉淀硫化物，而且能抑制管道生物膜中硫酸盐还原菌 SRB 和产甲烷菌 MA 的活性，不同浓度 Fe^{3+} 的加入能使 SRB 的活性降低 39%~60%，同时 Fe^{3+} 的加入使管道中甲烷的产生量降低了 52%~80%。向污水中加入铁盐能够降低硫化氢的产生，有研究表明铁盐的加入能够使污水管道中硫化氢的产量降低 66%。

3.3　危害气体扩散机制

从化学和生物过程的角度来看，污水管道除了收集和运输污水外，还要积存和运送管道系统内部气体，该气体组分在管道内部、检查井和泵站中特别丰富，其扩散和平衡显著影响着管道污水组分转化和管道腐蚀等物化、生化过程。

因此，在平衡和传质条件方面，描述影响物质在空气–水界面交换的物理化学现象非常重要，与管道壁腐蚀有关的反应以及影响管道大气通风和移动的因素也是重要的方面。

3.3.1　气液平衡理论与界面传质过程

气–液界面上的平衡被定义为两个方向中的挥发性化合物的转移率相等的状态。因此，平衡在原则上是动态的，而不考虑化合物的净转移发生。尽管在管道网络中几乎不发生气-液界面的挥发性化合物的平衡，但从定量的角度来描述它是很重要的。以下与管道中挥发性物质的发生有关的现象涉及平衡、传质、反应和对管道工艺工程的重要影响。

1. 复氧

管网废水中溶解氧（DO）是维持高氧化还原电位的主要因素，而空气的氧气转移（再氧化）是氧气供应的唯一途径。与水相中微生物去除 DO 相比，复氧程度决定了好氧和厌氧微生物降解过程的可能性，从而转化和去除废水化合物。

2. 臭味滋扰

污水管网中臭味物质主要是厌氧条件下产生的挥发性有机物（VOCs）和硫化氢。因此，臭味物质的形成尤其发生在上升的主管（强制主管或加压管道）和完全流动的重力管道中温度相对较高的区域。在下游部分填充的管道和管道结构（如水滴、泵站和检修孔）中，自由水面可能会引起上游产生的恶臭的排放。

3. 混凝土腐蚀

混凝土腐蚀与厌氧条件下产生的 H_2S 有关，主要是管道生物膜中的 H_2S 在废水相中积聚。当排放到管道大气中时，通过需氧微生物反应，H_2S 可在管道壁上被氧化成硫酸（H_2SO_4）。在潮湿表面产生的 H_2SO_4 可以与混凝土材料中的碱性水泥反应，从而留下松散结合的化合物（石膏、沙子和砾石）的材料。

4. 健康影响

H_2S 除了是一种有气味的物质外，也是一种可能对健康产生影响的化合物，例如，其浓度较低时人会有头痛症状和呼吸损伤；浓度较高时会危及生命。在管道系统中工作时，应特别考虑 H_2S 的潜在健康影响。

空气-水传质有几种途径，与排水管道系统中的运输过程有关，主要的发展方向是再曝气过程。简单地说，界面传输过程的理论描述包括以下几个方面。

（1）双膜理论。双膜理论基于通过界面处的两个停滞膜，即液膜和气膜，液膜和气膜的挥发性物质的分子扩散（Lewis and Whitman，1924）遵循菲克第一定律。

（2）渗透理论。根据渗透理论，挥发性分子在界面上的扩散发生在通过湍流输送到地表的水元素上（Higbie and Howitt，1935；Dobbins，1956）。根据湍流水平，这些水元素与气相的接触被认为是短暂且恒定的。

（3）表面更新理论。该理论描述了通过涡流的作用来替换和移动表面液膜（King，1966）。表面更新理论在原则上与渗透理论相似，只是界面接触时间不同。

本书中，下水道网络中空气–水界面传质的主要理论是双膜理论。关于空气废物传质现象的更多基本细节，见 Sánchez 等（1996）和 Morgan 等（1996）的报告。

3.3.2 危害气体扩散规律

双膜理论是基于挥发性组分通过停滞的液体和气体薄膜的分子扩散。这一理论是理解跨气–液界面传质的经典方法。根据双膜理论，挥发性化合物通过气–水界面的传递机理说明了体相完全混合，两个膜中的浓度梯度表示了质量传递的驱动力，从而确定了通量的方向和大小。根据这种理解，对质量传递的总体阻力是两个薄膜中每个薄膜的阻力之和 [式（3-1）]：

$$r_O = r_L + r_G \qquad (3\text{-}1)$$

式中，r_O 为化合物的总运输阻力（$m^2 \cdot s$）；r_L 为液体膜中化合物的传输阻力（$m^2 \cdot s$）；r_G 为气体薄膜中化合物的传输阻力（$m^2 \cdot s$）。

双膜理论表明，对质量传递的抵抗力存在于界面处的薄水和气体层内，即分子扩散导致浓度梯度的两个薄膜（图 3-7）。界面本身对传质的阻力被认为是可以忽略不计的，因此在界面上没有质量积累。界面本身存在平衡条件，并且可以应用亨利定律 [式（3-2）]：

$$y_{Ai} = \frac{H_A}{P} x_{Ai} \qquad (3\text{-}2)$$

式中，y_{Ai} 为界面气体（空气）侧的化合物 A 的摩尔分数；H_A 为亨利常数；P 为气体的分压；x_{Ai} 为界面液（水）侧的化合物 A 的摩尔分数。

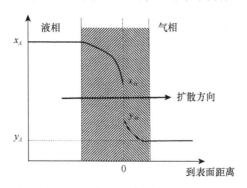

图 3-7 根据双膜理论控制挥发性化合物在空气–水界面上转移的机理原理

（Hvitved-Jacobsen et al.，2004）

由于对运输机制的这种概念性理解，该理论被称为双膜理论。根据双膜理论，可分两步考虑挥发性化合物在水相和气相之间的迁移：从大量水相到界面，从界面到空气，反之亦然。

从水相到界面以及从界面到气相的每单位表面积的化合物 a 的传质速率是由实际摩尔分数 x_A 和 y_A 与界面上相应的平衡值 x_{Ai} 和 y_{Ai} 之间的差决定的：

$$J_A = -K_{L,A}\left(x_{Ai} - x_A\right) \tag{3-3}$$

$$J_A = -K_{G,A}\left(y_{Ai} - y_A\right) \tag{3-4}$$

式中，J_A 为化合物 A 的通量率 [mol/(mol·m²·s)]；$K_{L,A}$ 为水相传质系数（m⁻²·s⁻¹）；$K_{G,A}$ 为气相传质系数（m⁻²·s⁻¹）。

式（3-3）和式（3-4）中的哪一个是控制方程，取决于边界的哪一部分，液体膜或气体膜，对质量传递有很大的阻力。例如，如果边界的水膜中存在主要阻力，则结果是 $K_{L,A} \geqslant K_{G,A}$。

式（3-3）和式（3-4）在理论上是正确的，但是，没有办法确定 x_{Ai} 和 y_{Ai}。如上文所说，从水相到界面以及从界面到气相的每单位表面积的化合物 a 的传质速率是由实际摩尔分数 x_A 和 y_A 与界面上相应的平衡值 x_{Ai} 和 y_{Ai} 之间的差决定的，因此介绍了摩尔分数的两个虚拟的（不存在的）平衡值 x_A^* 和 y_A^*，分别指的是 x_A 和 y_A。

需要指出的是，虽然 x_A^* 和 y_A^* 是虚构的，即并不存在 x_A^* 和 y_A^*，但这些值遵守亨利定律：

$$y_A^* = \frac{H_A}{P} x_{Ai} \tag{3-5}$$

$$y_A = \frac{H_A}{P} x_A^* \tag{3-6}$$

式（3-2）～式（3-6）构成了表达式发展的基础，为了实际目的，可以用来确定空气–水界面的质量输运。在这方面的一个重点是在式（3-3）和式（3-4）的延续中定义了代替"相质量传递系数"的"总传质系数"。因此，式（3-3）和式（3-4）转换如下：

$$J_A = -K_L\left(x_A^* - x_A\right) \tag{3-7}$$

$$J_A = -K_G\left(y_A^* - y_A\right) \tag{3-8}$$

式中，K_L 为涉及液相的总传质系数（m⁻²·s⁻¹）；K_G 为指气相的总传质系数（m⁻²·s⁻¹）。

式（3-7）和式（3-8）可分别改为式（3-9）和式（3-10），因此式（3-9）和式（3-10）同样有效；通常应用具有传质系数 K_L 的式（3-9），其涉及水相，因此将进一步讨论。

$$J_A = K_L \left[x_A - \frac{y_A}{\dfrac{H_A}{P}} \right] \tag{3-9}$$

$$J_A = -K_G \left[y_A - \frac{H_A}{P} x_A \right] \tag{3-10}$$

作为总传质系数，K_L 包括对液膜和气膜的传输阻力的贡献。因此，表达整个两个薄膜的质量传递阻力的式（3-11）是制定总传质系数 K_L 的基础：

$$\frac{1}{K_L} = \frac{1}{K_{L,A}} + \frac{P}{H_A K_{G,A}} \tag{3-11}$$

式（3-9）和式（3-11）实际上是确定空气–水传质速率的两个中心表达式。

3.3.3　气体扩散影响因素

由式（3-9）表示的化合物 A 的通量率基本上是分子扩散的结果，因此与菲克第一定律有关。对于水相，即在水膜中，菲克第一定律是出于实际目的，表示如式（3-12）所示：

$$J_A = -D_{L,A} \frac{\partial C_A}{\partial Z} \tag{3-12}$$

式中，J_A 为化合物 A 的通量率 [mol/(m^2·s)]；$D_{L,A}$ 为化合物 A 在水相中的分子扩散系数（扩散系数）（m^2/s）；C_A 为组分 A 的浓度（mol/m^3）；Z 为方向（m）。

注意，与式（3-3）相比，式（3-12）中的 J_A 以不同的单位表示。

作为双膜理论的结果，传质系数与扩散系数之间存在着一定的关系。重要的是，传质系数 $K_{L,A}$ 和 $K_{G,A}$ 可以根据相应的分子扩散系数来解释。这些传质系数，以 m^2/s 为单位表示，从而指代通量率——通常用所谓的交换常数 k 代替，以 m/s 为单位，即具有速度维数。对于水相和气相，交换常数与扩散系数之间的关系如式（3-13）所示：

$$k = \frac{D}{z_f} \tag{3-13}$$

式中，k 为交换常数（m/s）；D 为分子扩散系数（m^2/s）；z_f 为液体或气体膜的厚度（m）。

交换常数 k 是每单位浓度梯度输送挥发性化合物的量度。k 的大小主要取决于液相和气相的湍流程度。虽然扩散系数的值是公知的，但是出于实际目的，式

（3-13）不直接适用，因为膜厚度未知。

式（3-1）和式（3-11）指出，气水边界的传质总阻力等于液膜和气膜的阻力之和。这种理解是双膜理论的核心观点，它也意味着界面本身的平衡，没有质量的积累。式（3-11）进一步证明了亨利常数 H_A 的大小在质量传递方面起着重要的作用。对于具有较高 H_A 值的物质，如 O_2 和 H_2S，传质阻力主要存在于水膜中，因此，废水流的紊流将增强这些物质从水相到下水道气氛的转移。对于 H_A 值较低的几种有气味的化合物，水相湍流的重要性相对降低。因此，此类化合物在下水道气相空间内部的迁移将相应地增加其释放速率。如式（3-11）所示，挥发性物质的释放速率也取决于化合物 A 的液相总传质系数和气相总传质系数。

Liss 等(1974)根据亨利常数的值，评估了存在哪种类型的传质阻力。实际上，他们提出了以下标准，这些标准在大多数情况下都是有效的：①如果 H_A 大于 250atm（1atm=101325Pa），则通过液膜控制传质；②当 H_A 在 1~250atm，液膜和气膜的阻力都很重要；③如果 H_A 小于 1atm，通量率由空气膜控制。这种情况不仅对应于挥发性相对较低的化合物，而且也对应于水相中具有反应性的化合物（如氨）。

用速率方程 [式（3-9）] 来量化气水输送现象的一个主要问题是求 K_L 的值。这些值本质上是化合物特异性的。就下水道系统而言，有关空气–水传质的最详细的知识是关于再曝气，即氧转移。基于这些知识的一个重要任务是估计其他化合物的 K_L 值。

在这方面，提出了一种测定挥发性化合物 A 的传质系数 $K_{L,A}$ 的方法。这种方法背后的基本思想是，$K_{L,A}$ 和任何参考化合物 $K_{L,ref}$ 的 K_L 值之间的比值是恒定的：

$$\frac{K_{L,A}}{K_{L,ref}} = 常数$$

此外，将传质系数与扩散系数结合起来的关系式如下：

$$\frac{K_{L,A}}{K_{L,O_2}} = \left[\frac{D_{L,A}}{D_{L,O_2}} \right]^n \tag{3-14}$$

式中，K_{L,O_2} 为氧的总传质系数（再氧化常数），参照水相$(m^{-2} \cdot s^{-1})$；n 为常数。

式（3-13）表明根据双膜理论，交换常数（传质系数）k 等于 D/z_f，其中，z_f 是两个薄膜中每一个的厚度。相对于这一理论，渗透理论和表面更新理论意味着：

$$k = \frac{D^{0.5}}{z_f} \tag{3-15}$$

两种膜理论与其他传质理论的差异，对式（3-14）中 n 值的选择有一定的影响。在实际应用中，n 在缓慢流动的下水道中约为 1，在湍流条件下接近 0.5。通常情况下，下水道中的湍流比缓慢流动的条件更广泛地发生，并且在 0.50~0.67

的范围内非典型变化。

如前所述,通过空气-水界面的氧转移阻力主要发生在水膜中。因此,式(3-14)只能应用于在这方面与氧相当的化合物,根据 Liss 和 Slater(1974),H_A 值大于 250atm。

将硫化氢排放到下水道大气中是说明气味问题和其他负面影响(如腐蚀)的重要例子。已经提出了许多方法来测定挥发性化合物的水相分子扩散系数 D。Othmer 和 Thakar(1953)、Scheibel 和 Edward(1954)、Wilke 和 Chang(1955)以及 Hayduk 和 Laudie(1974)进行的研究就是这方面的例子。基于这四项研究,发现扩散系数比 D_{H_2S}/D_{O_2} 在 0.86~0.89 区间内变化,具有以下算术平均值:

$$\frac{D_{H_2S}}{D_{O_2}} = 0.87 \qquad (3\text{-}16)$$

此值可代入式(3-14)中:

$$\frac{K_{L,H_2S}}{K_{L,O_2}} = 0.87^n \qquad (3\text{-}17)$$

由于下水道管道中 n 的典型变化在 0.50~0.67,因此 $K_{L,H_2S}/K_{L,O_2}$ 将相应地从 0.93 变化到 0.91。

另一种方法是推导(简单)方程式,用于直接确定排放速率,如 Lahav 等(2006)的研究。然而,应当强调的是,必须仔细校准和核实这种方程式。

3.3.4　危害气体吸收及转化

近年来,随着污水管道爆炸性事故屡屡发生,污水管道运行安全越来越引起政府管理部门的重视,并投入大量人力、物力进行研究。控制管道中危害气体 H_2S、CH_4 的根本途径是深入了解 SRB、MA 的菌群结构和特征,从代谢层面上抑制这两类菌群的生长繁殖,使危害气体得到控制和转化。

SRB 能够利用氢、乙酸、高级脂肪酸、醇、芳香族化合物、部分氨基酸、糖、多种苯环取代基的酸类及长链溶解性烷烃等作为电子供体,除硫酸盐外,富马酸、二甲基亚砜、磺酸盐等也可作为某些 SRB 的最终电子受体,最终产生 H_2S、乙酸、CO_2 等代谢终产物。硫酸盐还原途径如图 3-8 所示,SO_4^{2-}/SO_3^{2-} 本身氧化还原电位过低,SO_4^{2-} 须被激活成强氧化剂 APS,之后再还原为 S^{2-}。污水中的有机碳源被降解时所产生的 ATP 和高能电子在这一途径中被利用。某些 SRB 还可以利用硝酸盐作为唯一氮源,进行同化代谢。RB 硫酸盐还原菌和 MA 产甲烷菌是参与管道内生化反应过程的重要菌群,其相互作用关系对于管道危害气体控制十分关键。污水中的复杂有机物经产酸细菌转化成挥发性脂肪酸（volatile fatty acid，VFA），再由产乙酸菌进一步生成乙酸、二氧化碳和氢气。SRB 能同时氧化乙酸和氢气，通过异化作用维持生命活动，在此过程中硫酸盐被还原成硫化氢。MA 则利用乙酸和氢气产生甲烷。

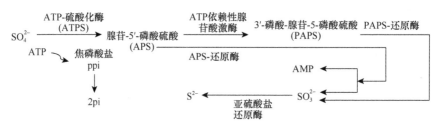

图 3-8　硫酸盐还原途径（Yang et al.，2015）

　　由于 SRB 和 MA 均可以利用乙酸、氢气作为基质，因此两者虽然能够共存，却依然存在竞争关系。目前涉及 SRB 和 MA 竞争关系的研究多针对污水或污泥处理中的厌氧消化工艺，排水管道中的相关研究则较少，图 3-9 给出了管道中 SRB 和 MA 主要参与的生化反应及底物竞争关系。

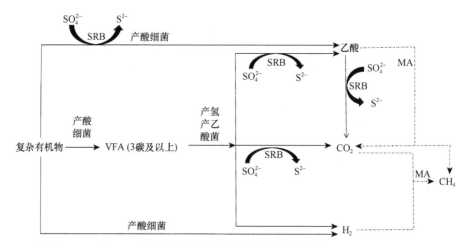

图 3-9　SRB 和 MA 主要参与的生化反应及底物竞争关系（Zhang et al.，2009）

　　从可利用的基质范围来看，MA 只能利用乙酸、H_2、CO_2 和一碳有机物（如甲醇），而 SRB 是代谢谱较宽的广食性微生物。乙酸和氢气都可以被 SRB、MA 所利用，但由于 70%以上的甲烷来自 MA 对乙酸的分解，因此乙酸在 MA 对 SRB 的竞争关系上是尤为重要的底物。从动力学角度看，当 SRB 与 MA 均以乙酸为基质时，SRB 的最大比增长速率和底物亲和力更高。研究表明，SRB 利用电子供体的优先顺序是乳酸、丙酸、丁酸、乙酸，氢营养型 SRB 对硫酸盐的亲和力也远大于乙酸营养型 SRB，因此，乙酸营养型 SRB 在 SRB 总菌群中的相对优势并不明显。Guisasola 等（2009）的实验结果显示，硫酸盐还原过程仅利用了 38%的乙酸盐。

总体上看，排水管道生物膜中 SRB 竞争底物的能力强于 MA、更易于繁殖，但实际管道内的生化反应过程较为复杂，与实验室纯培养结果有一定差异，其生物膜是多种类 MA 和 SRB 的混合相，仍需考虑其种内的竞争关系。

影响 SRB 和 MA 代谢活性及底物竞争能力的主要环境因素包括 pH、溶解氧、水力条件、底物浓度、抑制剂等，实际工程中往往利用这些影响因素对 H_2S、CH_4 的产生及排放进行控制。

1. pH

管道中生活污水的 pH 在 7.2～8.5，与 SRB、MA 的最适 pH 范围（7.0～7.5）相近。pH 会影响硫化物在水中的存在状态，从而间接影响 SRB 和 MA 的活性。硫化物在废水中的存在形式主要有 S^{2-}、HS^- 及分子态的 H_2S，其中起主要抑制作用的是分子态的 H_2S。MA 受液相中游离的 H_2S 的抑制作用更强，H_2S 能接近并穿过菌体细胞膜，进而破坏其蛋白质，因此，产甲烷菌在较低的 pH 下丧失活性。而在 pH 为 2.5～4.5 的高酸性环境下 SRB 仍能进行异化硫酸盐还原反应，因此 SRB 能逐渐适应低 pH 并在竞争中占据优势。

投加碱是控制管道 H_2S 的常用方法，其原理是促进 H_2S 的电离平衡向右移动，同时抑制 SRB 菌体本身的活性。高 pH 对 MA 抑制效果较强，抑制时间更长，研究表明，持续 2h 保持管道生物膜的 pH 为 9.0，即可连续数周控制甲烷的产生在 25%以下；而只有将 pH 提高至 10.5 时才能抑制 SRB 的生长，且一周后 SRB 的活性即得到恢复。

2. 碳硫比

Mccartney 和 Oleszkiewicz（1993）提出碳硫比（COD/SO_4^{2-}）是决定 SRB 和 MA 竞争结果的重要因素。Choi（1991）认为 COD/SO_4^{2-} 在 1.7～2.7 时，两者存在强烈的竞争；在此范围以下，SRB 占优势；此范围之上，MA 为主导。Sun 等（2017）的研究发现，当硫酸盐浓度在 5～30mg/L 时，提高硫酸盐浓度可以增加最大硫化物产生速率，降低最大甲烷产生速率。

由于硫酸盐还原过程中产生的硫化物能够与细胞内色素中的铁及含铁物质结合，导致电子传递系统失活，因此硫酸盐浓度过高时，SRB 和 MA 均受到抑制。但溶解性硫化物对 SRB 的毒性阈值比 MA 更高，致使 MA 更易受到硫酸盐还原过程中所产生的硫化物的影响。在较低的硫酸盐浓度下，SRB 的生长则受其底物限制，因此 MA 占优势地位。

3. 硝酸盐

硝酸盐能够抑制 SRB 的生长、降低 H_2S 浓度，在一定程度上防止管道腐蚀。在长达 61km 的重力流管道中投加硝酸盐，当 NO_3^- 浓度达 5mg/L 时，即可抑制硫化物的产生。早期的研究对其抑制机理有多种解释，包括硝酸盐提高了生物膜的氧化还原电位、副产物（如亚硝酸盐、一氧化氮）对 SRB 的毒性、SRB 与硝酸盐还原菌（nitrate-reducing bacteria，NRB）竞争有机电子供体、反硝化作用提高液相 pH、SRB 在缺氧条件下优先将硝酸盐还原成氨氮等。近年来，研究发现，硝酸盐可促进产生自养反硝化过程，化能自养菌硝酸盐还原−硫化物氧化菌（nitrate-reducing sulfide-oxidizing bacteria，NR-SOB）能在缺氧条件下以 NO_3^- 作为电子受体，将硫化物氧化成单质硫。NR-SOB 在适应硝酸盐的生物膜中占据了较大比例，证实了该抑制机理具有主导地位。但是，生物膜中积累的单质硫，能在硝酸盐存在的情况下继续氧化成硫酸盐；若后续不再投加硝酸盐，又会重新还原成硫化物，因此，硝酸盐对 SRB 的抑制作用需要加以长期调控。

硝酸盐对 MA 也有副作用，原因可归结为氧化还原电位的改变及硝酸盐对甲烷的化学氧化。然而，由于 SRB、MA 在生物膜中处于分层分布，因此生物膜由上到下可分为硝酸盐还原层、硫酸盐还原层和产甲烷层（图 3-10）。深层的 MA 可以利用 SCOD 而继续生长，只有长期投加硝酸盐才能抑制 MA。

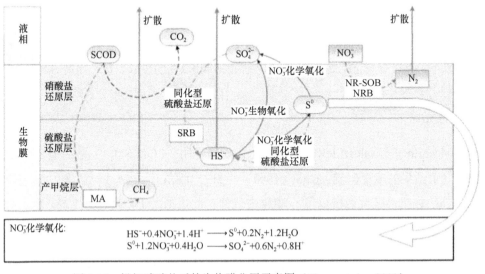

图 3-10　投加硝酸盐后的生物膜分层示意图（Zhang et al.，2009）

城镇排水管道内丰富的营养物质和相对密闭的空间，为微生物在粗糙管壁表面生长繁殖创造了良好的环境条件。其中，SRB 和 MA 是管道微生物中最重要的两大菌群，与管道腐蚀、管道温室气体排放、管道安全事故息息相关。目前国际上多采用投加铁盐、硝酸盐、亚硝酸盐等尝试抑制 SRB 和 MA 的生长，其对管道腐蚀、臭气溢出起到调控作用。

参 考 文 献

艾海男, 李茂林, 何强, 等. 2013. 下水道污水处理研究进展及展望. 中国给水排水, 29(12): 1-4.

丁超. 2015. 污水管道有害性气体运动与分布规律研究. 西安: 西安建筑科技大学.

韩静云, 戴超, 郜志海, 等. 2002. 混凝土的微生物腐蚀. 材料导报, 16(10): 42-44.

韩静云, 田永静, 陈忠汉. 2001. 污水中好氧菌对混凝土排污管管壁腐蚀的研究. 混凝土与水泥制品, 3: 23-25.

刘艳涛. 2016. 污水管中有害气体的分布规律及其模型探究. 西安: 西安建筑科技大学.

孙剑辉, 樊国锋, 侯杰. 1998. 含硫酸盐有机废水厌氧消化影响因素的探讨. 工业水处理, (3): 12-14, 47.

孙力平, 马耀平, 侯红娟, 等. 2001. 下水道中污染物质的转化过程. 中国给水排水, (9): 67-69.

田文龙. 2004. 利用下水道管渠处理城镇污水技术模拟研究. 重庆: 重庆大学.

王斌. 2015. 城镇污水管网微生物群落的演替及其对水质的影响. 西安: 西安建筑科技大学.

王洪臣, 汪俊妍, 刘秀红, 等. 2018. 排水管道中硫酸盐还原菌与产甲烷菌的竞争与调控. 环境工程学报, 12(7): 1853-1864.

王西傅, 李旭东, 王廷放, 等. 1999. 利用下水管网系统净化城市污水的模拟试验. 应用与环境生物学报, 6: 623-627.

夏星星, 冯良. 2010. 管道绝对当量粗糙度的取值及其影响分析. 上海煤气, (2): 10-12.

张玲玲, 陈立, 郭兴芳, 等. 2012. 南北方污水处理厂进水水质特性分析. 给水排水, (1): 45-49.

张鑫, 袁林江, 陈光秀, 等. 2010. SBR 脱氮系统污泥对磷的去除研究. 环境工程学报, 4(5): 1003-1007.

Achenbach L A, Michaelidou U, Bruce R A, et al. 2001. *Dechloromonas agitata* gen. nov., sp. nov. and *Dechlorosoma suillum* gen. nov., sp. nov., two novel environmentally dominant (per) chlorate-reducing bacteria and their phylogenetic position. International Journal of Systematic and Evolutionary Microbiology, 51(2): 527-533.

Boon A G. 1995. Septicity in sewers: causes, consequences and containment. Water Science & Technology, 31(7): 237-253.

Chen G H, Leung D H W, Huang J C. 2001. Removal of dissolved organic carbon in sanitary gravity sewer. Journal of Environmental Engineering, 127: 1-7.

Choi S C . 1991. Price competition in a channel structure with a common retailer. Marketing Science, 10(4): 271-296.

Delgado M, Gomez-Skarmeta A F . 1997. A fuzzy clustering-based rapid prototyping for fuzzy rule-based modeling. IEEE Transactions on Fuzzy Systems, 5(2): 223-233.

Dobbins G S . 1956. Book review: the tapestry of life. Review & Expositor, 53(3): 448.

Euiso C, Rim J M. 1991. Competition and inhibition of sulfate reducers and methane producers in anaerobic treatment. Water Science & Technology, 23(7-9): 1259-1264.

Foyer C H , Lopez-Delgado H , Dat J F , et al. 1997. Hydrogen peroxide- and glutathione-associated mechanisms of acclimatory stress tolerance and signalling. Physiologia Plantarum, 100(2): 241-254.

Fukui M, Teske A, Aßmus B, et al. 1999. Physiology, phylogenetic relationships, and ecology of filamentous sulfate-reducing bacteria (genus *Desulfonema*). Archives of Microbiology, 172(4): 193-203.

Ganigue R, Yuan Z. 2014. Impact of oxygen injection on CH_4 and N_2O emissions from rising main sewers. Journal of Environmental Management, 144: 279-285.

Green M, Shelef G, Messing A. 1985. Using the sewerage system main conduits for biological treatment. Greater Tel-Aviv as a conceptual model. Water Research, 19(8): 1023-1028.

Guisasola A, de Haas D, Keller J, et al. 2008. Methane formation in sewer systems. Water Research, 42(6): 1421-1430.

Guisasola A, Sharma K R, Keller J, et al. 2009. Development of a model for assessing methane formation in rising main sewers. Water Research, 43(11): 2874-2884.

Gutierrez J, Barry-Ryan C, Bourke P. 2008. The antimicrobial efficacy of plant essential oil combinations and interactions with food ingredients. International Journal of Food Microbiology, 124: 91-97.

Hayduk W, Laudie H. 1974. Prediction of diffusion coefficients for nonelectrolytes in dilute aqueous solutions. Aiche Journal, 1974, 20(3): 611-615.

Higbie E, Howitt B. 1935. The behavior of the virus of equine encephalomyelitis on the chorioallantoic membrane of the developing chick. Journal of Bacteriology, 29(4): 399-406.

Hvitved-Jacobsen T, Vollertsen J, Nielsen A H. 2004. Sewer Processes: Microbial and Chemical Process Engineering of Sewer Networks. Boca Raton: CRC Press.

Hvitved-Jacobsen T, Vollertsen J, Nielsen A H. 2013. Sewer Processes: Microbial and Chemical Process Engineering of Sewer Networks. 2th ed. Abingdon: Taylor & Francis.

Hvitved-Jacobsen T, Vollertsen J, Nielsen P H. 1998. A process and model concept for microbial wastewater transformations in gravity sewers. Water Science & Technology, 37(1):233-241.

Jin P K, Shi X, Sun G, et al. 2018. Co-variation between distribution of microbial communities and biological metabolization of organics in urban sewer systems. Environmental Science & Technology, 52(3): 1270-1279.

Kang X R, Zhang G M, Chen L, et al. 2011. Effect of initial pH adjustment on hydrolysis and acidification of sludge by ultrasonic pretreatment. Industrial & Engineering Chemistry Research, 50(22): 12372-12378.

King R B. 1966. Organometallic chemistry of the transition metals. XI. some new cyclopentadienyl derivatives of cobalt and rhodium. Inorganic Chemistry, 5(1): 82-87.

Lahav M, Weissbuch I, Shavit E, et al. 2006. Parity violating energetic difference and enantiomorphous crystalsp-caveats; reinvestigation of tyrosine crystallization. Origins of Life & Evolution of Biospheres, 36(2): 151-170.

Leven L, Eriksson A R, Schnürer A. 2007. Effect of process temperature on bacterial and archaeal communities in two methanogenic bioreactors treating organic household waste. FEMS Microbiology Ecology, 59(3): 683-693.

Lewis W K, Whitman W G . 1924. Principles of gas absorption. Industrial & Engineering Chemistry, 16(12): 1215-1220.

Li H B, Zhang J, Huang G Y, et al. 2017.Hydrothermal synthesis and enhanced photocatalytic activity of hierarchical flower-like Fe-doped $BiVO_4$. Transactions of Nonferrous Metals Society of China, 27(4): 868-875.

Liss B, Ladd R J,Carss B W. 1974. Sex-related differences in the examination performance of third year medical students. British Journal of Medical Education, 8(1): 10-15.

Liss P S, Slater P G. 1974. Flux of gases across the air-sea interface. Nature, 247(5438): 181-184.

Mccartney D M, Oleszkiewicz J A. 1993. Competition between methanogens and sulfate reducers: effect of COD: sulfate ratio and acclimation. Water Environment Research, 65(5): 655-664.

Mechichi T, Stackebrandt E, Fuchs G. 2003. *Alicycliphilus denitrificans* gen. nov., sp. nov., a cyclohexanol-degrading, nitrate-reducing *β*-proteobacterium. International Journal of Systematic and Evolutionary Microbiology, 53(1): 147-152.

Mohanakrishnan J, Gutierrez O, Sharma K R, et al. 2009. Impact of nitrate addition on biofilm properties and activities in rising main sewers. Water Research, 43(17): 4225-4237.

Morgan S T, Hansen J C,Hillyard S A. 1996. Selective attention to stimulus location modulates the steady-state visual evoked potential. Proceedings of the National Academy of Sciences of the United States of America, 93(10): 4770-4774.

Nielsen A H, Hvitved-Jacobsen T, Vollertsen J. 2008. Effects of pH and iron concentrations on sulfide precipitation in wastewater collection systems. Water Environment Research, 80(4): 380-384.

Norsker N H, Nielsen P H, Hvited-Jacobsen T. 1995. Influence of oxygen on biofilm growth and potential sulfate reduction in gravity sewer biofilm. Water Science & Technology, 31(7): 159-167.

Othmer D F, Thakar M S. 1953. Correlating diffusion coefficient in liquids. Industrial & Engineering Chemistry, 45(3): 589-593.

Ozer A, Kasirga E. 1995. Substrate removal in long sewer lines. Water Science & Technology, 31(7): 213-218.

Putnin T, Jumpathong W, Laocharoensuk R, et al. 2017. A sensitive electrochemical immunosensor based on poly(2-aminobenzylamine) film modified screen-printed carbon electrode for label-free detection of human immunoglobulin G. Artificial Cells Nanomedicine & Biotechnology, 46(5): 1042-1051.

Raunkjar K. Hvited-Jacobsen T, Nielsen P H. 1995. Transformation of organic matter in a gravity sewer. Water Environment Research, 67(2): 181-188.

Regueiro L, Carballa M, Álvarez J A, et al. 2012. Enhanced methane production from pig manure anaerobic digestion using fish and biodiesel wastes as co-substrates. Bioresource Technology, 123: 507-513.

Rogosa M, Bishop F S. 1964. The genus veillonella III. Journal of Bacteriology, (1): 37-41.

Sánchez P M, Zhang Y, Thibodeaux S, et al. 1996. Synthesis of a water-soluble chiral *N*-acylcalix(4)arene amino acid derivative. Tetrahedron Letters, 37(33): 5841-5844.

Scheibel, Edward G. 1954. Correspondence. Liquid diffusivities. Viscosity of gases. Industrial & Engineering Chemistry, 46(9): 2007-2008.

Sun J, Hu S, Sharma K R, et al. 2014. Stratified microbial structure and activity in sulfide-and methane-producing anaerobic sewer biofilms. Applied and Environmental Microbiology, 80(22): 7042-7052.

Sun J, Ni B J, Sharma K R, et al. 2017. Modelling the long-term effect of wastewater compositions on maximum sulfide and methane production rates of sewer biofilm. Water Research, 129: 58-65.

Tsukamoto T K, Miller G C. 1999. Methanol as a carbon source for microbiological treatment of acid mine drainage. Water Research, 33(6): 1365-1370.

Ueki A, Akasaka H, Suzuki D, et al. 2006. *Paludibacter propionicigenes* gen. nov., sp. nov., a novel strictly anaerobic, Gram-negative, propionate-producing bacterium isolated from plant residue in irrigated rice-field soil in Japan. International Journal Systematic and Evolutionary Microbiology, 56(1): 39-44.

Wilke C R, Chang P. 1955. Correlation of diffusion coefficients in dilute solutions. Aiche Journal,

1(2): 264-270.

Xu L, Zhao J, Liu M, et al. 2017. Bivalent DNA vaccine induces significant immune responses against infectious hematopoietic necrosis virus and infectious pancreatic necrosis virus in rainbow trout. Scientific Reports, 7(1): 5700.

Yang Q, Xiong P, Ding P, et al. 2015. Treatment of petrochemical wastewater by microaerobic hydrolysis and anoxic/oxic processes and analysis of bacterial diversity. Bioresource Technology, 196: 169-175.

Zhang L, Keller J, Yuan Z. 2009. Inhibition of sulfate-reducing and methanogenic activities of anaerobic sewer biofilms by ferric iron dosing. Water Research, 43(17): 4123-4132.

第 4 章 危害性气体控制技术与措施

4.1 危害性气体控制的基本原理

4.1.1 措施实施的潜在位置

污水管网系统体量庞大,难以采取有效措施进行危害气体的全管段控制,这为污水管道危害气体控制措施的实施提出新的要求——合理地选择重点管段或区域进行危害气体控制。

现有污水管道危害气体分布的监测结果表明:相较于管网前段,管网末端常常检测出更高浓度的危害气体。因为随着用水点到污水处理厂的距离增加,污水流动时间长,厌氧环境更易形成,为厌氧微生物代谢提供了时间和物质环境保障,导致末端危害气体浓度较高。因此,危害性气体生成风险高的末段管道是相应控制措施实施的常见位置。通常利用污水管道中的检查井、跌水井等污水管道附属设施投加药剂或加强通风来控制后续管道中产生的危害气体。

小区污水管网的化粪池和城镇排水系统提升泵站的污水池等污水停留池是容易产生高浓度高风险危害性气体的典型位置,也是城镇臭气污染的关键来源。化粪池和污水池中厌氧条件更明显,危害气体产生的量大,同时上游管道产生的危害气体也会释放出来并逐渐积累,导致该类位置危害性气体浓度更高、风险更大。因此,小区化粪池及提升泵站污水池是危害性气体控制实施的关键位置之一。

4.1.2 危害性气体的控制思路

1. 危害性气体的源头控制

污水管道处于相对封闭的状态,随着污水的流动,污水中的溶解氧被消耗,管道污水处于厌氧状态,从而有利于兼性厌氧菌 SRB 的生长。在厌氧环境下,管壁生物膜中的 SRB 将污水中的 SO_4^{2-} 还原为 S^{2-},并在水解作用下进一步形成 HS^- 和 H_2S(Guisasola et al.,2009),并最终释放到管道上部气相空间和外部环境中,造成管道腐蚀和城镇臭味。以硫化氢为例,加拿大和美国相关学者研究表明,产生硫化氢的适宜环境条件主要包括污水中具有足够的溶解性电子供体和电子受体、氧化还原电位(ORP)<150mV 及具有相当数量和活性的 SRB 菌等。在了解

管道中危害性气体产生所需的环境后，为了控制危害性气体的产生，可以通过破坏管道内厌氧微生物代谢活动的适宜环境来抑制危害气体的产生，实现对危害性气体的源头控制。

1）改变污水中溶解性电子供体和电子受体

研究结果表明，不同种类的碳源可以作为硫酸盐还原反应的电子供体，且对硫酸盐还原菌的活性有重要的影响。可溶性 COD 中可被硫酸盐还原菌利用的包括挥发性脂肪酸（VFAs）和容易发酵的物质。厌氧环境下，有机物作为电子供体，通过硫酸盐还原菌介导，将电子传递给硫酸根，进而生成硫化物。孙剑辉等（1998）研究了影响含硫酸盐有机污水厌氧消化的主要因素，结果表明，硫酸盐通过还原硫细菌 SRB 对产甲烷菌 MA 的抑制主要取决于 COD/SO_4^{2-} 比值。污水的 COD 值越大，单位体积污水产生的气体量就越大，随气体排出的 H_2S 就越多，污水中的硫化物的浓度就越小。当 $COD/SO_4^{2-} \geqslant 1$ 时，相对产甲烷率与 COD/SO_4^{2-} 之间有很好的线性关系。以含碳化合物为主的有机污水，若 $COD/SO_4^{2-} \geqslant 2$，就可以完全消耗硫酸盐，硫化氢的产量相对增加。有氧条件下，氧气替代硫酸盐作为 SRB 的电子受体，从而阻断了硫酸盐的还原过程，抑制硫化物的产生。

2）氧化还原电位

污水中硫化氢的生成归因于硫酸盐还原菌对硫酸根的厌氧还原反应，因此，污水中的溶解氧浓度（DO）及氧化还原电位（ORP）也是重要的影响因素。一般认为，硫酸盐还原菌代谢需求的氧化还原电位的范围为–100～–250mV。Delgado 等（1999）研究了污水管道中硫化氢的产气情况，发现 ORP 在–140～–211mV 变化时，污水中的硫化物浓度从 0 迅速增加到 20mg/L。此外，污水在管道内停留 5～10h 后，污水中的溶解氧几乎完全被消耗，形成有利于硫化氢生成的厌氧环境。投加硝酸盐可以有效提高污水的 ORP，破坏污水的厌氧状态并将其转化为缺氧状态，通过对 SRB 繁殖速率和硫酸盐还原活性的抑制，实现对硫化物的控制（Poduska and Anderson，1981）。

3）微生物活性

危害性气体是微生物在一定的条件下，将污水中的污染物进行降解转化产生的。管道内的微生物主要聚集在生物膜（压力管道）和沉积物（重力式管道）中，并且由于微生物代谢活动习性不同，微生物在生物膜或者沉积物中会存在较为明显的分层现象。在了解危害性气体的产生过程后，可以通过将产生危害性气体的微生物灭活或者营造微生物竞争条件，控制产生危害性气体微生物的数量，从而控制危害性气体的产生。此类常见的控制措施有投加亚硝酸盐、钡酸盐和甲醛等生物抑制剂（Zhang et al.，2008）。

2. 危害性气体逸出控制

在平衡和传质条件方面，描述影响物质在空气–水界面交换的物理化学现象非常重要。一方面对于已产生的危害性气体，在尚未从水中溢出到管道气体中之前，可以采用相应办法对其进行控制。另一方面，可以在空气–水界面处增大传质阻力，阻碍已经产生的危害性气体散逸，使危害性气体较少释放到管道顶部气相空间中。污水中硫化物的具体形式主要为 HS^- 或 H_2S，具体的浓度分布取决于 pH（Yang et al.，2004）。硫化物中只有 H_2S 可以通过气–液界面的传质作用将 H_2S 释放到气相空间（Zhang et al.，2008）。因此，如图 4-1 所示，通过增大 pH 降低硫化物中 H_2S 浓度，从而减少 H_2S 的逸出。金属盐（如铁盐等）可以与硫化物发生化学反应形成沉淀，使得硫化氢的累积量减少 60% 以上（Zhang et al.，2009）。此外，可在污水表面覆盖一种物质使 H_2S 传质阻力增加，从而充分利用饱和溶解度让 H_2S 尽可能限制在污水中，进而无法进入气相，一般称这种物质为掩蔽剂。换言之就是利用掩蔽剂将气液两相隔绝开来，类似于污水处理厂为避免臭气释放，在构筑物上进行的加盖措施。

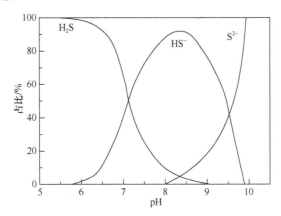

图 4-1　pH 对硫化物占比影响（Zhang et al.，2008）

3. 危害性气体的异位处置

美国和欧洲通过一些小型异位处置设备来去除管道中的危害性气体。目前常见的异位处理设备有：湿式洗涤器、活性炭吸附系统、臭氧处理系统、生物洗涤塔、生物过滤池、生物滴滤塔、生物填充塔、高能离子净化系统等。处理过程可以归纳为危害性气体的收集、危害性气体的集中处理和净化后气体释放。不同的处理方法往往会针对不同的危害性气体，达到不同的处理效果，因此在实际应用时，需要根据实际要求采取合理有效的控制措施。

4.2 危害气体原位控制技术

4.2.1 注氧

1. 控制原理

污水管道内危害性气体主要是由管内污泥中的厌氧微生物在厌氧环境下产生的。因此，为了控制危害性气体的产生，破坏厌氧环境是常见措施，而其中最直接有效的方法就是注氧（Gutierrez et al.，2008）。在机理方面，相关研究表明，注氧提高污水中溶解氧含量，一方面可以抑制 SRB 等厌氧微生物的活性，降低危害性气体的产生量；另一方面可以氧化已经生成如（硫化氢等）的部分危害性气体，抑制危害性气体的转移散逸（Nielsen et al.，2005）。

2. 控制效果

Gutierrez 等（2008）在实验室搭建的污水管道模拟装置（图 4-2），探究了注氧对污水管道中硫化物及甲烷生成的抑制效能及影响。该实验由两条实验室模拟污水管线构成：一条作为控制管线，另一条作为试验管线。在试验管线前段设置曝

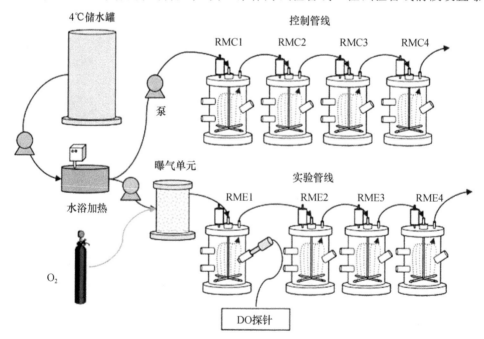

图 4-2 实验室搭建的污水管道模拟装置图（Gutierrez et al.，2008）

气单元以模拟实际污水泵站曝气注氧。每条实验管线由四个反应器组成，以模拟不同阶段的污水管道。该实验包括三个时间阶段，分别是启动、注氧和恢复阶段。实验在启动阶段培养成熟稳定的生物膜；在注氧阶段，实验管线开始曝气注氧，直至达到出水和气体组成稳定状态，表明此时注氧的效果达到极限；在恢复阶段，实验管线停止注氧，考察注氧停止后危害性气体生成恢复情况。为了最大限度模拟实际污水管道，相关实验参数均与实际管道保持相近水平。注氧对危害气体的控制效果主要通过检测注氧阶段和恢复阶段控制及实验管线各个反应器中污水水质和气相组成变化情况进行分析。

图 4-3 表明，通过对比试验和控制管线 4 号反应器硫化物浓度可知，注氧后的硫化物浓度降低，但是硫化物生成曲线有着相似的斜率，这表明注氧不会影响硫化物的产生速度，只是限制了硫化物的积累。注氧抑制效果与氧注入位置和频率有关。从图 4-4 可以发现，注氧后 DO 浓度与注氧泵运行频率呈正相关，在试验管线前段且泵运行越频繁，DO 浓度越高，此时硫化氢越低，相较于控制管线，注氧控制管线出口处硫化物的排放总量减少 65%。

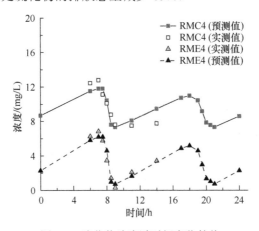

图 4-3　硫化物浓度随时间变化趋势

图 4-5 显示的是注氧后物质恢复情况。注氧条件下水质各组分浓度会发生变化，当溶解氧浓度较高时，硫酸盐浓度高，硫化物浓度较低，但是挥发性脂肪酸（VFA）消耗速度快，较快的 VFA 消耗速率会促进厌氧状态的恢复。溶解氧消耗后厌氧状态恢复，硫酸盐浓度开始继续降低，硫化物浓度迅速增加，VFA 浓度趋于平稳。注氧后吸氧速率（oxygen uptake rates，OUR）大大增加，同时 VFA 消耗速度也迅速增加。停止注氧后，OUR 和 VFA 消耗速度仍然保持较高的水平。原因可能在于注入氧气后会导致异养微生物大量增殖，此时由于微生物的好氧呼吸作用，DO 下降的速度也会逐渐增加。同时，注氧后生物膜中的 SRB 不会失活，对反应器生物膜微生物群落结构分析发现，SRB 菌数量上没有受到氧气的影响。

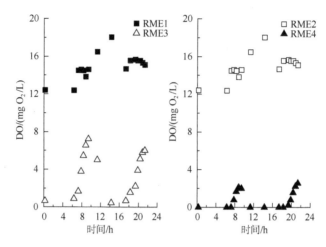

图 4-4 试验管线 24h 内不同反应器的 DO

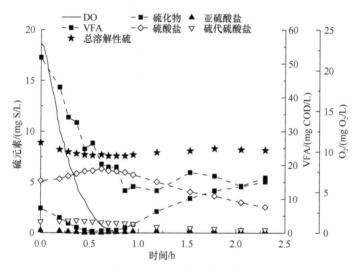

图 4-5 注氧后物质恢复情况

注氧会降低硫酸盐在上游的消耗量，使下游的硫酸盐浓度大大增加，且 SRB 数量没有显著变化，因此一旦恢复厌氧条件，下游硫化物的产量会大大增加。总体来看，该研究表明注氧在短期内控制硫化物效能显著，但是长期的控制效果不理想，且注氧过程生物膜厚度增加，其效率会逐渐下降。除此之外，注氧会加大污水管网中有机物的消耗，对总氮较高的污水后续脱氮处理会造成不利影响（张团结等，2013）。

在控制甲烷方面，研究发现，长期注氧会显著降低甲烷的产生速率，降低甲烷浓度。Lin 等（2017）注氧实验发现注氧后甲烷的最大产率降低了 66%，但控制效果沿程会有降低。作者通过 FISH 方法探究了长期注氧对微生物群落的影响，结果发现，注氧后古菌的相对丰度从 56% 降低至 41%（表 4-1）。从分子生物学角度说明了注氧对控制污水管道甲烷产生的积极作用。

表 4-1　鼓风注氧前后古菌与细菌占比　　　　　（单位：%）

项目	注氧前		O₂ 稳定状态	
	第一次检测	第二次检测	不注氧	注氧
古菌/%	52.9±7.3	56.2±3.7	60.1±5.0	41.0±7.2
细菌/%	47.1	43.8	30.9	59.0

3. 存在问题

注氧不需要投加化学物质，是一种有效的污水管道危害气体控制技术，且具有较好的经济性能。其主要限制是一些系统中由于投加位置和（或）投加速率的不当而性能较差。在正常的污水管道条件下，溶解氧不能完全渗透到生物膜中，因此，在生物膜的厌氧内部继续产生硫化物。MA 也是如此，因为它们生长在生物膜的深层，氧气只能部分抑制它们的活性。因此，在整个污水管道中不能维持好氧条件，硫化物的产生仍在发生。同时，氧在水中的溶解度较低，注氧效率较低，目前注氧技术仅适用于压力流污水管道危害气体控制，如何提高注氧效率，是该技术应用于重力流污水管道的重要课题。除此之外，通风设备的能耗也是一个不可忽视的问题。

4.2.2　亚硝酸盐

1. 控制原理

亚硝酸盐对 SRB 具有毒性，能够抑制 SRB 中的异化亚硫酸盐还原酶基因，抑制硫酸盐的还原过程。亚硝酸盐在水解作用下生成游离性亚硝酸（FNA），进一步降低微生物的 ATP 水平，并破坏 SRB 遗传物质结构，抑制 SRB 的活性其至杀死 SRB，达到控制硫化物生成的效果。另外，如式（4-1）所示，FNA 会分解形成一些衍生物，其中的小分子如 N_2O_3、NO_2^- 和 NO 能够穿过细胞膜，产生过氧化作用，使蛋白质变性，灭活 SRB 菌。

$$HNO_2 + HNO_2 \rightleftharpoons N_2O_3 + H_2O \rightleftharpoons NO + NO_2^- + H_2O \quad (4-1)$$

此外，亚硝酸盐能够促使生物膜表层的硫氧化–亚硝酸盐还原（soNRB）大量繁殖。soNRB 可以利用亚硝酸盐将硫化物氧化为单质硫（S^0）或 SO_4^{2-}，去除已生成的硫化物。该过程生成的中间产物 S^0 和多硫化物会储存于生物膜中，在停止加药后，即使污水中含有大量硫酸盐，SRB 依然优先利用这部分硫物质作为电子受体，仍会产生硫化物。

在控制甲烷产生方面，亚硝酸盐可以提高污水的氧化还原电位，抑制产甲烷菌的活性，减少甲烷的产生。研究显示，亚硝酸盐在消耗过程中会生成 N_2O，N_2O 是除亚硝酸盐外，抑制 MA 的产甲烷活性的重要物质。此外，亚硝酸盐会促进甲烷氧化菌的繁殖，而甲烷氧化菌可以在缺氧条件下利用亚硝酸盐氧化已产生的甲烷。

2. 控制效果

亚硝酸盐对微生物产硫速率的抑制效果与其应用浓度和应用的持续时间成正比。表 4-2 和表 4-3 分别显示的是亚硝酸盐投加对硫化物和甲烷产生的控制效果，可以看出，亚硝酸盐的最佳应用浓度为 80mg/L，通过 22d 的统计，SRB 的产硫速率能够被控制在 0.2mg/(L·h)以下，完全恢复需要 80d 的时间。在 80mg/L 应用浓度的基础上，降低应用浓度会弱化控制效果，而提高应用浓度对控制效果的提高则较为微小。对于甲烷来说，仅需 40mg/L 的亚硝酸盐就能够将甲烷产率降低 99%以上，停止加药 90d 后仅恢复 60%。

表 4-2　亚硝酸盐投加对硫化物产生的控制效果

NO₂-N 投加量 /（mg/L）	持续时间/d	初始产硫速率 /[mg/(L·h)]	加药后产硫速率 /[mg/(L·h)]	恢复时间/d	恢复比例/%
40	22	4	0.7	60	100
80	22	4	0.2	80	100
120	22	4	0.2	100	100
20～140	4	4.6±0.2	0.3±0.1	75	100

表 4-3　亚硝酸盐投加对甲烷产生的控制效果

NO₂-N 投加量 /（mg/L）	持续时间/d	初始产甲烷速率 /[mg/(L·h)]	加药后产甲烷速率 /[mg/(L·h)]	恢复时间/d	恢复比例/%
40	2	65	0.5	90	60
20～140	4	14.8±0.7	0.1±0.1	75	42

游离亚硝酸（FNA）对微生物产硫速率的抑制效果与其应用浓度和应用的持续时间成正比。表 4-4 和表 4-5 分别显示的是 FNA 投加对硫化物和甲烷产生的控制效果，可以看出，FNA 的最佳应用浓度为 0.18mg/L，通过 6h 的投加，SRB 的产硫速率降低了 80%，停止加药 14d 后仅能恢复至 70%。该结果与 FNA 投加量为 0.26mg/L，持续时间为 12h 的控制效果相近，但加药量降低 60%以上。在 0.18mg/L 的浓度和 6h 的持续投加时间基础上，降低 FNA 浓度会弱化控制效果，而提高 FNA 浓度对控制效果的提高则较为微小，且加药量会大幅提高，经济性降低。对于甲烷来说，仅需投加 0.09mg/L 的 FNA 并持续 6h 就能够将甲烷产率降低

95%以上，停止加药 60d 后仅恢复 50%。

表 4-4　FNA 投加对硫化物产生的控制效果

FNA 投加量/（mg/L）	持续时间/h	产硫速率降低比率/%	恢复时间/d	恢复比例/%
0.26	12	80	10	50
0.18	6	80	14	70
0.09	6	60	14	70
0.045	6	50	14	90

表 4-5　FNA 投加对甲烷产生的控制效果

FNA 投加量/（mg/L）	持续时间/h	产甲烷速率降低比率/%	恢复时间/d	恢复比例/%
0.26	12	98	10	20
0.18	6	95	60	40
0.09	6	95	60	50
0.045	6	95	60	70

3. 存在问题

生物膜结构对亚硝酸盐和 FNA 的灭菌能力有一定的负面影响，传质的限制使得亚硝酸盐和 FNA 难以扩散至生物膜深层，灭活生物膜深层的 MA。药物的长期应用能够破坏生物膜，提升两者的控制效果，但药物的消耗速率也会随之增加。在应用亚硝酸盐控制硫化物时，其投加浓度需大于 50mg N/L，低于这一浓度时，即使延长加药时间也难以将控制效果进一步提高至 90%（将产硫速率降低 90%）。

4.2.3　硝酸盐

1. 控制原理

厌氧环境是 SRB 还原 SO_4^{2-} 的必要条件（Nielsen et al.，2015），只有在氧化还原电位（ORP）低于 150mV 时，SRB 才能以较快速率还原 SO_4^{2-}，释放 S^{2-}（Wieringa，1939）。而硝酸盐能够有效提高污水的 ORP，破坏污水的厌氧状态并将其转化为缺氧状态，通过对 SRB 繁殖速率和硫酸盐还原活性的抑制，实现对 S^{2-} 的控制（Poduska and Anderson，1981）。

如图 4-6 所示，除直接抑制 SRB 之外，硝酸盐能够促使生物膜表层的硝酸盐还原-硫氧化菌（soNRB）大量增殖，如脱氮硫杆菌（*Thiobacillus denitrificans*）、脱氮硫微螺菌（*Thiomicrospira denitrificans*）和脱氮副球菌（*Thiosphera pantotropha*）等。soNRB 可以以硝酸盐作为电子受体将 S^{2-}、HS^- 和 H_2S 氧化为单质硫（S^0）或 SO_4^{2-}，具有较高的氧化速率（SO_4^{2-} 和 S^0 还原速率的 20～30 倍），使其能够去除已生成的 S^{2-}（Jiang et al.，2009）。根据菌种的不同，S^{2-}、HS^- 和 H_2S 的氧化有两种途径：①在不同菌种作用下，首先硫化物被氧化为单质硫，再进一步将单质硫氧化为 SO_4^{2-}，如式（4-2）和式（4-3）所示（Li et al.，2009）；②由单一菌种直接将 S^{2-}、HS^- 和 H_2S 氧化为 SO_4^{2-}。单质硫的低溶解度使其氧化速率较低，约为硫化物氧化速率的 15%，这就导致大量未被氧化的单质硫积累于生物膜内。

$$5S^{2-} + 2NO_3^- + 12H^+ \longrightarrow 5S^0 + N_2 + 6H_2O \qquad (4-2)$$

$$5S^0 + 6NO_3^- + 2H_2O \longrightarrow 5SO_4^{2-} + 3N_2 + 4H^+ \qquad (4-3)$$

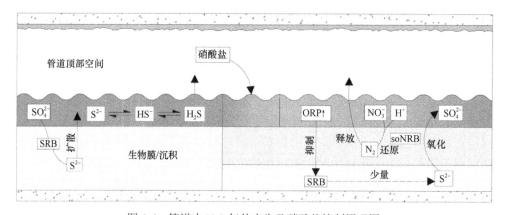

图 4-6　管道中 H_2S 气体产生及硝酸盐控制原理图

soNRB 在氧化硫的同时会消耗氢离子，污水 pH 升高至 7.9～8.3（Mohanakrishnan et al.，2009），使污水中硫化氢分子的占比降至 5%左右（图 4-1），显著减少了硫化氢向管顶气相空间的释放量，而 HS^- 占比的上升则会促进 soNRB 的硫氧化活性（HS^- 更易被 soNRB 氧化），提高硝酸盐的控制效果（Park et al.，2014）。在 S^{2-} 耗尽后，soNRB 能够利用硝酸盐，通过异养反硝化维持活性，使其能够在 S^{2-} 再次出现时有较高的硫氧化速率。异养反硝化过程可由式（4-4）表示（Mathioudakis et al.，2006）。除此之外，硝酸盐也能够通过化学作用，直接将硫化物氧化为 SO_4^{2-}，该过程可由式（4-5）表示（Yang et al.，2004）。但硫化物的化学氧化效率较低，仅为生物代谢作用的 7.8%（Mohanakrishnan et al.，2009）。

$$5CH_3OH + 6NO_3^- + H^+ \longrightarrow 5HCO_3^- + 3N_2 + 8H_2O \qquad (4-4)$$

$$8H^+ + 5S^{2-} + 8NO_3^- \longrightarrow 5SO_4^{2-} + 4N_2 + 4H_2O \qquad (4-5)$$

2. 控制效果

相关实验结果表明，投加 30mg/L 的 NO_3^--N 就能将硫化物浓度控制在 2mg/L 以下，且硫化物的去除率可达 80% 以上（表 4-6 和表 4-7）。研究显示，硝酸盐投加控制效果显著受硫化物的本底浓度、硝酸盐的投加量和投加方式影响。如表 4-6 和表 4-7 所示，硫化物的加药前浓度的增加会提高硝酸盐利用率，但会导致硫化物去除率的降低；虽然增加硝酸盐投加量会提高硫化物的去除量和去除率，但会导致硝酸盐利用率的降低；研究表明，NO_3^--N/S^{2-} 比的最佳范围为 0.5～0.6g/g（Liu Y C et al.，2015a），略高于硝酸盐将 S^{2-} 氧化为单质硫（S^0）的理论 NO_3^--N/S^{2-} 比（0.18～0.44g/g），这与加药后单质硫与 SO_4^{2-} 同时出现的现象相符。与持续投加相比，间歇投加能够提高硝酸盐利用率，但控制效果有小幅下降（Liu Y C et al.，2015a），而在下游（出水口前端）投加能够大幅提高控制效果，但硝酸盐利用率有小幅下降（Auguet et al.，2015）。此外，提高污水 pH 能够显著提高硫化物的转化速率。

表 4-6　实验室小试的控制参数及控制效果

序号	NO_3^--N 投加量 /（mg/L）	投加方式	初始 S^{2-} 浓度 /（mg/L）	加药后 S^{2-} 浓度 /（mg/L）	去除率/%	硝酸盐利用率 /（mg/mg）
1	15	持续投加	2.5±1.2	0.2±0.2	90～100	0.247
2	30	持续投加	10	2	80	0.267
3	30	持续投加	11.7±0.3	4±0.2	64	0.267
4	30	持续投加	17.7±0.8	0	100	0.567～0.617
5	10	间歇投加	25	10	60	1.5
6	47±13	下游投加	17.7±1.0	0	100	0.278～0.55

表 4-7　现场试验的控制参数及控制效果

序号	管长/km	NO_3^--N 投加量 /（mg/L）	初始 S^{2-} 浓度 /（mg/L）	加药后 S^{2-} 浓度 /（mg/L）	去除率/%	硝酸盐利用率 /（mg/mg）
1	61	5	1	0	100	0.2
2	2.4	10	4.2	0.2	95.2	0.4
3	5.0	40	10～20	2～3	80～85	0.2～0.45
4	6.7	30	15～25	1	93～96	0.47～0.8

如表 4-8 所示，S^{2-} 的转化速率会随着 NO_3^--N/S^{2-} 比的降低和 pH 的升高而显著提高。研究显示，NO_3^--N/S^{2-} 比的最佳范围为 0.5～0.6g/g（Liu Y C et al.，2015a），

略高于硝酸盐将 S^{2-} 氧化为单质硫（S^0）的理论 $NO_3^- \text{-} N/S^{2-}$ 比（0.18～0.44g/g），这与加药后单质硫与 SO_4^{2-} 同时出现的现象相符。

表4-8 不同 $NO_3^- \text{-} N/S^{2-}$ 比和 pH 下的 S^{2-} 转化速率

序号	$NO_3^- \text{-} N/S^{2-}$ 比/（g/g）	pH	S^{2-}的转化速率/[mg/(L·h)]
1	4.6	—	0.03
2	1.7	—	0.92
3	1.4	—	0.64
4	0.7	—	2.10
5	—	7.0	0.48
6	—	8.5	0.62

3. 硝酸盐的消耗

在污水管道中，硝酸盐首先被还原为亚硝酸盐，进而被转化为氮气，其消耗规律可以采用莫诺方程进行描述。其中，硝酸盐和亚硝酸盐的消耗速率可分别表示为式（4-6）和式（4-7）（Abdul-Talib et al.，2002）：

$$\text{NUR} = (\text{NUR}_{\max}) \frac{S_{\text{NO}_3}}{K_{\text{NO}_3} + S_{\text{NO}_3}} \tag{4-6}$$

$$\text{NUR} = (\text{NUR}_{\max}) \frac{S_{\text{NO}_2}}{K_{\text{NO}_2} + S_{\text{NO}_2}} \tag{4-7}$$

式中，NUR 为 NO_3-N 消耗速率[mg/(L·h)]；$\text{NUR}_{\max}$ 为 NO_3-N 最大消耗速率[mg/(L·h)]；K_{NO_3} 为 NO_3-N 消耗速率半饱和常数，常取 0.76mg/L；S_{NO_3} 为 NO_3-N 浓度（mg/L）；S_{NO_2} 为 NO_2-N 浓度（mg/L）；K_{NO_2} 为 NO_2-N 消耗速率半饱和常数，常取 0.33mg/L。

在消耗速率模型的基础上，Abdul-Talib 等（2005）根据 WATS 模型（Vollertsen et al.，2002）提出了硝酸盐浓度衰减动力学模型，这一模型能够根据硝酸盐的消耗速率和污水的水力停留时间估算硝酸盐的剩余浓度，确定硝酸盐的投加量等控制参数，指导实践。模型如式（4-8）和式（4-9）所示（Abdul-Talib et al.，2005）：

$$S_{\text{NO}_3}(t) = S_{\text{NO}_3}(t-1) - \left(\frac{1-Y_\text{H}}{Y_\text{H}} \right) \left(\frac{1}{1.14} \mu_{\text{HNO3I}} \frac{S_{\text{NO}_3}(t)}{K_{\text{NO}_{3I}} + S_{\text{NO}_3}(t)} X_{\text{Bw}}(t) \right) \Delta t \tag{4-8}$$

$$S_{NO_2}(t) = S_{NO_2}(t-1) - \left(\frac{1-Y_H}{Y_H}\right)\left[\left(\frac{1}{1.14}\mu_{HNO3I}\frac{S_{NO_3}(t)}{K_{NO3I}+S_{NO_3}(t)}X_{Bw}(t)\right)\right.$$

$$-\frac{1}{1.71}\left(\mu_{HNO2I}\frac{S_{NO_3}(t)}{K_{NO3I}+S_{NO_3}(t)}\frac{S_{NO_2}(t)}{K_{NO2I}+S_{NO_2}(t)}X_{Bw}(t)\right)$$

$$\left.-\frac{1}{1.71}\left(\mu_{HNO2II}\frac{K_{NO3II}}{K_{NO3II}+S_{NO_3}(t)}\frac{S_{NO_2}(t)}{K_{NO2II}+S_{NO_2}(t)}X_{Bw}(t)\right)\right]\Delta t \qquad (4\text{-}9)$$

式中，S_{NO_3} 为 NO3-N 浓度（mg/L）；S_{NO_2} 为 NO2-N 浓度（mg/L）；Δt 为时间间隔；X_{Bw} 为活性微生物量（以 COD 表征）（mg/L）；μ_{HNO3I} 为第一阶段中硝酸盐还原菌的最大增殖速率（d^{-1}）；μ_{HNO2I} 为第一阶段中亚硝酸盐还原菌的最大增殖速率（d^{-1}）；μ_{HNO2II} 为第二阶段中亚硝酸盐还原菌的最大增殖速率（d^{-1}）；K_{NO3I} 和 K_{NO3II} 分别为第一阶段和第二阶段中硝酸盐的半饱和常数（mg/L）；K_{NO2I} 和 K_{NO2II} 分别为第一阶段和第二阶段中亚硝酸盐的半饱和常数（mg/L）；Y_H 为缺氧状态下微生物的生长常数。

4. 硝酸盐对微生物群落的影响

硝酸盐会改变管道中微生物的群落结构，并由此实现对 S^{2-} 的控制。研究表明，硝酸盐对微生物的影响主要有三种表现形式，即生物膜纵深方向上的变化、微生物群落结构的变化、SRB 与 soNRB 间的竞争/协同作用。

1）生物膜纵深方向上的变化——生物相分层

污水中各组分在生物膜内的渗透深度不同（COD > SO_4^{2-} > NO_3^-），这就导致生物膜内出现生物相分层的现象（Jiang et al.，2013）。在加药前，硫酸盐还原菌活动区域主要位于生物膜表面 0～500μm 深度范围内，产甲烷菌活动区域则在 500μm 深度以下（Okabe et al.，2003）。投加硝酸盐后，生物膜内各个功能区域的位置和深度都会发生改变，从表面至内部分别为硫氧化区域（soNRB 氧化 S^{2-} 的主要区域）、硫酸盐还原菌活动区域和产甲烷菌活动区域，分别位于表面以下的 0～700μm 处、600～1000μm 处和 900μm 以下。在长期加药之后，物质渗透深度大幅降低，NO_3^- 从 700μm 降至 350μm，SO_4^{2-} 则从 1000μm 降至 500μm，各区域的位置也随之变化（Jiang et al.，2013）。

在重力管底的沉积中同样存在生物相分层现象。实验显示，加药前，硫酸盐还原菌活动区域主要集中于沉积表层 0～0.2mm 深度范围内，产甲烷区域则位于表层以下 0~20mm 深度范围内（Liu Y W et al.，2015）。投加硝酸盐后，表层以下 4~6mm 处形成硫氧化菌活动区域，硫酸盐还原菌活动区域降至 6~10mm 处，产甲烷菌活动区域则转移至 10~25mm 处（Liu Y W et al.，2015）。

2）微生物群落结构的变化

研究显示，soNRB 中的 β-变形菌受硝酸盐影响最大，其中，*Simplicispira*、丛毛单胞菌（*Comamonas*）、*Azonexus* 和 *Thauera*（Bruce et al.，2001）的相对丰度增加趋势明显，分别从 0.6%、0.2%、0.3%和 1.1%增加至 33.3%、6.4%、5.4%和 5.1%。此外，能够将硫化物氧化为单质硫的兼性厌氧菌 *Dechloromonas agitata* 的相对丰度也从 0.5%增加至 3.1%（Auguet et al.，2015）。除 soNRB 外，甲烷氧化菌也有显著增加，甲基微菌属 BG8 和 Methylobacter whittenburyi 1521（Kits et al.，2013）的相对丰度从 0 增加至 1.8%（Auguet et al.，2015）。与 soNRB 和甲烷氧化菌相反，SRB 的相对丰度大幅降低，δ-变形菌属从 8.4%降至 1.3%（Auguet et al.，2015）。产甲烷菌受硝酸盐影响较小，但各菌属占比有小幅变化，甲烷细菌属从 6.6%降至 1.1%，甲烷丝菌属则从 93.1% 增加至 98.8%（Auguet et al.，2015）。

3）SRB 与 soNRB 间的竞争/协同作用

在硝酸盐影响下，生物膜内的 soNRB 大量繁殖，soNRB 对有机物的竞争（Guisasola et al.，2009）减少了 SRB 可利用的有机物，使得硫化物的生成速率下降（Kleinjan et al.，2010）。除竞争关系外，SRB 和 soNRB 之间也存在着协同关系，soNRB 对 S^{2-} 的消耗会提高 SRB 的硫酸盐还原活性。实验显示，投加硝酸盐一段时间之后，S^{2-} 的产率分别从 3.8mg/(L·h)和 6mg/(L·h)增加至 5.0mg/(L·h)和 12mg/(L·h)，上升幅度分别为 31.6%和 100%（Mathioudakis et al.，2006；Jiang et al.，2013）。

5. 存在问题

硝酸盐难以彻底灭活 SRB，而是抑制其硫酸盐还原活性。硝酸盐耗尽后，SRB 的硫酸盐还原活性逐渐恢复，硫化物再次产生。此外，由于 soNRB 氧化硫化物和单质硫的速率不同，部分硫化物转化为亚微米级至微米级的硫单质颗粒积累于生物膜中。在硝酸盐耗尽后，这部分单质硫会被硫还原菌重新还原为硫化物释放至污水中。为解决这一问题，研究人员向管道中投加数倍于原本剂量的硝酸盐，但加药量的增加又引发新一轮的水质后续处理难度增加问题，且不具经济性。如相关研究显示，每增加 30mg/L 的 NO_3^--N 就会增加 120~150mg/L 易降解 COD 的消耗，增加污水硝态氮 3mg/L，亚硝态氮 6mg/L，有机物的减少和氮的增加对后续污水处理有一定不良影响。

利用硝酸盐控制硫化物会导致温室气体 N_2O 的积累和释放，其温室效应是二氧化碳的 296 倍。N_2O 产生的主要原因是 soNRB 的 N_2O 还原活性被二价硫（S^{2-}、HS^- 和 H_2S）抑制，但直接抑制剂还有争议。部分学者认为直接抑制剂是 H_2S 分子，但也有研究显示，直接抑制剂为 S^{2-}，因为 S^{2-} 会将 N_2O 还原酶所需的铜沉淀，降低 soNRB 的 N_2O 还原速率。因此，需要进一步研究确定 N_2O 还原的直接抑制剂。除 N_2O 之外，硝酸盐的投加还会导致二甲基三硫化物（DMTS）的产生。DMTS 的气味阈值浓度（OTC）极低，仅为 10ng/L，是排水管道内的主要气味物质之一。DMTS 主要来源于 soNRB 中假单胞菌代谢产生的单质硫（S^0）与 S^{2-} 结合形成的多硫化物（S_n^{2-}）。在甲基转移酶的作用下，多硫化物（S_n^{2-}）被转化为 DMTS。此外，有机硫物质的降解和 S^{2-} 的甲基化也是 DMTS 形成的重要途径。

4.2.4　碱冲击

1. 控制原理

生活污水 pH 通常小于 8，由图 4-1 得知，管道污水中硫化物主要以 H_2S 或 HS^- 形式存在，其比例取决于污水的具体 pH（Yongsiri et al.，2003）。因此，升高 pH 可以大幅度降低溶解的硫化氢分子的比例。在一定的总溶解硫化物浓度下，pH 的升高可以显著降低溶解分子硫化氢的浓度。pH 为 8.0 时，只有约 8%的硫化物以硫化氢分子形式存在，而 pH 为 9.0 时，硫化氢分子的比例降至 1%以下。考虑只有分子态 H_2S 可以通过空气–水界面转移到管道气相空间中，因此，提高污水 pH 可有效降低硫化物的散逸。另外，提高 pH 可以抑制 SRB 及 MA 的增殖与代谢（Chen et al.，2008），抑制硫化物及甲烷的生成。

2. 控制效果

在 pH 8.0 时，只有约 8%的硫化物以溶解态硫化氢的形式存在，而在 pH 9.0 时，硫化氢的含量降至 1%以下。考虑只有分子硫化氢可以通过空气–水界面转移到下水道大气中，pH 的升高降低了硫化氢气体向大气的释放（Gutierrez et al.，2009）。

由于实际和安全原因，将 pH 提高到 9.0 左右是废水行业常用的硫化物控制策略。用于硫化物控制的商用碱产品通常为氢氧化镁［$Mg(OH)_2$］。$Mg(OH)_2$ 是一种非危险化学品，与其他碱［碱（NaOH）］或石灰（CaO）相比，属于弱碱类，易于处理和储存。$Mg(OH)_2$ 的自缓冲特性可以使污水管道中充满残余或未反应的碱度，在污水 pH 再次降低的情况下，可以继续提高污水的 pH，从而延长硫化物控制的有效期。由于 $Mg(OH)_2$ 在水中的溶解度有限，投加 $Mg(OH)_2$ 可达到的最大 pH

约为 9.0,这一水平不会危及下游生物废水处理厂的效能(Gutierrez et al.,2009)。

另一种控制硫化物的策略,是短时间内将 pH 提高,即 pH 冲击策略。在《硫化氢控制手册》(1989 年)中报告的现场试验中观察到,通过短时间使用苛性钠,pH 急剧上升至 12 或以上,导致硫化物生产完全受到抑制。

3. 存在问题

周期性的苛性冲击负荷,通过短时间(即 2~6h)将污水的 pH 提高到 10.5 以上,依赖于从下水管道中去除生物膜以及使负责硫化氢形成的剩余生物膜中的 SRB 活性失活。尽管被认为是一种经济有效的方法,但下水管道生物膜在给药事件后并没有完全去除。由于剩余生物膜中的 SRB 活性未被完全抑制,因此硫化物仍在生成,大多数情况下,硫化物生产在 1~2 周内完全恢复。为了保持硫化物的低产量,必须定期(如每周)进行 pH 冲击。与 $Mg(OH)_2$ 提高 pH 相比,pH 冲击策略有几个缺点:高 pH 可能会干扰下游处理设施的运行(Parsons et al.,2003;Portch and van Merkestein,2003)。因此,需要一个缓冲罐来临时储存废水。此外,高 pH 还可能导致碳酸盐沉淀、污泥生成和氨气释放等其他问题(Hvited-Jacobsen and Vollertsen,2004)。

4.2.5 铁盐和含铁化合物

1. 控制原理

向污水中投加二价及三价铁盐物质,或铁的化合物(赤铁矿、氧化铁等),可有效控制污水管道危害气体的生成。铁盐控制污水管道硫化物的原理主要分为化学反应和生物抑制两类。如式(4-10)和式(4-11)所示,Fe^{3+} 投加到污水中,与硫化物发生化学反应,硫化物被氧化为单质硫,而 Fe^{3+} 则被还原成 Fe^{2+},生成的 Fe^{2+} 会继续与水中的硫化物反应生成 FeS 沉淀,进一步降低污水中溶解性硫化物(Firer et al.,2008)。形成的 FeS 等沉淀物覆盖在生物膜表面或者沉积物表面,限制营养物质的传质,可以抑制微生物的活性。此外,铁盐投加促进了铁还原菌的生长,与 SRB 等菌群竞争营养物质,使 SRB 等菌群活性受到抑制。

$$2Fe^{3+} + S^{2-} \longrightarrow 2Fe^{2+} + S^0 \tag{4-10}$$

$$Fe^{2+} + HS^- \longrightarrow FeS\downarrow + H^+ \tag{4-11}$$

$$k_3 = 6.3 \times 10^{-18}(25℃)$$

除铁盐外,诸多研究表明各类天然的和人工合成的氧化铁物质颗粒/粉末对水中硫化物的控制有着极好的效果,其中,天然的主要铁矿物质诸如磁铁矿(Fe_3O_4)、赤铁矿(α-Fe_2O_3)、针铁矿(α-FeOOH)和纤铁矿(γ-FeOOH)等,人工合成的主要是水合氧化铁（HFO）和生锈的废铁颗粒（RWIC）。据 Yao 和 Millero（1996）的研究，这些铁氧化物控制硫化物的主要反应是表面反应过程，其主要的反应机理如下。

（1）表面复合物的形成：

$$>Fe^{III}OH+HS^- \longrightarrow Fe^{III}S^-+H_2O \qquad (4\text{-}12)$$

（2）电子转移：

$$>Fe^{III}S^- \longrightarrow Fe^{II}S \qquad (4\text{-}13)$$

（3）氧化产物的释放：

$$>Fe^{III}S+H_2O \longrightarrow Fe^{II}OH_2^+ +S^- \qquad (4\text{-}14)$$

（4）Fe（Ⅱ）的脱附：

$$>Fe^{II}OH_2^+ \longrightarrow 新的表明位点+Fe^{2+} \qquad (4\text{-}15)$$

通常假定表面复合物的形成[式（4-12）]在氧化物表面迅速发生，然后进行电子转移[式（4-13）]。释放出 S·自由基[式（4-14）]并迅速还原额外的 Fe（Ⅲ）离子，从而形成较高氧化态的硫物质。在氧化物表面产生的 Fe（Ⅱ）释放到溶液中[式（4-15）]。在反应物为水铁矿、HFO 和针铁矿氧化硫化物的情况下，最终氧化的硫产物主要是元素硫[式（4-16）]（Poulton et al.，2003）和 Fe（Ⅱ）释放出的可能与其他溶解的硫化物反应生成 FeS[式(4-11)]：

$$8>Fe^{III}OH+8S^- \longrightarrow S_8^0 + 8Fe^{2+} \qquad (4\text{-}16)$$

2. 控制效果

1）铁盐

铁盐投加主要包括二价和三价铁盐两种，它们对硫化物产生的控制效果的说法还不统一。有研究表明 Fe^{3+} 比 Fe^{2+} 更有效，即 Fe^{3+} 完全控制 S^{2-} 所需的铁剂量比 Fe^{2+} 低 20%（Tomar and Abdullah，1994）。但令人疑惑的是，有研究显示 Fe^{2+} 在控制溶解 S^{2-} 浓度方面的效果是 Fe^{3+} 的 2 倍以上（Jameel，1989）。此外，有研究表明，Fe^{2+} 和 Fe^{3+} 的混合物在控制溶解 S^{2-} 浓度方面效果较好，现场实验显示 Fe^{3+} 和 Fe^{2+} 以摩尔比为 2：1 的混合物比单独使用两种盐能更有效去除污水中的 S^{2-}（Padival et al.，1995）。

铁盐投加位置同样会影响控制效果。对于铁盐的投加位置，主要分为上游投加和下游投加。上游投加，即在管道的起端投加铁盐，这样投加的铁盐会随着污水在管道中流动，从而抑制整个污水管段的 SRB 活性，因此将产生较少的 S^{2-}。上游添加铁盐的一个潜在问题是，由于为了满足控制整个管段 S^{2-} 的要求，上游投加的铁盐的量相对于上游产生的 S^{2-} 而言是过量的，因此对铁盐的利用率不高

（Zhang et al., 2009）。在这种情况下，铁盐将首先与其他阴离子沉淀，如磷酸盐和氢氧化物（Zhang et al., 2009），使得铁盐的利用率降低，成本增加。

污水管道中的 H_2S 一般都在水流速度变化时（释压时）释放，如汇流、管道变径及转弯等下游，即污水支管汇流到干管处或者管道变径转弯处。对于下游投加，能够准确计算上游来水的 S^{2-} 含量，从而精准控制铁盐的投加量，有利于节约成本，但此方法的缺点是，反应时间较短，不能控制上游的硫化氢（Gutierrez et al., 2010；Bruno et al., 2018a）。

2）铁基氧化物

由于氧化铁颗粒组成成分和晶体形态的不同，其控制速率也存在着极大差别，Poulton 等（2004）根据各种铁氧化物的反应速率常数分析得到，各种铁氧化物的反应活性遵循以下顺序：针铁矿<赤铁矿<磁铁矿 ≪ 纤铁矿≈HFO。

综合各种研究结果，表 4-9 中列出了一些氧化铁物质对水中硫化物的控制结果。具体来说，Zhang 等（2016）的研究将粉末状磁铁矿和赤铁矿直接加入污水中控制污水中硫化物，结果表明，粉末状磁铁矿和赤铁矿添加剂比 $FeCl_3$ 和 $FeSO_4$ 更有效地减少了污水中硫化物的产量，其中磁铁矿去除硫化物能力约为 128.3mg S/g，赤铁矿去除硫化物能力约为 102.3mg S/g，且不会对污水的 pH 和 ORP 产生影响，成本相较于铁盐只有 30%。

表 4-9 不同氧化铁物质对水中硫化物控制的比较

铁基物质类型	主要成分	颗粒粒径	水中硫化物控制能力 / （mg S/g Fe 颗粒）	再生后的硫化物控制能力 / （mg S/g Fe 颗粒）
赤铁矿	α-Fe_2O_3	45～60μm	128.3	—
磁铁矿	Fe_3O_4	45～60μm	102.3	—
GFH	β-FeOOH	0.075～2mm	68.34	57.49～77.49
GFO	α-FeOOH	0.075～2mm	37.8	45.4
RWIC	无定形 FeOOH	0.075～2mm	114	129～138

Sun 等（2013，2014）提出了一种基于可再生的铁颗粒的技术去除箱形涵洞和雨水渠中的沉积物及水中的硫化氢的技术，该技术应用了三种颗粒状铁基颗粒，即 GFH（β-FeOOH）、GFO（α-FeOOH）和生锈的废铁颗粒（RWIC），这三种铁颗粒在与沉积物混合后，可以很好地控制沉积物所产生的硫化物，将硫容耗尽的铁颗粒暴露于含有溶解氧的水中，且恢复后的铁颗粒的硫化物去除能力相较于原始铁颗粒来说不仅没有降低，反而有所增加，这主要是由于再生过程中铁颗粒会破裂形成新的反应位点，同时再生形成的非晶态铁氢氧化物也具有更高的反应活性。除了应用注氧的方法进行铁颗粒的再生外，Yin 等（2018）提出使用过硫酸盐、氯化物和过氧化物氢再生 GHF 用于原位控制硫化氢，原始 GFH、过硫酸盐、

氯和过氧化物再生的 GFH 的硫化氢去除能力分别为 68.34mg S/g Fe 颗粒、77.49mg S/g Fe 颗粒、67.87mg S/g Fe 颗粒和 57.59mg S/gFe 颗粒。上述的铁颗粒再生的方法都存在难以应用或者再生代价大等问题，基于 RWIC 特殊 $Fe^0@Fe^{III}$ 壳核结构、高效的硫化物去除能力以及低廉的价格，Sun 和 Yang（2019）将铁颗粒生锈形成的 $Fe^0@Fe^{III}$ 壳核颗粒（RWIC）用于河流沉积物中的原位硫化氢控制，并通过磁分离再生，发现在添加量为 $500g/m^2$ 的情况下，除去沉积物中 97% 的硫酸盐还原细菌所产生的硫化物，将硫容耗尽的 $Fe^0@Fe^{III}$ 壳核颗粒铁颗粒通过磁分离暴露于空气 12h 又再生铁颗粒，与原始颗粒相比，再生颗粒的硫化物去除能力提高了 12%～22%，在 293d 的试验中被重复使用了四次，其总的硫化物去除能力至少为 920mg S/g Fe。

直接使用氧化铁颗粒/粉末控制污水管道硫化物的研究尚不多见，但相比大剂量的投加铁盐，使用可再生的氧化铁颗粒/粉末控制污水管道存在着明显的经济和效能上的优势，基于氧化铁颗粒/粉末有序的晶体结构，其具有缓释性，从而不会对污水水质造成影响；且氧化铁颗粒/粉末多是使用天然矿物或者工业生产的废弃的铁颗粒制备而成的，具备经济优势。但从实际应用中角度考虑，这些氧化铁颗粒/粉末在污水管道的具体应用中尚需解决其投加方式和可能造成的管道堵塞问题。

3. 铁盐对微生物群落的影响

1）SRB 的变化

污水管道中的 H_2S 主要是由 SRB 产生的，污水管道中主要 SRB 为脱盐杆菌（*Dehalobacterium*）、脱硫杆菌（*Desulfobacter*）、脱硫叶菌属（*Desulfobulbus*）、脱硫球菌（*Desulfococcus*）、脱硫微生物（*Desulfomicrobium*）和脱硫弧菌（*Desulfovibrio*）（Sun J et al.，2014；Liu Y C et al.，2015b）。由于铁盐的金属毒性和投加铁盐之后会增加氧化还原电位（ORP），对硫酸盐还原菌产生影响。在压力污水管道中，由于管道中存在的生物膜厚度较薄，铁盐能与 SRB 直接接触，整个生物膜中的 SRB 均会被抑制。有研究显示，Fe^{2+} 处理后的生物膜以硫螺菌和脱硫杆菌为主，而 Fe^{3+} 处理后的生物膜则以硫螺菌为主（Bruno et al.，2018b）。但在重力式污水管道中，SRB 通常存在于管道沉积物中，当管道沉积物厚度超过 20mm 时，沉积物底层中的 SRB 通常难以被抑制（Cao et al.，2019）。

通过投加高剂量 Fe^{3+}，沉积物上层 SRB 丰度显著降低，其中，脱卤菌、脱硫杆菌、脱硫叶菌、脱硫球菌、脱硫微生物和脱硫弧菌的相对丰度分别为 0.03%、0.2%、0.3%、0.01%、0.4% 和 0.4%，而在未添加 Fe^{3+} 时分别为 0.4%、7.2%、1.5%、0.5%、4.5% 和 1.9%。并且投加高剂量 Fe^{3+} 后沉积物中 SRB 丰度最高出现在中部（Cao et al.，2019）。原因可能是沉积物较厚，投加的 Fe^{3+} 在沉积物表面能与 SRB

直接接触,而能够进入中层底层的 Fe^{3+} 的量较少,对 SRB 的抑制效果不明显。此外,由于沉积物上层的 SRB 活性被抑制,对有机物的消耗较少,更多的有机物扩散到深层,从而促进了 SRB 的生长。结果表明,高浓度 Fe^{3+} 对底泥表层中 SRB 的生长有抑制作用,而对底泥中层中 SRB 的生长有促进作用。

2)铁还原菌的影响

除了影响 SRB 的活性,Fe^{3+} 的加入也会影响铁还原菌(IRB)的活性。污水管道中常见的 IRB 为梭状芽孢杆菌(*Clostridium*)、地杆菌(*Geobacter*)和硫磺单胞菌(*Sulfurospirillum*)以及一些硫酸盐还原菌属(脱硫杆菌、脱硫球菌和脱硫弧菌)(Fredrickson and Gorby, 1996;Herrera and Videla, 2009)。在投加高剂量 Fe^{3+} 后,沉积物上层的脱硫杆菌、脱硫球菌和脱硫弧菌等受 Fe^{3+} 的毒性作用,活性受到抑制,导致 IRB 相对丰度较未投加 Fe^{3+} 时明显要低。而在沉积物的中层和底层,由于铁盐的扩散,其相对丰度明显增加(Cao et al., 2019)。

4. 存在问题

投加铁盐作为一种有效的硫化物控制方法(Hvitved-Jacobsen and Vollertsen, 2004),其最主要的缺点是会降低水的 pH(WERF, 2007;Zhang et al., 2016),影响后续处理过程的效能;铁盐投加后会快速发生水解反应生成 $Fe(OH)_3$,使得实际应用过程铁盐需要过量投加,并导致管道沉积物增加。

4.2.6 杀菌剂

杀菌剂又称为杀生剂、杀菌灭藻剂、杀微生物剂等,通常是指能有效地控制或杀死水系统中的微生物——细菌、真菌和藻类的化学制剂。向污水管道中投加杀菌剂,能够有效地抑制厌氧微生物代谢与增殖,达到控制危害气体生成的效果。目前,应用于污水管道危害气体控制的杀菌剂主要包括氧化性杀菌剂、非氧化性杀菌剂、复合型杀菌剂、水不溶性杀菌剂和多功能杀菌剂等。

1. 氧化性杀菌剂

氧化性杀菌剂具有杀菌能力强、价格便宜等特点,目前仍然是在许多领域中广泛应用的一类杀菌剂。氧化性杀菌剂包括氯系列、溴系列、卤化海因、臭氧、过氧化氢等。其对微生物的杀菌机制主要基于其强氧化性破坏微生物细胞膜结构和遗传物质等。

1)过氧化氢

在废水中添加过氧化氢进行溶解硫氧化时,过氧化氢分解为氧气和水,从而保证反应体系处于有氧状态。适宜的过氧化氢用量与硫质量比保持在$(1.3\sim4):1$ 时，溶解硫平均去除率为85%～100%，但使用寿命较短，不超过90min（USEPA，1991），需要在污水管道沿途不断添加过氧化氢。

2）液氯

液氯能将硫化物氧化成单质硫或硫酸。用液氯进行氧化反应时，适宜的液氯与硫化物质量比保持在$(9.0\sim15.0):1$（Tomar and Abdullah，1994）。由于液氯容易与废液中其他物质发生反应，去除效率低，可利用 NaClO 或 $Ca(ClO)_2$ 溶液代替液氯添加到污水管道中。此时，氧化剂用量与溶解硫质量比为$(1.8\sim2.0):1$。

3）高锰酸钾

高锰酸钾是强氧化剂，通常配置成浓度6%的高锰酸钾溶液，能将溶解硫氧化为硫酸，但费用较高，经济性较差，限制了其工程应用。

2. 非氧化性杀菌剂

1）非离子型杀菌剂

这类杀菌剂的杀菌机理是其可以渗透进入生物体内，并且与菌体内部的氨基酸形成络合物沉淀。该类型杀菌剂主要包括有机醛类、含氰类化合物、氯代酚类及其衍生物、有机锡化合物等化学剂。

醛类主要有甲醛、多聚甲醛及丙烯醛等。该类杀菌剂通过抑制细菌的细胞膜蛋白质合成中的某些过程，使蛋白质的内部结构改变而凝固，造成细菌的死亡。多聚甲醛在室温水溶液条件下能转变成甲醛，有研究表明，当甲醛浓度为 10～20mg/L 时，能够高效抑制污水管道中的硫化氢的生成；而当投药量达到 100mg/L 时，杀菌率可达 95%。但是，所有醛类杀菌剂均具有毒性，尤其是甲醛，由于其不能够自发地进行生物降解，长期使用必定会对自然环境产生严重的不良影响（Zhang et al.，2008）。

含氰类化合物。该类杀菌剂主要指二硫氰基甲烷，其是一种广谱性杀菌剂，但是其对水的 pH 十分敏感，在 pH 6～7 的范围内其比较稳定，当 pH＞9.0 时，在 2h 内其会全部分解，失去杀菌效果。

2）阳离子型杀菌剂

阳离子型杀菌剂使用广泛，如季铵盐、季鏻盐、烷基胍等，杀菌机理是由于大多数细菌细胞壁所带电荷通常为负电。

（1）季铵盐杀菌剂。该类杀菌剂是常见的阳离子杀菌剂，具有杀菌效率高、杀菌速度快的特点。季铵盐除本身的杀菌作用外，还能增强杀菌剂活性组分的杀菌效率，对黏泥具有很强的剥离作用，可以彻底消除隐藏在黏泥下面的 SRB，与其他药剂复配时还有缓蚀增效作用。研究显示，使用十二烷基二甲基苄基氯化铵（1227）杀灭 SRB 时，其杀菌效果在 24h 最佳，最佳投加量为 80mg/L，此时的杀菌率可达到 89.7%（高建富等，2013）。但是，季铵盐存在易起泡、易产生抗药性等缺点。目前研究人员通过改性研制出新型季铵盐杀菌剂，可在一定程度上改善上述缺点。

（2）季鏻盐杀菌剂。季鏻盐结构中的磷原子比氮原子的离子半径大，极化作用强，容易吸附带负电荷的菌体，因此季鏻盐是一种高效、广谱的杀菌剂。季鏻盐在杀死异养菌、厌氧菌、SRB、藻类和真菌时有很高的活性，尤其对 SRB 有很强的作用，在 1h 内就能达到 97% 以上的杀灭效果（范庆松等，2010）。但是，季鏻盐的生产成本高、价格昂贵，难以推广。

（3）烷基胍杀菌剂。该类杀菌剂的杀菌能力作用在细菌的生长分裂时期，产生的孢子在萌发时会进行呼吸作用，从而破坏细胞质和细胞壁达到有害微生物死亡的目的。烷基胍具有一切阳离子表面活性剂的优点，如易溶于水、杀菌效果好、使用方便，并且广谱抗菌、毒性小、不污染环境。由于其绿色环保特点，国外也常用其对纤维织物进行杀菌。

3）两性离子杀菌剂

两性离子杀菌剂同时带有正负电荷两种基团，因此其适用 pH 范围较大。两性离子杀菌剂普遍具有低毒、低污染、杀菌性良好、能够自行进行生物降解等优点。但目前两性离子杀菌剂种类少。

3. 复合型杀菌剂

将两种或两种以上具有协同作用的杀菌剂进行复配实验，又进行了一些与表面活性剂的复配实验，开发了一些新型的复合型杀菌剂。复合型杀菌剂通过各单剂之间的增效互补作用不同程度地提高了杀菌效率，取得了较好的杀菌效果。

4. 水不溶性杀菌剂

通过对杀菌剂单体化合物聚合或将杀菌剂官能团固载在高分子上制成了水不溶性杀菌剂，尤其以水不溶性含氮阳离子型聚合物杀菌剂杀菌效果突出，如氯甲基化的聚苯乙烯与二乙烯基苯的共聚物同 *N,N*-二甲基十二烷基胺反应制成的水不溶性杀菌剂。水不溶性杀菌剂由于其本身的不溶性具有低毒性，属于绿色环保型杀菌剂，并且能够循环使用。

5. 多功能杀菌剂

多功能杀菌剂具有多重化学剂功效、操作简便等优点，与其他类型杀菌剂相比，在投加量相同的情况下杀菌效率高，是一类新型的杀菌剂。

4.2.7　其他方法

1. 氧缓释剂

氧缓释剂在水环境中可缓慢释放氧气，一般包括 MgO_2 和 CaO_2 等。MgO_2 和 CaO_2 与水反应后释放氧气的同时产生 $Ca(OH)_2$ 和 $Mg(OH)_2$，因此，其控制危害气体的机制同注氧和提高污水 pH 类似，控制效果良好。有研究表明，用浓度 0.4% 的 MgO_2 溶液在富含硫酸盐还原细菌的环境下，40d 内能抑制硫化氢的生成。通过长时间的硫酸盐还原菌的抑制作用以及缓慢的氧释放过程，实现了高效率地抑制硫化氢生成。氧缓释剂的应用难点在于其在污水管道内如何实现固定化（Chang et al.，2007）。

2. 微生物燃料电池

微生物燃料电池是能够通过生化过程直接将化学能转变为电能并进行储存的装置，转化效率不仅取决于碳水化合物种类，同时与废水中复杂的组成物质相关。目前已开发出利用硫化氢作为燃料的固体燃料电池（Aguilar and Zha，2004）。Rabaey 等（2006）利用微生物燃料电池实现了将废水中的溶解硫转变成硫酸。在阳极室发生的硫化物氧化可产生 101MW/L 电量。微生物燃料电池通过与上游的厌氧污泥反应器相连接，溶解性硫化物去除率可达 98%。目前，正在通过改进微生物燃料电池结构，实现成本效益的经济性以及更高效的硫去除率，同时可以提供需要的电能（Zhang et al.，2008）。

3. 噬菌体

噬菌体可以杀灭大肠杆菌等多种细菌，在两周时间内将有害细菌数量降低 99%（Verthé and Verstraete，2006）。噬菌体能在一定程度上降低污水管道系统中硫酸盐还原菌及大肠杆菌的活性，同时对水体、环境和人类没有不利影响。

4. 电化学

由于铁盐降低了污水的 pH（WERF，2007；Zhang et al.，2016），这不仅降低了 S^{2-} 沉淀的有效性，还增强了残留 S^{2-} 在污水、大气中的释放。此外，由于铁盐溶液的腐蚀性，其频繁的运输与保存都存在安全上的问题（Zhang et al.，2016）。而电化学的使用能够克服上述问题。

利用通低电压的平行放置的铁电极原位产生溶解的铁物质和羟基阴离子，可以有效产生溶解性铁，用于 S^{2-} 的控制。研究显示，在较稳定的低电压下，平均

S^{2-} 去除率达 95.4%±4.4%（Lin et al.，2017a）。同时，阴极产生的羟基阴离子可以增加污水 pH，从而避免铁盐定量给料的酸化效应（Lin et al.，2017a），并且这种电化学方法能够适用于全尺寸的污水管道，限制性较小。

上文提到，投加同剂量的磁铁矿，其控制效果优于 $FeCl_3$ 和 $FeSO_4$，但在其最佳投加剂量下，S^{2-} 浓度仍有 13mg S/L（Zhang et al.，2016）。在 S^{2-} 浓度为 0.1～0.5mg S/L（USEPA，1991）时，小型的混凝土腐蚀就可能已经发生。此外，由于常用的磁铁矿的纯度不高，其常含有其他杂质金属，这些杂质金属将会对水体产生影响（Nadoll et al.，2014）。因此，需要进一步提高磁铁矿对 S^{2-} 的控制效果及其纯度。有研究利用低碳钢电极化作为牺牲电极的电化学系统，在现场直接生成板状磁铁纳米颗粒（MNP）的高浓度溶液，克服了上述缺点，在长期实验中将 S^{2-} 控制在 0.1～0.2mg/L（Lin et al.，2017b）。

5. 多种控制技术的联合使用

尽管控制危害性气体的措施很多，但是单一的控制措施多多少少都存在缺点，并不能达到 100%的控制效果，且受制于使用条件、经济成本等原因，很多方法并不适用，因此将两种或多种方法联合使用，以期达到更好的效果。

1）注氧和碱冲击

由于注氧和碱冲击均存在一定缺陷，控制效果不好，如果将注氧和碱冲击联合应用，将会大大提高控制效果。周期性的碱冲击负荷（部分）在每次给药事件期间去除下水管道生物膜。这导致更薄的生物膜，其允许氧进一步渗透到生物膜中，从而接触生物膜的更深层中的剩余 SRB。通过这种方式，可以更好地抑制 SRB，导致在碱冲击之间延长生物膜恢复期。此外，与常规的碱冲击载荷相比，同时采用周期碱冲击载荷和间歇供氧控制硫化物能降低 50%的苛性处理投药频率（Lin et al.，2017c）。

2）铁盐和碱冲击

除将注氧和碱冲击联合应用外，还可以将铁盐与碱冲击联合应用。通常情况下，为了将硫化物浓度降到 0.1mg S/L 以下，铁硫比需高于 1.3∶1，这将大大提高处理成本。此外，仅使用铁盐也会增加下游污水处理厂的污泥。研究表明，在维持合适的 pH 以及在重力式下水道中存在一定的氧的情况下，相较于仅投加铁盐，只需要 10%的铁盐投加量就能达到相同的效果（Rathnayake et al.，2007）。

4.3　危害性气体释放控制技术——掩蔽剂

4.3.1　危害气体释放的掩蔽原理

城镇环境充斥着各式各样的恶臭气体，其中污水暂存空间是城镇恶臭气体的主要来源之一。污水暂存空间是指为污水提供短期动态存储的有限空间，如露天卫生间、城镇地下轨道交通卫生间的化粪坑和污水池、压力流排水管道提升泵站的污水池以及各种用途的污水暂存池等。污水暂存空间污水中的微生物群落将复杂有机物水解转化为小分子有机物（主要为 VFA），并在产氢产乙酸菌的作用下转化为氢和乙酸，进一步在甲烷菌（MA）的作用下产生甲烷和二氧化碳（邓丰等，2012）。此外，在硫酸盐存在的条件下，生物膜或沉积物中的硫酸盐还原菌（SRB）可将硫酸盐还原为硫化氢气体（Sun et al.，2015）。因此，生活污水（有机成分）比例较高的密闭空间会产生 H_2S、CH_4、CO 等危害气体（许小冰等，2012；王洪臣等，2018）。

标准大气压下，在 30℃时，H_2S 在水中的饱和浓度大约 3580mg/L；在 20℃时，H_2S 在水中的饱和溶解度大约为 5000mg/L。尽管 H_2S 在水中的饱和溶解度较大，但根据亨利定律可知在 H_2S 并未达到饱和溶解度条件下，仍然会有一部分 H_2S 通过液–气相传质过程转移到大气中。因此，可在污水表面覆盖一种物质使 H_2S 传质阻力增加，从而充分利用饱和溶解度让 H_2S 尽可能限制在污水中，进而无法进入气相，一般称这种物质为掩蔽剂。换言之，就是利用掩蔽剂将气液两相隔绝开来，类似于污水处理厂为避免臭气释放，在构筑物上进行的加盖措施。此种做法的重要意义在于：对数量较多、面积较小的污水池，采取控制 H_2S 的产生与释放措施成本较高，或者对污水池所处场所的环境要求较高，但又不具备处理条件的，可以使硫化物随水流流至集中处理。这方面的研究在石油开采领域较多，例如，Jacobson 等（1998）和 Kim 等（2008）的研究表明，使用大豆油和精油可以使 H_2S 处在油层下面，显著降低排放到周围环境中的 H_2S，但关于污水暂存空间掩蔽剂的应用案例鲜见。

另外，掩蔽剂的使用可能带来的另一个好处是当污水中的 H_2S 浓度到达一定值时，可以抑制相关微生物代谢活性。Reis 等（1992）的研究表明，在较低 pH 下，SRB 生长期间会受到产生的未离解的乙酸的抑制作用；在较高的 pH 下，其代谢产物 H_2S 的抑制作用占主导地位；在接近中性 pH 下，进行的发酵将主要受所产生的 H_2S 的影响，并且在较小程度上受乙酸浓度的影响。Reis 等（1992）还发现，硫酸盐还原产生的 H_2S 对 SRB 的毒性作用具有直接性和可逆性，当硫化氢浓度达到 547mg/L 时，可完全抑制 SRB 的生长。Abram 和 Nedwell（1978）的研究表明，H_2S 对未经驯化的产甲烷菌致害浓度为 50mg/L。抑制作用是由于 H_2S 进入微生物细胞内，与细胞内色素中的铁和含铁物质结合，导致电子传递系统失活，进而破坏相关蛋白质合成（任南琪等，2001）。因此，当 H_2S 浓度过高时，硫酸盐还原菌和产甲烷菌均受到了抑制，其区别在于 H_2S 对硫酸盐还原菌的毒性阈值比产甲烷菌更高（Khanak and Huang，2005）。

图 4-7 显示了掩蔽剂对 H_2S 可能的掩蔽原理。从宏观角度看，H_2S 产生于污水底部的底泥中。生成的 H_2S 首先以溶解的形式存在于污水中，并在污水中不断扩散。当 H_2S 扩散至气液界面时，由于上部气体中无 H_2S 分压或 H_2S 分压小于其饱和蒸气压，部分 H_2S 分子便会从污水中转移至上部气体环境中，直至气液传质过程达到平衡。当在气液界面放置一层掩蔽剂时，相界面处液膜内的 H_2S 分子依靠分子扩散进入气膜，其传质阻力远远大于气液界面直接传质过程，H_2S 分子难以穿透掩蔽层，极大程度上减少了 H_2S 分子在液面处向大气环境的扩散。

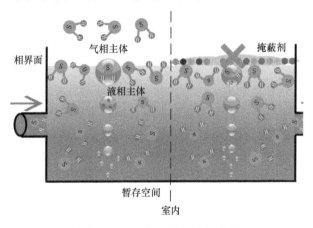

图 4-7　掩蔽剂阻挡 H_2S 概念图

4.3.2　掩蔽剂对 H_2S 的掩蔽效果

各种掩蔽剂对 H_2S 的掩蔽效果通过各烧杯上部气相中的 H_2S 浓度进行评价。由图 4-8 可知，将肉豆蔻酸异丙酯（IPM）、二甲基硅油、液体石蜡（MSDS）平铺到液面之后，H_2S 的掩蔽作用不显著，使得上部气相中 H_2S 浓度升高至接近空白对照水平。而芝麻油、乳白色液体硅胶（LSR）、半透明 LSR 上部气相没有出现 H_2S 气体，说明其起到了掩蔽的作用。通过以上实验，初步排除了 IPM、二甲基硅油、MSDS 作为备用的掩蔽剂，在后续研究中选用 LSR 作为掩蔽剂。

图 4-9 反映了 LSR 的密度对掩蔽效果的影响情况。可以看出，在含有二甲基硅油和 LSR 的掩蔽剂中，均出现了 H_2S 析出的现象；而以胞外聚合物（EPS）作为载体的 LSR，完全可以阻止 H_2S 的析出。其可能的原因为二甲基硅油通过打断

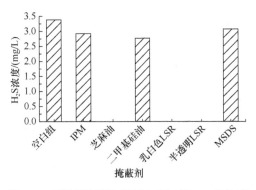

图 4-8 不同拟选用掩蔽剂上部气相 H_2S 的浓度

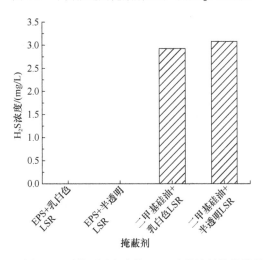

图 4-9 两种不同密度的 LSR 改善法的掩蔽效果

LSR 的化学键，改善其黏度、流动性和密度，黏度下降时，液相中的 H_2S 分子通过热运动，更易扩散并穿透 LSR。此外，液体表面的覆盖层上是二甲基硅油和 LSR 的混合物，而二甲基硅油不能阻挡 H_2S 的释放，导致不能穿透 LSR 的 H_2S 分子转由二甲基硅油处的通路扩散进入气相中，进而使得掩蔽剂失效。

图 4-10 反映了不同种类 LSR 对掩蔽剂的影响。可以看出，在四种不同配比下，乳白色 LSR 比半透明 LSR 质量损失更大。其原因在于半透明 LSR 是利用硅胶原胶生产的，而乳白色 LSR 则充填 $CaCO_3$、白炭黑，因此半透明 LSR 比乳白色 LSR 更抗拉抗撕，在水面处更易保持稳定的状态。

4.3.3 掩蔽剂下部的水质变化及产物抑制分析

图 4-11 反映了添加与未添加掩蔽剂情况下水体中的硫化物浓度随反应时间的

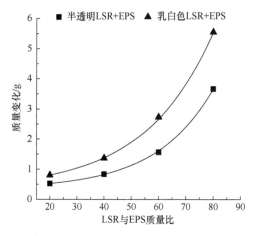

图 4-10 不同种类 LSR 对掩蔽剂的影响

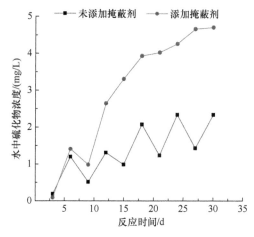

图 4-11 掩蔽剂下部的硫化物浓度随反应时间的变化

变化情况。可以看出，在没有加入掩蔽剂时，水中硫化物多以 H_2S 形式释放。由于每次出水会使水中的硫化物随水流走，且进水会带入部分的溶解氧，因此曲线会有所下降，之后 SRB 的作用使得水中硫化物再次上升。而在加入掩蔽剂的情况下，虽然出水带走了部分硫化物，但厌氧环境使得 SRB 可以迅速恢复，导致水中硫化物含量缓慢增加。当停留时间较短时，水中的硫化物会伴随水流流走，导致其浓度增加较为缓慢；当停留时间较长时，水中的硫化物浓度有较快的上升。若利用硫酸盐还原菌的产物 H_2S 抑制相关微生物，达到其毒性阈值需要较长时间。

4.4　危害性气体异位处置技术

除了上述的危害性气体源头控制以及气体释放控制之外，在气体从污水中释放到污水管道顶部气相空间后，可以采用异位处置的方法对释放出的气体进行处理。异位处置，即将污水管道中的气体从管道中排出，在污水管道以外的地方采用危害性气体的处理方法进行处置。

为解决管道中的臭味问题，洛杉矶市采用异位处置技术处理管道中的危害气体（Poosti et al.，2011）。活性炭吸附过滤塔是一种废气过滤吸附异味的环保设备。活性炭是一种黑色粉状、粒状或丸状的无定形具有多孔的炭，具有较大的表面积和很强的吸附能力，其表面能吸附气体、液体或胶态固体。活性炭具有去除甲醛、苯、TVOC 等有害气体和消毒除臭等作用，现广泛用于电子元件生产、酸洗作业、实验室排风、冶金、化工、医药、涂装、食品、酿造等废气处理。

如图 4-12 所示，洛杉矶市在城镇部分区域设置了活性炭吸附塔和联合处理设施处理管道已产生并从污水中散逸出来的危害气体，管道中危害气体由风机提供动力，负压进入活性炭吸附塔体，由于活性炭固体表面存在着未平衡和未饱和的分子引力或化学键力，因此当此固体表面与气体接触时，就能吸引气体分子，使其浓聚并保持在固体表面，污染物质从而被吸附，管道废气经过滤器后，进入设备排尘系统，净化气体高空达标排放。数据显示，活性炭吸附塔的 H_2S 去除率可达 99%（Poosti et al.，2011）。实际应用中需要注意的是，定期更换活性炭，更换频率根据吸附塔的处理负荷确定。

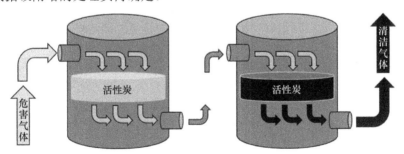

图 4-12　活性炭吸附塔示意图（Poosti et al.，2011）

国内学者牟桂芝等（2004）利用活性炭吸附来处理含有甲硫醇的恶臭气体得到：普通气相用活性炭对于甲硫醇的穿透吸附容量只有 4.0～6.5，但 IVP 活性炭对应的穿透吸附容量都比较高，分别是 11% 和 16.4%，这说明 IVP 活性炭对甲硫醇的吸附性能更好。活性炭除臭系统具有吸附无选择性、吸附的有用物质可回收、负荷变化影响小、管理方便等优点，由于活性炭的吸附能力极易受到臭气中的潮气、灰尘等影响而下降，需要增设其他附属设备，如需在系统管道上安装除尘、除湿装置，在吸附塔前面设置加热器等。因此，活性炭吸附一般用于处理风量比较小、恶臭废气浓度较低、出气要求比较高的废气。

美国和欧洲还通过生物洗涤来去除污水中的恶臭，并且主要是针对一些小型设备（张彭义等，2000）。生物洗涤塔是一个装有填料的处理系统，由一个吸收塔和一个含有活性污泥的曝气水箱构成。它的除臭原理与活性污泥法处理污水的原理相同。循环液从吸收塔的顶部喷淋而下，恶臭气体在上升的过程中与循环水接触，被水吸收后进入液相，实现传质过程。吸收了污染物的循环液流入生物反应器内，通过微生物的氧化分解作用来去除污染物。生物洗涤塔去除臭气的控制比较方便，由于在两个分开的反应器中进行，有利于反应条件的控制和各种药剂的添加，但生物洗涤塔所需设备多，运行的成本较高。

4.5　技术措施实施分析

如表 4-10 所示，不同的危害性气体控制措施的适用条件、处理效果及处理成本均不同，即使同一种处理方法，使用药剂的剂量不同，适用条件与处理效果也会不同。在选择危害性气体的控制措施时，需要综合考虑措施实施地点的具体情况、成本以及处理要求等，同时考虑实际情况及对下游等可能产生的影响，从而选择较为合适的控制措施。

表 4-10　危害性气体控制措施实施分析

药剂种类	药剂与硫质量比	处理规模 / (m³/d)	溶解硫初始浓度 / (mg/L)	平均去除率/%	处理每千克硫费用/元
$FeCl_2 \cdot 4H_2O$	(6.0~7.0)∶1	59000	>4.0	90	175.5~204.5
$FeSO_4 \cdot 7H_2O$	1.7∶1	25000	18.0~25.0	95~97	37.61
$FeClSO_4$	1.2∶1	25000	18.0~25.0	88~98	35.26
$FeCl_2$ 和 $FeCl_3$	2.5∶1	75000	6.4	97	56.41
$FeCl_3$	1.5∶1	实验室	3.8	100	28.99
H_2O_2	4.0∶1	76000	15.0	85~90	83.05
H_2O_2	(1.5~1.6)∶1	2000	8.5	90~95	31.34~32.9
H_2O_2	1.3∶1	25000	20.0	87~100	23.50
Cl_2	9.0∶1	90000	18.0	100	21.15
Cl_2	(10.0~15.0)∶1	—	—	—	21.94~32.9
$NaClO$	2.0∶1	25000	20.0	96~100	20.37
$Ca(ClO)_2$	1.8∶1	25000	20.0	93~100	14.89
$NaClO$ 和 $NaOH$	1.0∶1	25000	18.2	100	14.89
$KMnO_4$	(6.0~7.0)∶1	—	—	—	148.1~172.4
$NaNO_3$	6.7∶1	实验室	54.0	100	95.58

续表

药剂 种类	药剂与 硫质量比	处理规模 /（m³/d）	溶解硫初始浓度 /（mg/L）	平均去 除率/%	处理每千克 硫费用/元
NaNO₃	0.18：1	实验室	35.0	65	3.13
NaNO₃	1.37：1	实验室	10.2	100	19.59
NaNO₃	（1.4～4.6）：1	实验室	2.5～3.5	90～95	19.59～65.03
浓硝酸钙	0.88：1	37000	5.1	63～95	16.45
浓硝酸钙	0.60：1	3000	9.6	95	11.75
浓硝酸钙	2.50：1	15000	70.0	95～100	47.01
浓硝酸钙	0.36：1	50000	70.0	68～95	7.05
Ca(NO₃)₂	1.92：1	2000	2.6	100	34.47
Fe（Ⅵ）	（1～3）：1	实验室	50～60	80	12.54

资料来源：Zhang et al.，2008。

参 考 文 献

邓丰, 王镇鑫, 许伟聪, 等. 2012. 城镇生活污水排水管道内硫化氢和甲烷产生机制综述. 广东化工, 39(16): 104-105.

范庆松, 殷冬媛, 赵新, 等. 2010. 季鏻[鳞]盐杀菌剂的合成新方法与杀菌特性研究. 云南化工, 2: 22-25.

高建富, 李进, 敬超文, 等. 2013. 不同杀菌剂对硫酸盐还原菌杀菌能力评价. 工业用水与废水, 44(6): 53-56.

牟桂芝, 郭兵兵, 何凤友, 等. 2004. 活性炭吸附法治理含甲硫醇恶臭气体. 石油化工环境保护, 27(3): 42-46.

任南琪, 王爱杰, 甄卫东, 等. 2001. 厌氧处理构筑物中 SRB 的生态学. 哈尔滨建筑大学学报, 34(1): 39-44.

孙剑辉, 樊国锋, 侯杰, 等. 1998. 含硫酸盐有机废水厌氧消化影响因素的探讨. 工业水处理, 18(3): 10-12.

王洪臣, 汪俊妍, 刘秀红, 等. 2018. 排水管道中硫酸盐还原菌与产甲烷菌的竞争与调控. 环境工程学报, 12(7): 1853-1864.

许小冰, 王怡, 王社平, 等. 2012. 城镇排水管道中有害气体控制的国内外研究现状. 中国给水排水, 28(14): 9-12.

张彭义, 余刚, 蒋展鹏, 等. 2000. 挥发性有机物和臭味的生物过滤处理. 环境污染治理技术与设备, 1(1): 1-5.

张团结, 武晨, 刘艳臣, 等. 2013. 曝气充氧对排水管网液相硫化物累积影响研究. 中国环境科学, 33(11): 1953-1957.

Abdul-Talib S, Hvitved-Jacobsen T, Vollertsen J, et al. 2002. Half saturation constants for nitrate and nitrite by in-sewer anoxic transformations of wastewater organic matter. Water Science & Technology, 46(9): 185-192.

Abdul-Talib S, Ujang Z, Vollertsen J, et al. 2005. Model concept for nitrate and nitrite utilization during anoxic transformation in the bulk water phase of municipal wastewater under sewer conditions. Water Science & Technology, 52(3): 181-189.

Abram J W, Nedwell D B. 1978. Inhibition of methanogenesis by sulfate reducing bacteria competing for transferred hydrogen. Archives of Microbiology, 117(1): 89-92.

Aguilar L, Zha S. 2004. A solid oxide fuel cell operating on hydrogensulfide(H_2S) and sulfur containing fuels. Journal of Power Sources, 135: 17-24.

Auguet O, Pijuan M, Guasch-Balcells H, et al. 2015. Implications of downstream nitrate dosage in anaerobic sewers to control sulfide and methane emissions. Water Research, 68: 522-532.

Bruce R A, Achenbach L A, Coates J D, et al. 2001. Reduction of (per) chlorate by a novel organism isolated from paper mill waste. Environmental Microbiology, 1(4): 319-329.

Bruno K, Nielsen A H, Vollertsen J, et al. 2018a. Kinetics of sulfide precipitation with ferrous and ferric iron in wastewater. Water Science & Technology, 78: 1071-1081.

Bruno K, Pia K, Nielsen A H, et al. 2018b. Variations in activities of sewer biofilms due to ferrous and ferric iron dosing. Water Science & Technology, 3: 845-858.

Cao J J, Zhang L, Hong J Y, et al. 2019. Different ferric dosing strategies could result in different control mechanisms of sulfide and methane production in sediments of gravity sewers. Water Research, 169: 114914.

Chang Y J, Chang Y T, Chen H J, et al. 2007. A method for controlling hydrogen sulfide in water by adding solid phase oxygen. Bioresource Technology, 98(2): 478-483.

Chen Y, Cheng J J, Creamer K S, et al. 2008. Inhibition of anaerobic digestion process: a review. Bioresource Technology, 99(10): 4044-4064.

Delgado S, Alvarez M M, Rodriguez-Gomez L E, et al. 1999. H_2S generation in a reclaimed urban wastewater pipe. Case study: Tenerife(Spain). Water Research, 33(2): 539-547.

Firer D, Friedler E, Lahav O, et al. 2008. Control of sulfide in sewer systems by dosage of iron salts: comparison between theoretical and experimental results, and practical implications. Science of the Total Environment, 392(1): 145-156.

Fredrickson J K, Gorby Y A. 1996. Environmental processes mediated by iron-reducing bacteria. Current Opinion in Biotechnology, 7(3): 287-294.

Guisasola A, Sharma K R, Keller J, et al. 2009. Development of a model for assessing methane formation in rising main sewers. Water Research, 43(11): 2874-2884.

Gutierrez O, Mohanakrishnan J, Sharma K R, et al. 2008. Evaluation of oxygen injection as a means of controlling sulfide production in a sewer system. Water Research, 43(19): 2549-2561.

Gutierrez O, Park D, Sharma K R, et al. 2009. Effects of long-term pH elevation on the sulfate-reducing and methanogenic activities of anaerobic sewer biofilms. Water Research, 43(9): 2549-2557.

Gutierrez O, Sutherland-Stacey L, Yuan Z, et al. 2010. Simultaneous online measurement of sulfide and nitrate in sewers for nitrate dosage optimisation. Water Science & Technology, 61(3): 651.

Herrera L K, Videla H A. 2009. Role of iron-reducing bacteria in corrosion and protection of carbon steel. International Biodeterioration & Biodegradation, 63(7): 891-895.

Hvitved-Jacobsen T, Vollertsen J, Nielsen A H. 2004. Sewer Processes: Microbial and Chemical Process Engineering of Sewer Networks. Boca Raton: CRC Press.

Jacobson L D, Janni K A, Johnston L J, et al. 1998. Odor and gas reduction from sprinkling soybean oil in a pig nursery. Orlando: American Society of Agricultural and Biological Engineers, American Society of Agricultural and Biological Engineers Annual International Meeting.

Jameel P. 1989. The use of ferrous chloride to control dissolved sulfides in interceptor sewers. Water Pollution Control Federation, 61(2): 230-236.

Jiang G M, Sharma K R, Guisasola A, et al. 2009. Sulfur transformation in rising main sewers receiving nitrate dosage. Water Research, 43(17): 4430-4440.

Jiang G M, Sharma K R, Yuan Z G, et al. 2013. Effects of nitrate dosing on methanogenic activity in a sulfide-producing sewer biofilm reactor. Water Research, 47(5): 1783-1792.

Khanak S K, Huang J C. 2005. Effect of high influent sulfate on anaerobic wastewater treatment. Water Environment Research, 77(7): 3037-3046.

Kim K Y, Ko H J, Kim H T, et al. 2008. Odor reduction rate in the confinement pig building by spraying various pit additives. Bioresource Technology, 99(17): 8464-8469.

Kits K D, Kalyuzhnaya M G, Klotz M G, et al. 2013. Genome sequence of the obligate gammaproteobacterial methanotroph *Methylomicrobium* album strain BG8. Genome Announcements, 1(2): e00170-13.

Kleinjan W E, Lammers J N J J, Keizer A D, et al. 2010. Effect of biologically produced sulfur on gas absorption in a biotechnological hydrogen sulfide removal process. Biotechnology & Bioengineering, 94(4): 633-644.

Li W, Zhao Q L, Liu H, et al. 2009. Sulfide removal by simultaneous autotrophic and heterotrophic desulfurization-denitrification process. Journal of Hazardous Materials, 162(2-3): 848-853.

Lin H W, Couvreur K, Donose B C, et al. 2017b. Electrochemical production of magnetite nanoparticles for sulfide control in sewers. Environmental Science & Technology, 51(21): 11229-12234.

Lin H W, Kustermans C, Vaiopoulou E, et al. 2017a. Electrochemical oxidation of iron and alkalinity generation for efficient sulfide control in sewers. Water Research, 118: 114-120.

Lin H W , Lu Y , Ganigué Ramon, et al. 2017c. Simultaneous use of caustic and oxygen for efficient sulfide control in sewers. Science of the Total Environment, 601-602: 776-783.

Liu Y C, Chen W, Zhou X H, et al. 2015a. Sulfide elimination by intermittent nitrate dosing in sewer sediments. Journal of Environmental Sciences, 27(1): 259-265.

Liu Y C, Dong Q, Shi H, et al. 2015b. Distribution and population structure characteristics of microorganisms in urban sewage system. Applied Microbiology and Biotechnology, 99(18): 7723-7734.

Liu Y W, Sharma K R, Ni B J, et al. 2015. Effects of nitrate dosing on sulfidogenic and methanogenic activities in sewer sediment. Water Research, 74: 155-165.

Mathioudakis V L, Vaiopoulou E, Kapagiannidis A, et al. 2006. Addition of nitrates for odor control in sewer networks: laboratory and field experiments. Global Nest, 8(1): 37-42.

Mohanakrishnan J, Gutierrez O, Sharma K R, et al. 2009. Impact of nitrate addition on biofilm properties and activities in rising main sewers. Water Research, 43(17): 4225-4237.

Nadoll P, Angerer T, Mauk J L, et al. 2014. The chemistry of hydrothermal magnetite: a review. Ore Geology Reviews, 61: 1-32.

Nielsen A H, Hvitved-Jacobsen T, Vollertsen J, et al. 2005. Kinetics and stoichiometry of sulfide oxidation by sewer biofilms. Water Research, 39(17): 4119-4125.

Nielsen P H, Raunkjær K, Norsker N H, et al.2015. Transformation of wastewater in sewer systems—a review. Water Science & Technology, 25(6): 17-31.

Okabe S, Ito T, Satoh H, et al. 2003. Effect of nitrite and nitrate on biogenic sulfide production in sewer biofilms determined by the use of microelectrodes. Water Science & Technology, 47(11): 281-288.

Padival N A, Kimbell W A , Redner J A, et al. 1995. Use of iron salts to control dissolved sulfide in trunk sewers. Journal of Environmental Engineering, 121(11): 824-829.

Park K, Lee H, Phelan S, et al. 2014. Mitigation strategies of hydrogen sulphide emission in sewer networks—a review. International Biodeterioration & Biodegradation, 95: 251-261.

Parsons B, Silove A, van Merkestein R, et al. 2003. Controlling Odour and Corrosion in Sewer Systems Using Sulfalock Magnesium Hydroxide Liquid. Brisbane: Proceedings of the National Environment Conference 2003.

Poduska R A, Anderson B D.1981. Successful storage lagoon odor control. Journal of Water Pollution Control Federation, 53(3): 299-310.

Poosti A, Levin M, Crosson L, et al. 2011. Sewer Odor Control Master Plan. Los Angeles: Bureau of Sanitation.

Portch S, van Merkestein R. 2003. Solving Sewerage Odour Problems. The Noosa Experience. Brisbane: Proceedings of the National Environment Conference 2003.

Poulton S W, Krom M D, Raiswell R, et al. 2004. A revised scheme for the reactivity of iron (oxyhydr)oxide minerals towards dissolved sulfide. Geochimica et Cosmochimica Acta, 68(18): 3703-3715.

Poulton S W, Krom M D, van Rijn J, et al. 2003. Detection and removal of dissolved hydrogen sulphide in flow -through systems via the sulphidation of hydrous iron(III)oxides. Environmental Technology, 24(2): 217-229.

Rabaey K, Sompel K V D, Maignien L, et al. 2006. Microbial fuel cells for sulfide removal. Environmental Science & Technology, 40(17): 5218-5224.

Rathnayake D, Kastl G, Sathasivan A, et al. 2007. Evaluation of a combined treatment to control gaseous phase H_2S in sewer. International Biodeterioration & Biodegradation, 124: 206-214.

Reis M A M, Almeida J S, Lemos P C, et al. 1992. Effect of hydrogen sulfide on growth of sulfate reducing bacteria. Biotechnology and Bioengineering, 40(5): 593-600.

Sun J, Hu S, Sharma K R, et al. 2014. Stratified microbial structure and activity in sulfide- and methane-producing anaerobic sewer biofilms. Applied and Environmental Microbiology, 80(22): 7042-7052.

Sun J, Hu S, Sharma K R, et al. 2015. Impact of reduced water consumption on sulfide and methane production in rising main sewers. Journal of Environmental Management, 154(4): 307-315.

Sun J L, Shang C, Kikkert G A. 2013. Hydrogen sulfide removal from sediment and water in box culverts/storm drains by iron-based granules. Water Science & Technology, 68(12): 2626-2631.

Sun J L, Yang J R. 2019. Magnetically-mediated regeneration and reuse of core-shell $Fe^0@Fe^{III}$ granules for in-situ hydrogen sulfide control in the river sediments. Water Research, 157: 621-629.

Sun J L, Zhou J, Shang C, et al. 2014. Removal of aqueous hydrogen sulfide by granular ferric hydroxide kinetics, capacity and reuse. Chemosphere, 117: 324-329.

Tomar M, Abdullah T H A. 1994. Evaluation of chemicals to control the generation of malodorous hydrogen sulfide in waste water. Water Research, 28(12): 2545-2552.

USEPA. 1991. Hydrogen Sulphide Corrosion in Wastewater Collection and Treatment System. Technical Report, 430/09-91-010. Washington DC: US Environmental Protection Agency.

Verthé K, Verstraete W. 2006. Use of flow cytometry for analysis of phage-mediated killing of Enterobacter aerogenes. Research in Microbiology, 157(7): 614-618.

Vollertsen J, Hvitved-Jacobsen T, Ujang Z, et al. 2002. Integrated design of sewers and wastewater treatment plants. Water Science & Technology, 46(9): 11-20.

WERF. 2007. Minimization of Odors and Corrosion in Collection Systems Phase 1. London: Water Environment Research Fundation.

Wieringa K T. 1939. The formation of acetic acid from carbon dioxide and hydrogen by anaerobic spore-forming bacteria. Antonie Van Leeuwenhoek, 6(1): 251-262.

Yang W, Vollertsen J, Hvitved-Jacobsen T, et al. 2004. Anoxic control of odour and corrosion from sewer networks. Water Science & Technology, 50(4): 341-349.

Yao W, Millero F J. 1996. Oxidation of hydrogen sulfide by hydrous Fe(III)oxides in seawater. Marine Chemistry, 52(1): 1-16.

Yin R, Fan C, Sun J, et al. 2018. Oxidation of iron sulfide and surface-bound iron to regenerate granular ferric hydroxide for in-situ hydrogen sulfide control by persulfate, chlorine and peroxide. Chemical Engineering Journal, 336: 587-594.

Yongsiri C, Hvitved-Jacobsen T, Vollertsen J, et al. 2003. Introducing the emission process of hydrogen sulfide to a sewer process model (WATS). Water Science & Technology, 47(12): 319-320.

Zhang L, Keller J, Yuan Z, et al. 2009. Inhibition of sulfate-reducing and methanogenic activities of anaerobic sewer biofilms by ferric iron dosing. Water Research, 43(17): 4123-4132.

Zhang L, Schryver P D, Gusseme B D, et al. 2008. Chemical and biological technologies for hydrogen sulfide emission control in sewer systems: a review. Water Research, 42(1-2): 1-12.

Zhang L, Verstraete W, de Lourdes M, et al. 2016. Decrease of dissolved sulfide in sewage by powdered natural magnetite and hematite. Science of the Total Environment, 573: 1070-1078.

第5章 排水系统内气流组织特性

5.1 建筑排水系统气流组织特性

建筑排水系统主要由受水器具、横支管、排水立管、通气管和出户管五部分构成；具有将建筑内产生的污水收集、输送至室外排水干管，同时防止臭气、病毒等有害物质污染室内环境卫生的功能；根据通气方式的不同，又可划分为普通伸顶通气单立管系统、设专用通气立管的双立管系统、自循环通气立管系统、特殊单立管系统等，是城镇排水系统的排放起点。本节主要介绍国内目前管道系统设计时采用较多的单立管系统和双立管系统内的气流组织特性，为第6章提出的强化自然通风技术提供理论基础。

5.1.1 国内建筑排水系统设计标准

建筑排水系统运行时将污水管道系统与室内环境连通，不排水时通过卫生器具存水弯内的水封起隔臭功能，但污水在竖直排水立管下落，由于气液相间摩擦力的相互作用，易引起排水系统内的气压波动，破坏水封，造成臭气、病原菌等有害物质四处逸散，污染室内卫生环境。2003年SARS病毒的传播途径即是如此，地漏中水封破坏，病毒颗粒进入室内引起"非典"大面积暴发。为此，在建筑排水系统设计上，除了保证良好的水力条件，快速将污水从建筑物排出外，还需要稳定系统气压波动，防止水封破坏。因此，国内在建筑排水管道系统设计、水封高度、地漏等方面制订了相应的规范标准与规程，以降低卫生间"返臭"风险，保证室内良好环境。

1. 管道系统设计标准

1) 横管设计

建筑物内部横管分为排水横支管和出户横干管两种，其区别在于所接纳的污水流量不同，而在设计管道时水力计算方法是一致的，且遵循相同的设计标准。

污水在运移的同时，受生化反应过程影响释放气体会造成排水不畅，因此，排水横管按非满流设计；且污水中往往还包含有固体杂质，属于气液固三相流动输送。在建筑排水管道设计时污水仅依赖自重而流，如果横管坡度较小，污水的流速就会减慢，固体杂质可能会在管道内沉淀淤积堵塞管道，为此，要求保证横管设计坡度满足要求。《建筑给水排水设计标准》（GB 50015—2019）中 4.5.5 条规定了建筑物内生活排水铸铁管道的最小坡度和最大设计充满度设计标准（表 5-1），其中通用坡度为正常条件下应予保证的坡度，而最小坡度为受建筑空间限制时必须满足的坡度；充满度的设计除稳定系统气压外，还应考虑接纳偶然的高峰流量，因此按最大充满度准则设计。

表 5-1　建筑物内生活排水铸铁管道最小坡度及最大设计充满度标准

管径/mm	通用坡度	最小坡度	最大设计充满度
50	0.035	0.025	
75	0.025	0.015	
100	0.020	0.012	0.5
125	0.015	0.010	
150	0.010	0.007	
200	0.008	0.005	0.6

为了保证排水顺畅、防止管道堵塞，《建筑给水排水设计标准》（GB 50015—2019）中针对不同的受水器还规定了最小管径。例如，4.5.8 条规定大便器排出管管径不得小于 100mm，这是因为大便器排放污水较为特殊，固体杂质较多且没有栏栅设计，所以即使连接一个大便器，管径也为 100mm；医院污物洗涤盆和污水盆排出管管径不得小于 75mm，这也是因为医务人员在清洗时可能将棉球、纱布等落入盆中，造成管道堵塞；连接小便器或槽的支管管壁易附着尿垢，减少过流面积，对于小便槽或三个以上小便器的排水横支管管径不得小于 75mm；当建筑底层单独排水且无通气条件下，横支管管径根据最大设计排水能力选择管径，选择依据见表 5-2。

表 5-2　无通气底层单独排水时横支管最大设计排水能力

排水横支管管径/mm	50	75	100	125	150
最大排水能力/(L/s)	1	1.7	2.5	3.5	4.8

2）通气方式选择

建筑排水系统的通气方式主要有单立管伸顶通气和增设通气立管通气两种方式。为了有效控制气味扩散问题、保证室内卫生环境，在通气方式选择上，《建筑给水排水设计标准》（GB 50015—2019）中 4.7.2 条规定生活排水管道的立管顶端应设置伸顶通气管，且连接卫生器具的排水流量不能大于伸顶通气的最大排水设计能力，超过时宜增设通气立管进行通气；对于 10 层及 10 层以上高层建筑的排水系统宜选择通气立管通气方式，这是因为排水位置较高时，水气波动更为剧烈，伸顶通气方式受水舌阻力作用，稳定系统气压功能受限，因此需专设通气立管从水舌下方进行补气。

伸顶通气立管设置时，应尽可能避免恶臭气体影响人们活动，根据周围环境和屋面使用情况选择合适高度。4.7.12条规定通气管高出屋面不得小于0.3m，且应大于最大积雪厚度，通气管顶端应装设风帽或网罩；在通气管道口周围4m以内有门窗时，通气管口应高出窗顶0.6m或引向无门窗一侧；在经常有人停留的平屋面上，通气管口应高出屋面2m……；通气管口不宜设在建筑物挑出部分的下面；在全年不结冻的地区，可在室外设吸气阀替代伸顶通气管，吸气阀设在屋面隐蔽处；当伸顶通气管为金属管材时，应根据防雷要求设置防雷装置。4.7.17条规定最冷月平均气温低于-13℃的地区，应在室内或吊顶以下0.3m处将管径放大一级。

污水以冲激流状态从横支管进入排水立管时，在连接处形成水舌，充塞了立管断面，伸顶通气立管只能从水舌的两侧小孔进行补气，而通气立管通气方式则是通过与排水立管相连的结合通气管，绕开水舌从下方补气，平衡系统内的气压波动更为有效。在管径设计上，规定通气立管的最小管径不得小于立管的1/2，长度超过50m时，管径应与排水立管管径一致；当两根排水立管共用一根通气立管时，应按最大排水立管确定通气管管径；结合通气管管径不宜小于其连接通气管管径。

3）立管设计

排水立管是连接各楼层横支管，竖直输送污水的管道系统。在重力的作用下，污水下落时水气间能量转化导致的气压波动最为剧烈，排水立管的合理设计是建筑内排水系统正常运行的关键。排水立管的通水能力与通气方式的选择最为相关，《建筑给水排水设计标准》（GB 50015—2019）中4.5.7条针对不同类型的排气方式规定了不同管径的最大设计排水能力，见表5-3。

2. 水封设计标准

水封是建筑排水系统设计中隔绝室内环境的通用方式，其原理是利用静水压力抵抗排水系统内的气压波动，防止有害气体、病原菌窜入室内，一般通过连接卫生器具的存水弯来实现。有效的水封高度是保障室内卫生环境的关键所在，《地漏》（GB/T 27710—2011）中6.5.3条规定密闭式地漏和机械密封式地漏在不排水时，其密闭性应能承受（0.04±0.001）MPa水压条件下10min±50s无水溢出，《排水系统水封保护设计规程》（CECS 172：2004）3.0.4中第1条规定存水弯水封深度不得小于50mm。

表 5-3　生活排水立管最大设计排水能力

排水立管系统类型			最大设计通水能力/(L/s)		
			排水立管管径/mm		
			75	100（110）	150（160）
伸顶通气		厨房	1.00	4.0	6.40
		卫生间	2.00		
专用通气	专用通气管 75mm	结合通气管每层连接	—	6.30	—
		结合通气管隔层连接		5.20	
	专用通气管 100mm	结合通气管每层连接		10.00	
		结合通气管隔层连接		8.00	
	主通气立管+环形通气管				
自循环通气	专用通气形式			4.40	
	环形通气形式			5.90	

水封高度降低，水封静压不足以抵抗管道内气压波动，以致有害气体扩散到室内污染环境的现象称水封破坏。造成水封高度降低的原因有：①静态损失，指的是卫生器具长期不使用时，水封因自然蒸发而造成的水量损失，与室温、卫生器具使用情况相关；②自虹吸式损失，卫生器具瞬间排水时，由于存水弯自身设计，在弯管顶部产生虹吸效应，排水结束后，水封高度降低；③诱导虹吸损失，管道系统内其他卫生器具排水所引发的气压变化，使存水弯水封上下波动造成的损失。

为保证有效的水封高度，降低水封破坏的风险，除了水封高度设计满足上述标准外，建筑内排水立管的选择也非常关键。合理的排水立管设计可以减弱排水时产生的气压波动，避免在水封高度降低时对水封起破坏作用。因此，《建筑排水用硬聚氯乙烯内螺旋管管道工程技术规程》（CECS 94：2002）4.0.4 条将水封破坏的临界负压 45mm 水柱作为排水立管系统设计的控制负荷。

5.1.2　单立管排水系统气流组织特性

建筑排水系统设计中仅有一根排水立管，没有专门通气立管的系统称为单立管排水系统，其通气方式依靠高出屋面伸顶通气立管进行气体交换，多适用于 10 层以下、排水量较小的多层建筑。系统内在的气流组织特性与卫生器具的水封破坏、有害气体扩散息息相关，对气流组织特性的认知是建筑排水系统设计与改良的基础，也一直是国内外关注的热点。

1. 水气流特点

我国建筑排水系统按重力非满流设计，排水立管上接各楼层横支管，下接横干管或出户管，污水较高的运移落差导致水气间能量转换程度较大，管内压力波动剧烈，其内在的水气流动特点从以下三方面介绍。

1）污水流向

卫生器具、地漏、水槽等受水器收集的污水经由楼层各横支管，输送至排水立管，水流在立管内呈竖直下落状态，通过横干管或出户管接入埋地排水干管系统，在化粪池内初次沉淀处理后，流向城镇污水管道系统，最终输送至污水处理厂进行处理排放，污水流向的整体过程如图 5-1 所示。

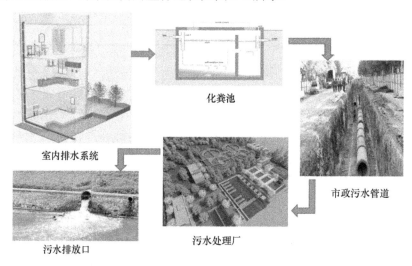

化粪池

室内排水系统

市政污水管道

污水处理厂

污水排放口

图 5-1　城镇污水收集与输送

2）水流特点

建筑内卫生器具只有在使用后才会产生排水过程，不排水时，系统内则被空气充满，因此建筑排水具有不连续性。另外，卫生器具还具有定量排水的特点，排水初期，流量增加至峰值，排水末期，流量递减至结束整个排水过程，在流态上属于非恒定流。吴俊奇等（2002）测量了抽水马桶的排水流量随时间变化过程，在开始排水后，迅速达到整个排水过程的峰值流量且持续很短时间，随后低流速下维持数秒，流量变化曲线如图 5-2 所示。

立管内的水流状态随着排水流量的不断增大经历了附壁螺旋流、水膜流、水塞流三个阶段。排水流量较小时，立管粗糙管壁与水相间的界面力大于液体分子

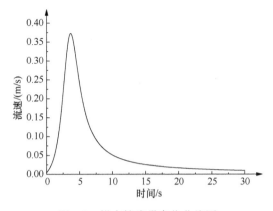

图 5-2　横支管流量变化曲线图

间的内聚力，立管内的水流不能脱离管壁在中心坠落，而附着于管壁螺旋流动，水流密实，气液界面清晰；排水流量增大，立管内充水率达到 1/4~1/3，水流沿管壁向下流动时，形成有一定厚度带有横向隔膜的环状水膜流，此时的隔膜较薄，下落过程中形成与破环交替进行；充水率超过 1/3 时，水膜厚度不断增大，横向隔膜也不易被气压破坏，立管内形成稳定的水塞流。

横干管连接立管与室外检查井，污水从立管落入横干管后，由于高差大，在衔接处产生强烈的冲击流，同时流速转向并变缓，形成较高的水跃。较大的排水流量，可能导致水流在横干管内流动时充满整个管道截面，造成排水不畅。

张哲等（2013）利用高速摄像枪拍摄了 DN160 立管和横干管内的水流状态，在立管中，流量为 0.5~1.5L/s 时，水流状态为附壁螺旋流；流量为 2~4.5L/s 时，水流状态为水膜流；流量为 5L/s 以上时，水流状态为水塞流。在横干管内，流量在 0.5~1L/s 时，未出现水跃现象；流量在 1.5~4.5L/s 时，出现水跃；流量在 5L/s 以上时，出现了水塞现象。

3）气流特点

建筑排水系统内的气压变化决定了气体运移方向。污水从排水立管中下落时夹杂气体一起向下流动，形成局部负压区，新鲜空气从通气立管或者伸顶通气帽进行补气，夹气水流进入横干管后，流速逐渐减小，气体析出，在靠近立管底部形成正压区，推动横干管内气体向下游管道运移。排水立管内的气压分布如图 5-3 所示，立管中气压沿水流方向由负到正，最大负压值出现在横支管与立管连接处附近，零点气压靠近立管底部，横干管的气压由正到零。

立管内不同的水流状态下气体流动方式不同。附壁螺旋流下，水流的夹气作用不明显，立管内的气压较为稳定；水膜流时，水沿管壁呈环状水膜竖直向下运动，水膜所受的管壁摩擦力小于重力，气体阻力作用增大，夹气作用明显，空气从伸顶通气管顶端补入，在环中心以空气柱形式向下流动；排水流量增大到水塞流时，横向隔膜不易破坏，立管内气体以气团形式受水流推移。

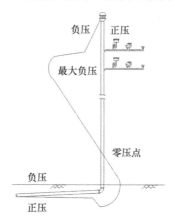

图 5-3　排水立管内的气压分布

2. 立管负压变化及通气规律

我国建筑排水立管的最大通水能力设计以水膜流阶段的压力波动作为依据，忽略水膜区的气相、气流区的水相，将该阶段水气流动简化为水流运动和气流运动，近似看作一个中空的环状物体，选取通气管顶和最大负压处两断面，用能量方程和动量方程来描述。在建筑排水系统内，立管内负压值越大时，通气管内的气体流速也就越大，立管负压值是系统气流组织产生的主要原因，负压值的变化影响立管的通气规律。

最大负压值与排水高度、排水负荷呈正相关关系，与管径、管壁粗糙度成反比。汪雪姣等（2007）通过 12 层的建筑普通单立管系统排水实验，发现排水流量从 2.6L/s 增加到 5.2L/s 时，最大负压从–98Pa 增加到–431Pa，最大负压值与排水负荷成正比。这是因为排水流量较大时，水膜流在立管内达到的极限流速（受摩擦力影响，水膜厚度和速度不再发生变化时的流速）增大，夹气效果明显，产生的负压也就越大。另外，横支管水流进入立管时形成水舌水力现象，流量越大，水舌所占立管断面也就越大，通气管的补气作用受限，最大负压值增大。赵瑞云等（2015）对 33 层建筑排水单立管的气压波动进行了测量，排水负荷与气压值仍是正相关，但在超高层中水流下落时与管壁、空气作用非常剧烈，出现"离散雾化"的现象，使得气体密度增大，气流速度加快，排水流量 2L/s 时，最大负压值达到–980Pa。相同流量下超高层所形成的负压值远大于高层建筑，由此可见，最大负压值与排水高度也是正相关。此外，水膜流在立管内下落时，同时受管壁摩擦力和空气阻力的影响与水流自重达到平衡，管径、管壁粗糙度增大时，气液两相间的摩擦力减小，夹气效果下降，因此，最大负压值与管径、管壁粗糙度呈负相关关系。

　　为了平衡立管内的负压状态，新鲜空气从单立管排水系统伸顶通气帽进行补气。彭海龙等（2016）在 1∶1 实验塔上测量了不同负压状态下单立管系统的通气流量，得出负压值与通气流量呈正相关，最大负压值从–43Pa 到–1994Pa 变化时，通气流量从 31L/s 增加到了 77L/s。因此在单立管排水系统内，排水流量、排水高度的增加都会致使系统内的负压值增加，伸顶通气立管的通气流量也随之越来越大。

5.1.3　双立管排水系统气流组织特性

　　污水从横支管进入立管时，会形成水舌水力现象，且流量越大，水舌形态越稳定，严重阻碍了单立管伸顶通气的补气过程，为此在建筑排水系统内引进了专用通气立管，通过结合通气管从水舌下方进行补气，这种由一根排水立管和一根通气立管组成的排水系统称为双立管排水系统，也称两管制。

　　在污水收集与输送方面，双立管排水系统与单立管排水系统基本一致。在气流方面，双立管排水系统因增设了专用通气立管和结合通气管，所以负压抽吸的外界空气除了沿水流方向直接进入排水立管外，部分气流进入通气立管经结合通气管处进入系统。此外，在气流方向上，双立管排水系统内并非从上而下，李博远等（2017）在国家住宅工程中心等比例高层实验塔上发现部分楼层区域的通气立管中出现了气流反向现象，且随着排水流量的增大该区域的位置有逐渐向下移动的趋势，气流方向如图 5-4 所示。原因在于结合通气管的出现破坏了水膜流或者附壁螺旋流的水膜状态，排水立管中水流所裹挟的气核在缺口瞬间释放出来。此外，低楼层区域由于正压的出现，也会形成气流反向现象。

　　卫生器具排水时所产生的负压变化是排水立管内气流产生的动力来源。单立管排水系统补气方式单一，在相同排水流量下，排水立管内的气压变化大于双立管排水系统，考虑室内卫生环境的安全问题，单立管排水系统的通水能力小于双立管排水系统。臧振武（2015）分别测试了 15 层高的单立管排水系统和双立管排水系统内的气压变化规律，以 ±400Pa 作为水封破

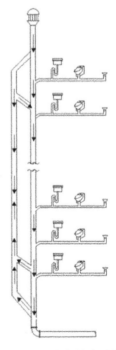

图 5-4　双立管排水系统内气体流向

坏标准计算其通水性能，结果表明，双立管排水系统的通水能力是单立管排水系统的近 2 倍，15 层至 5 层的单立管排水系统的通水能力在 1.8～2.2L/s，而双立管排水系统在 3.8～4.1L/s。此外，关于排水流量和排水高度的影响因素，单立管排水系统与双立管排水系统都表现为正相关关系，排水流量越大、排水高度越高，排水系统内的负压值越大，系统对外界空气的抽吸力也就越大。

5.2 市政污水管道系统气流组织特性

5.2.1 重力流污水管道气体运移特性

地下重力流管道内气流组织规律主要受气液交界面的拖曳力、气压差、系统内外气相环境差异、特殊构筑物、自然条件等因素的影响，如图 5-5 所示。

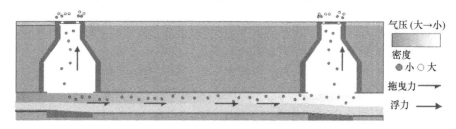

图 5-5 重力流污水管道内气体运移

1）污水拖曳力的影响

污水拖曳力是气流组织的第一影响要素。污水流动时，气液之间的摩擦因素对管道顶部空间的气相环境产生的同向牵引力作用，带动气体向下游运移。气相断面的速度分布呈梯度形式，越靠近水面气流速度越快，远离污水表面流速减慢。Pescod 和 Price（1982）测量了 DN300 试验管道在不同流速、不同水深下产生的气体流量，得出气体流速与污水表面速度呈指数型关系，并提出了用于预测污水管道内气体流量的经验公式，在工程设计中得到普遍使用。因此，依赖污水拖曳计算气体运移速度具有一定的准确性。

2）气压差及特殊构筑物影响

气压差变化影响系统与外界的气体交换及改变气体运移速度。污水管道坡度变缓时，流速减小形成水跃阻碍了部分气体的流通，气压升高气流运移速度减慢，严重时会形成一个气味释放点对城镇环境造成恶劣影响。排水管网系统中跌水构筑物发生跌水时会卷吸空气一起下落形成负压，系统从外界抽吸空气，汇入下游管道后气体析出，气压增大促使气体向下游运移。Guo 等（2018）测量了一段长为 3km，上游跌水井、下游泵站的污水管道内气压变化和硫化氢浓度，结果表明，上游跌水构筑物对下游管道内气流起到一个明显的加压过程，加快了气体运移速度；下游泵站的存在，使得近 1km 长的管道处于满流状态，促进了硫化氢气体从支管处释放。

3）气相环境及自然条件的影响

污水管道内外气相环境差异会导致管道系统的自然通风，如湿度差、温度差、组分差会使得管道内气体比外界大气较轻，密度差作用驱动管道系统内有害气体与外界大气进行气体交换。刘艳涛等（2017）发现检查井井盖的预留孔可以起到自然通风的作用，但易堵塞，实际效果并不明显。一些自然条件也有一定影响，如地表风吹过时，会对检查井内的有害气体产生一定的抽吸作用；暴雨时管道内的污水水位上升，迫使气体排出系统，促进与外界气体交换。

5.2.2 跌水构筑物小孔进风特性

卢金锁和丁超（2014）利用 VOF 模型对城镇排水系统构筑物污水检查井跌水进行模拟计算，得到了不同开孔状态下的等效通风机特性曲线，并将其与管道阻力曲线联立，确定了一段特定管段通风量。

研究发现，跌水井井盖开孔一般为吸气，即新鲜空气会通过跌水处的井盖开启孔进入污水管道。而靠近跌水井并处于跌水井下游的检查井，在跌水卷吸推动作用下，检查井开启孔会往外出气，即有害性气体会通过此类检查井溢出污水管道系统。随着跌水高度和进水流速的增加，上方开启孔吸气量也增加。当跌水高度较低时，提高流速对吸气量增加不明显，当跌水高度较大时，提高流速可以显著增加顶部开启孔吸气量。

模拟跌水时的气水两相图及空气流线如图 5-6 所示，可以看出，当盖板未完全打开时，由于开启孔阻力，空气会在检查井内形成环流。开启孔面积越小，环流越严重，造成跌落射流能量的浪费，导致空气流量减小。当盖板完全打开时，顶部空气流通不存在阻力，空气流量也随之增加。当顶部开孔分别为两个 2cm、两个 4cm、一个 8cm 和完全开放四种状态时，顶部空气体积流量分别为 $6.013\times10^{-4}m^3/s$、$2.31\times10^{-3}m^3/s$、$4.50\times10^{-3}m^3/s$ 和 $0.26037m^3/s$。通过比较前三种状态下空气流量与开口面积的关系，可以发现空气流量与开启孔开孔面积基本成正比。而完全开放时开口面积为一个 8cm 开启孔面积的 100 倍，但空气流量却只为57.9 倍，这是因为开口面积增大时，井内外压差会相应减小，因此，当顶部开口面积达到一定程度时，空气流量的增加并不会随开口面积线性增加。

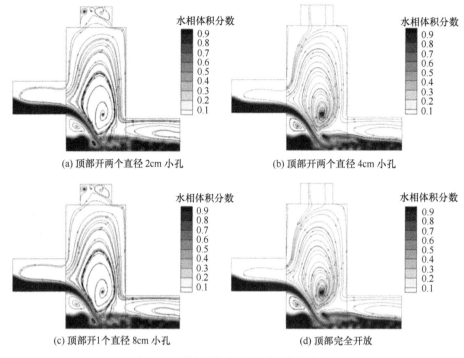

(a) 顶部开两个直径 2cm 小孔　　　　　　(b) 顶部开两个直径 4cm 小孔

(c) 顶部开1个直径 8cm 小孔　　　　　　　(d) 顶部完全开放

图 5-6　跌水时气水两相图及空气流线

检查井跌水对污水管道内空气流动的促进作用，可视作是在检查井内设置通风机，在管道阻力的作用下，随着管长增加，通风量会相应的减小。

对于一段 DN800 的污水管道，在开孔比分别为 0.125%、0.5%、1% 和 100% 时，污水管道安全通风长度分别为 246m、626m、705m 和 741m。适当增加开孔比可以显著增加有效通风长度。而开启孔大到一定程度时，管道阻力成为最关键因素，继续增加开孔效果不显著。根据计算结果，当跌水井后方管道长度大于安全长度时，甲烷有达到爆炸极限的风险，为保证管道安全运行，应考虑安装辅助通风装置。

5.2.3　污水窨井盖小孔通风换气效应

1. 某市检查井井盖小孔现状

对某市市政道路污水检查井盖开启孔的状况进行调研，调研过程中，混凝土型井盖和传统的铸铁井盖通常有两个开启孔，开启孔部分堵塞时则认为其全部堵塞。防沉降球墨铸铁型井盖开启孔复杂，且大小不一，主开启孔大且位置固定，两个侧开启孔面积小，若侧开启孔有一个堵塞则认为全部堵塞，主开启孔部分堵塞则认为全部堵塞。本次共调研了某市主城区 2238 个污水检查井盖，包括混凝土型井盖 962 个、防沉降球墨铸铁型井盖 716 个、传统的球墨铸铁型井盖 560 个，井盖开启孔堵塞状态的调查分析结果如图 5-7 所示。

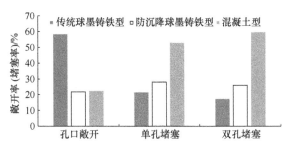

图 5-7　不同类型井盖开启孔堵塞情况

在随机调查的污水井盖中孔口敞开、单孔堵塞、双孔堵塞的比例分别为 28.5%、24.7%、46.8%，开启孔的堵塞率超过 70%。混凝土型、防沉降球墨铸铁型、传统球墨铸铁型开启孔敞开率依次减加，传统球墨铸铁型井盖敞开率达 58.2%，但其在实际应用中所占的比例却相对最少。单孔堵塞率三者相近。在实际中应用最多的混凝土型井盖，开启孔被完全堵塞最为严重，堵塞率接近 60%，而应用较少的传统球墨铸铁型井盖的开启孔堵塞率不到 25%。

分析原因，混凝土型井盖质量大、壁厚，井盖开启孔较深且表面粗糙，因此，落叶、泥土、粉尘等极易堆积直至完全堵塞。而防沉降球墨铸铁井盖结构特殊，主开启孔通常为矩形且在开启孔底部有嵌入式胶条，底部台阶式入口容易沉积地面粉尘、沙土等杂物，另外，此类井盖主要应用在市政干道、主干道上，在道路施工过程中，施工人员若操作不规范，便会将沥青路面残留物等带入井盖而堵塞井盖开启孔。传统球墨铸铁型井盖壁薄，开启孔形状通常为"腰子形"，孔内不易沉积树叶、泥土等小的杂物，调查中发现其堵塞物主要是绒絮状花瓣残留物、大颗粒的石子及一些黏稠物等较大的物体。

另外，调查中还发现，新建城区周边检查井开启孔敞开数量要多于旧城区，同时其检查井开启孔被完全堵塞的概率也相对较大，主要是因为新建城区多为新设置的检查井盖，敞开数量多，而周边施工的残留垃圾，以及街边商贩经营不规范等极易引起开启孔的堵塞。非机动车道上检查井井盖开启孔的完全敞开率和完全堵塞率均高于机动车道，其主要原因可归咎于非机动车道检查井井盖被开启的概率和接触堵塞物的概率均相对较高。

2. 小孔敞开时井内气体浓度变化

检测对象为一座深 7.1m 的检查井，井盖为传统的混凝土井盖，井盖上有两个

20mm×40mm 的矩形开启孔。在开启孔完全敞开的状态下，采用英思科多气体检测仪（M40-PRO）对检查井内气态甲烷、硫化氢、一氧化碳、氧气的浓度进行检测，在四个季节内各选一天进行检测。每次检测时间从早上 6:00 到第二天凌晨 6:00，全天 24h，每两个小时检测一次，共检测 12 次。检测过程中有害气体 H_2S 很少被检出，CO 从未被检出，气态 CH_4 的含量较高，CH_4 的检测结果如图 5-8 所示。

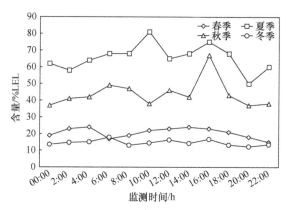

图 5-8　CH_4 含量不同季节一天 24h 的变化

　　纵向比较各季节检查井内的气体含量得出，夏季温度较高，管道中水量较大，有利于产甲烷菌利用水中有机物产生甲烷，管道内甲烷气体的含量最高。秋季气温较低，相对于夏季而言，管道中的温度并不是微生物所需的最佳温度，产甲烷菌的活性相对较低，再加上用水量的减少，气液接触面积减小，使得甲烷的产生和向气体空间的释放都有所降低，甲烷气体的含量降低。冬季是一年中气温最低的时候，检测当时的平均气温为 2℃，夜晚气温最低时降到-4℃，管道中微生物的活性极低，居民用水量也是一年中最低的时候，监测井中甲烷的浓度处在最低水平。四季检查井中甲烷气体浓度的不同，进一步说明了气温是影响管道中气体浓度的重要因素。

　　比较一天内各检测时间井内甲烷的浓度可得出，一天中在用水量较大的高峰时段（8:00、12:00、20:00），检查井内甲烷含量在一天当中处在一个相对较低的水平。分析其原因，可能是在用水高峰时段，管道内大量污水的排入有利于管道内气体与外界的交换，一方面污水的排入可夹带着一部分的溶解氧进入管道，另一方面水量的加大对管道中水力条件产生影响，水量较大占据气体空间迫使管道内气体排出到外界。一方面外界空气进入管道，井内氧气含量较高不利于甲烷的生成；另一方面甲烷也可通过开启孔释放到外界，含量降低。16:00 是管道中甲烷气体浓度的一个峰值，这是因为 14:00～16:00 是一天中气温最高的时候，管道内产甲烷菌的活性最强，甲烷的产生量最大，造成甲烷的浓度相对较高。一天中检查井内甲烷浓度会有一定的波动，表明管道内外会有一定的气体交换，甲烷气体会通过开启孔排出，说明开启孔有一定的通气作用。但是，检查井内甲烷的含量并没有有效地降低，表明开启孔的通气作用并不能满足降低管道有害气体风险的需求，在气体交换方面的作用非常有限。

3. 小孔堵塞时井内气体浓度变化

将检查井井盖开启孔用橡皮泥完全堵塞，监测点前后端管道上的井盖开启孔也完全堵塞，隔绝管道内外的气体交换，现场检测堵塞一定时间后检查井内 O_2、CH_4、H_2S、CO 的含量，分析其变化。

O_2 检测结果如图 5-9 所示，在检测的两种常见检查井内，随着井盖小孔堵塞时间的增加，检查井内 O_2 的含量呈明显的降低趋势。井盖开启孔被完全堵死，管道内外气体交换的主要途径被割断，管道中的氧组分逐渐被好氧微生物所利用，不断消耗又得不到及时的补充。随着氧气含量的降低，管道内逐渐呈现厌氧状态，这给厌氧微生物硫酸盐还原菌和产甲烷菌创造了良好的生存环境，对有害气体（CH_4、H_2S）的产生极为有利，甲烷和硫化氢不能及时排出，在管道内聚集，管道的安全受到极大威胁。与普通检查井相比，跌水井内氧气含量明显较高，主要是跌水造成井内水流流态的急剧变化，其能夹带周围空气进入检查井，使井内氧气含量升高。

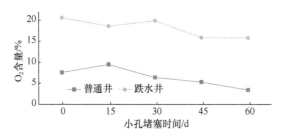

图 5-9　O_2 含量随开启孔堵塞时间的变化

CH_4 的检测结果如图 5-10 所示，随着开启孔堵塞时间的增加，检查井内 CH_4 的含量不断升高。在检测后期 CH_4 的含量均超过爆炸下限（LEL）二级危险报警值 25%LEL，在跌水井中甚至达到了 87%LEL，几乎达到 CH_4 的爆炸下限值。跌水井中 CH_4 的含量明显高于普通检查井，其原因是跌水造成的水力扰动能使污水中产生的 CH_4 更容易释放到气体空间中。另外，跌水井位于普通检查井下游，上游产生的 CH_4 在水流拖拽力的作用下会逐渐向下游积累，从而使跌水井中甲烷含量相对较高。

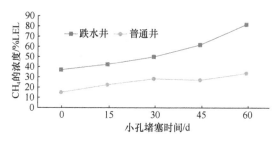

图 5-10 CH₄ 含量随开启孔堵塞时间的变化

温度较高的 5～10 月，由于管道内微生物活性较高，对净空区域中 O_2 的消耗量大，当检查井开启孔被堵塞时，管道内外气体交换的主要通道被隔绝，消耗的 O_2 得不到及时的补充，管道系统中 O_2 的含量迅速降低，一段时间以后管道内就处于缺氧状态，这为有害气体 CH_4、H_2S 等的产生和积累创造了有利条件，在检测阶段末期井内 CH_4 的含量均超过爆炸下限危险控制值。

另外，1～3 月的检测结果显示，开启孔堵塞对井内气体组分的影响并不明显，在堵塞周期内井内 O_2 的量基本不变，维持在 19% 左右，H_2S、CO 未被检出，CH_4 的含量也未超高危险报警值。这是因为气温相对较低的冬季管道内微生物活性较弱，对氧气的消耗量少，管道内氧组分含量较高，不利于 CH_4 和 H_2S 的产生和积累。

参 考 文 献

李博远, 赵珍仪, 张哲, 等. 2017. 专用通气排水系统通气机理研究初探. 中国给水排水, 33(21): 133-138.

刘艳涛, 卢金锁, 闫帅军. 2017. 污水检查井盖调研及其预留孔对井内气体组分影响. 中国给水排水, (3): 97-101.

卢金锁, 丁超. 2014. 基于 CFD 对污水管道通风数学模型的验证. 中国给水排水, (21): 66-70.

彭海龙, 张勤, 赵世明, 等. 2016. 关于单立管系统通气流量影响因素的试验研究. 中国给水排水, 32(5): 127-130.

汪雪姣, 高乃云, 夏圣骥. 2007. 单立管排水系统通水能力的试验研究. 给水排水, 33(6): 65-67.

吴俊奇, 欧云峰, 王文海, 等. 2002. 关于建筑排水横管水流研究的探讨. 给水排水, 28(9): 53-55.

臧振武. 2015. 高层建筑排水管道系统的排水特性研究. 北京: 北京工业大学.

张哲, 张磊, 席鹏鸽, 等. 2013. 建筑排水管道流态分析初探. 给水排水, 49(10): 98-100.

赵瑞云, 张均锋, 张哲, 等. 2015. 超高层建筑单立管排水系统水力工况的数值模拟. 中国给水排水, 31(17): 150-154.

Guo S, Qian Y, Zhu D Z, et al. 2018. Effects of drop structures and pump station on sewer air pressure and hydrogen sulfide: field investigation. Journal of Environmental Engineering, 144(3): 04018011.

Pescod M B, Price A C. 1982. Major factors in sewer ventilation. Joural of Water Pollution Control Federation, 54(4): 385-397.

第6章 强化自然通风技术

6.1 强化自然通风技术原理

6.1.1 排水立管"脉冲通气"技术

1. 技术原理

该技术原理在于利用建筑立管排水时产生的负压波动抽吸外界新鲜空气来改善污水管道的通风状态，且通过化粪池的结构设计排出蓄积的有害气体。

当建筑物不设置化粪池时，即建筑立管排出管直接和污水管网相连，当建筑立管排水时，上部气体被吸入，立管底部气体析出，这部分在水流推动力的作用下随着水流进入污水管网系统中，进而改善了通风状态。在污水输送到污水处理厂的过程中，如果多个不设置化粪池的建筑物接入污水管网中，上游建筑物吸入的气体可以改善下游污水管道的通风状态，那么，污水管网的通风状态可以逐段被改善。

当建筑物设置化粪池时，建筑立管排出的污水先进入化粪池中再流入管网中，因此，立管排水时吸入的气体会进入化粪池中。目前，化粪池的设计已经标准化、系列化，虽然设计中也考虑了通气的问题，但是将通气管设置在进水管的上方，即沿着建筑物外墙升上地面，吸入的气体大部分会从通气管处逸出，无法进入化粪池内，并没有起到更新化粪池内气体的作用，堆积在上方的有害气体也不能排出。因此，需要对传统的化粪池进行改造，充分利用吸入的气体来改善化粪池中的通风状态，将有害气体排出去。

2. 技术实施

该技术实施原理如图 6-1 所示，对于临街建筑物 1，取消化粪池，并构造建筑立管 4 和市政污水管网直接相连的自然通风系统，当建筑立管 4 排水时，外部的气体从通风帽 3 处被吸入，这部分气体进入污水管网检查井 5 中，并在水流推动力的作用下进入下游管道，推动下游管道中堆积的有害气体流动，改善了下游管道的通风状态。对于非临街建筑物 2，不需要取消化粪池 6，建筑立管排出管和化粪池 6 相连，当建筑立管 4 排水时，吸入的气体进入化粪池 6 中，只需要对传统的化粪池进行改造，就可以充分利用吸入的气体来改善化粪池中的通风状态，将有害气体排出去，有效地解决了化粪池有害气体的问题。

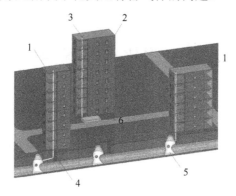

图 6-1　技术实施原理图

1. 临街建筑物；2. 非临街建筑物；3. 通风帽；4. 建筑立管；5. 检查井；6. 化粪池

　　该技术充分利用建筑立管排水时吸入的气体来改善管网的通风状态，同时结合了我国现状，对于临街建筑物，取消化粪池，将建筑立管排出管直接和市政管网相连，排水时吸入的气体可以改善下游管道的通风状态。对于非临街建筑物，不需要取消化粪池，只需要对传统的化粪池进行改造，就可以利用排水时吸入的气体将化粪池中的有害气体排出去。因此该技术简单有效，无须添加其他动力装置，造价低。

　　对化粪池的结构改造如图 6-2～图 6-5 所示，化粪池的侧壁上设置进水管 1、出水管 5 和通气管 6，所述进水管 1 端部设置出气管 10，所述出水管 5 端部设置进气管 8；所述化粪池内部位于进水管 1 和出水管 5 之间竖直设置至少一个隔墙 4，所述隔墙 4 两侧竖直均匀分布多个隔板 3，所述隔板 3 的顶面与化粪池的顶面固连，隔板 3 的底面位于化粪池内水面的上方，隔板 3 的一侧与化粪池的一侧侧壁固连，其另一侧与化粪池的另一侧侧壁之间留有空隙，且每两个相邻的隔板 3 分

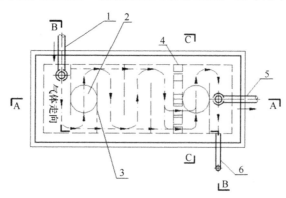

图 6-2　化粪池俯视图

1. 进水管；2. 检查井；3. 隔板；4. 隔墙；5. 出水管；6. 通气管

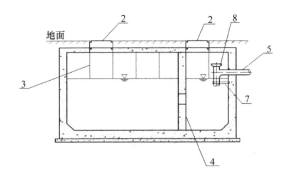

图 6-3　化粪池 A-A 剖面图

2. 检查井；3. 隔板；4. 隔墙；5. 出水管；7. 管道支架；8. 进气管

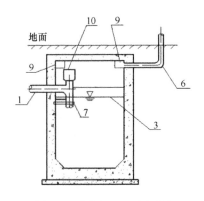

图 6-4　化粪池 B-B 剖面图

1. 进水管；3. 隔板；6. 通气管；7. 管道支架；9. 通孔；10. 出气管

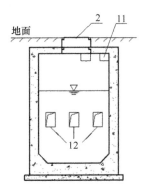

图 6-5　化粪池 C-C 剖面图

2. 检查井；11. 通气孔；12. 通水孔

别与化粪池的不同侧的侧壁固连；隔板 3 位于化粪池内水面的上方，保证化粪池内的水流正常流动；所述通气管 6 和进水管 1 分别位于化粪池的对角位置，使得进水管 1 携带的气体推动化粪池内的有害气体流动，有害气体从通气管 6 处充分排出，避免产生死角。

水流由进水管 1 进入化粪池的同时会带入大量的气体，气体推动化粪池内堆积的硫化氢等有害气体以及甲烷等爆炸性气体，沿着隔板 3 的间隙流动，所述隔板 3 起到了导流的作用，气体通过通气管 6 或进气管 8 排出化粪池，实现有组织地充分排出化粪池内气体的目的。该化粪池充分利用建筑排水所带来的气体，由于建筑排水频繁，可以及时地更新化粪池内的气体，并不需要人为地去除化粪池内的有害气体。

6.1.2 建筑立管"烟囱效应"排气技术

1. 技术原理

我国污水管道采用重力流排水,管道多处于地下,土壤具有保温、保湿的效果,因此,市政污水管道内的有害气体产生一定的浮力效应(Yongsiri et al., 2004)。此外,有害气体各组分的混合密度多小于空气密度,在密度差的作用下,浮力效应更为明显(Joyce et al., 2000)。然而,城镇排水系统未设置专门的通风设施,导致臭气四散。该技术原理在于利用城镇中高楼建筑中的建筑立管作为市政污水管道内有害气体的通风口,将市政污水管道与建筑立管直连,在密度差产生"烟囱效应"下将有害气体排出污水管道。另外,在建筑通气管上增设旋转风帽,增强对管内气体的抽吸作用,强化排气效果。

2. 技术实施

技术实施如图 6-6 所示,利用排水立管 1 内水流的推力推动污水管道 2 内的有害气体沿着水流方向流动,气体在管网下游的某一个检查井 5 聚集,检查井 5 是封闭的。然后利用集气罩收集气体并通过连接管 6 输送到伸出高层建筑屋顶的通气管 7 当中,通气管 7 末端是旋转风帽 8,可以提供给管内气流以垂直向上的抽吸力,将有害气体排放至大气中。

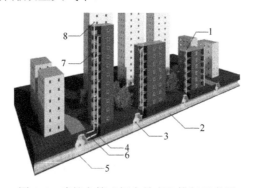

图 6-6 建筑立管"烟囱效应"排气示意图

1. 排水立管; 2. 污水管道; 3. 污水支管; 4. 出户管; 5. 检查井; 6. 连接管; 7. 通气管; 8. 旋转风帽

遵循上述技术方案,排水立管 1 通过出户管 4 直接与地下污水管道 2 相连,在某次排水过程中,水流从建筑物的排水立管 1 中以一定速度自上而下流入出户管,此时,水流流动过程中产生的推力,推动管道内积存的有害气体沿着水流方向移动。

气体不断地流往管道下游,开始向下游某一位置的检查井 5 内汇集。检查井 5 被封闭后,有害气体将通过集气罩源源不断地流入连接管,从而进入高层建筑的通气管 7 中。

通气管顶部固定有旋转风帽 8，在微风作用下的旋转运动会产生一个竖直向上的抽吸力，将进入通气管 7 内的气体排放到大气中，从而实现了管网内有害气体浓度的降低。

6.1.3　污水管道有组织通气技术介绍

1. 技术原理

污水管道内有组织通气技术原理在于根据管道系统内的气体流动特点，利用气流自身所具有的动能，通过阻气装置加以控制，使有害气体自发地、有组织性地从"通风口"排出，而不是四处逸散污染环境。此外，上游有害气体的输入也是污水管道内有害气体蓄积的主要原因，同样利用阻气装置隔断上游有害气体的输入，设置新鲜空气的连通渠道作为污水管道的补气来源。排出有害气体和补入新鲜空气，两种气体流动方式可以有效地减小污水管道内有害气体的蓄积风险，改善管道内的厌氧环境，抑制有害气体的产生。

2. 技术实施

污水管道内有组织通气技术示意图见图 6-7，建筑立管管径在 DN100 以上，且伸顶立管通气帽与大气环境相通，是城镇排水系统内最大的气体联通口，另外建筑立管高度较高，对城镇生活环境影响较小，因此，选择建筑立管的伸顶立管通气帽作为污水管道内有害气体的"通风口"。未设置阻气装置 4、5 时，污水管道 3 内水体流动时，气体从管道上游运移到管道下游，随着污水管道 3 内有害气体的不断产生，气体蓄积严重。技术应用是在上游检查井内设置阻气装置 4，在水流的带动下，气体不再从上游管道输入，而是从上游建筑立管 1 的伸顶立管通气帽进行补气；同样地，气体流动到下游时，受到阻气装置 5 的阻挡，不再进入下游管道，而是从下游建筑立管 2 排出。技术应用改变了气体的流动方向，且借助于已有的建筑立管作为"通风口"，形成上游建筑立管 1 进入新鲜空气，下游建筑立管 2 排出有害气体，改善了污水管道 3 内的厌氧环境。

增强管道内气体有组织通气技术发挥作用依赖于水气间的动量传输，因此适用于长时间存在污水流量的污水主干管道。为了保持更好的通风效果，污水管道 3 的沿线检查井小孔采用封堵方式，支管处设置阻气装置，避免气流乱窜污染居民生活环境。对于较长的管道系统，可以将其划分为多个子系统，分别进行增强管道通风技术的应用，子系统与子系统间的管道系统内的有害气体控制，可以适当地增加检查井井盖的开孔比，利用系统外的自然通风效应来降低有害气体浓度，但间距不用过大，防止有害气体产气量较大，散发恶臭污染环境。

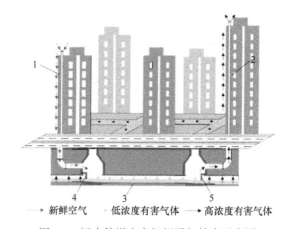

图 6-7　污水管道内有组织通气技术示意图

1. 上游建筑立管；2. 下游建筑立管；3. 污水管道；4. 上游阻气装置；5. 下游阻气装置

6.2　技术通风效果分析

6.2.1　技术一：应用案例的通气性能

1. 应用案例介绍

　　选取的应用案例为某校教学楼及相连的污水管道系统，教学楼Ⅰ如图 6-8 所示，建筑立管横出管直接接入管网，不接化粪池。教学楼Ⅰ共 7 层，每层高 3m，通风帽高出楼顶 1m。各层的女卫生间卫生器具、男卫生间大便器通过立管接入 2

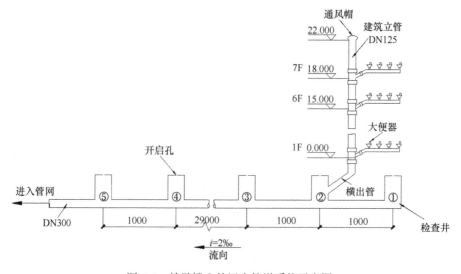

图 6-8　教学楼Ⅰ的污水管道系统示意图

号检查井，实验所选取的卫生器具为男卫生间的大便器，其额定流量为 1.2L/s。立管管径为 DN125，通风帽的直径和污水管道相同。污水由 1 号检查井流经 2、3、4、5 号检查井后接入校园主干管。污水管道管径为 DN300，坡度为 2‰，检查井井盖开孔的面积均取为 2cm²。

吸入气体量模型的验证在教学楼Ⅱ进行。图 6-9 所示为教学楼Ⅱ的污水管道系统示意图。教学楼Ⅱ共 10 层，每层高 3m，通风帽高出楼顶 1m。通风帽的管径为 DN180，模型验证在男卫生间中进行，每一个男卫生间中有三个大便器，其额定流量为 1.2L/s。

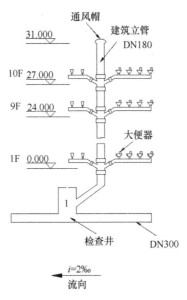

图 6-9　教学楼Ⅱ的污水管道系统示意图

2. "脉冲通气"的气体量

污水进入立管中，立管上端出现负压，外界气体被吸入，污水在下落过程中会夹带气体一起流动，如果这部分气体可以随着水流进入管网中，而不是逆着水流从通风帽处逸出，那么这部分气体就可以改善管网的通风状态。从教学楼Ⅰ最高层（7 层）的一个大便器开始，然后由高到低依次向下增加一个大便器，通风帽处瞬时风速和气压的变化如图 6-10 所示。

由图 6-10 可知，未开始排水时，立管内气流正常，通风帽处有自然风速，不过风速很小。开始排水后的极短时间内，三种情况下的通风帽处风速迅速增加，气压迅速降低，风速的最大值和气压的最小值几乎是在同一时间点达到，之后风速开始降低，气压回升，最终恢复到起始状态，而且会一直维持在起始状态。水量增加，通风帽处各时刻的瞬时风速也随之增加，各时刻的瞬时气压也随之减小，

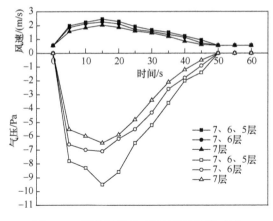

图 6-10   通风帽处瞬时风速和气压的变化

但是三种工况的变化趋势相同，这说明在排水过程中通风帽处有气体进入，没有气体逸出。

从教学楼Ⅰ最高层（7层）的一个大便器开始，然后由高到低依次向下增加一个大便器，通风帽和各检查井开启孔处的平均风速和平均气压的情况如图 6-11 和图 6-12 所示。

由图 6-11 和图 6-12 可知，随着排水流量的增加，通风帽处的平均风速增加，平均气压减少，说明吸入的气体量增加，改善管网通风状态的气体量也随之增加。在排水过程中，开启孔处的风速为负，气压为正，说明有部分气体从开启孔处逸出，即进入管网的气体一部分从开启孔逸出，其余的气体用来改善管网的通风状态。由于 1 号和 2 号检查井距离太近，1 号和 2 号开启孔的状态几乎相同，但是之后从检查井开启孔逸出的气体量逐渐减少，4 号开启孔处几乎没有气体逸出。

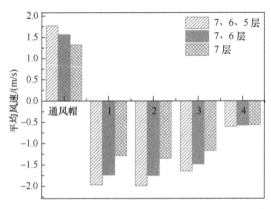

图 6-11   通风帽和开启孔处的平均风速（负值表示气体排出）

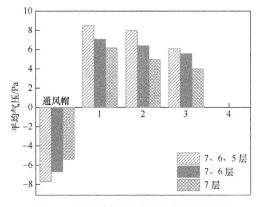

图 6-12　通风帽和开启孔处的平均气压

因此进入管网的气体，一部分会从管段起端检查井的开启孔处逸出，另一部分在管道顶部空间流动，用来改善管网的通风状态。

通风帽处风速和气压的持续变化时间与开启孔处风速和气压的持续变化时间基本相同，根据通风帽和开启孔的面积以及平均风速可知进入立管的气体流量和从开启孔逸出的气体流量，根据气体流量和排水时间可以得知气体体积，立管排水带入的气体流经不同的检查井时均有气体逸出，因此不同管段中的气体流量和气体体积是不同的，如图 6-13 和图 6-14 所示。

三种情况下，各管段的气体流量和气体体积的变化趋势相同，进入管网的气体流量为 16.19～21.72L/s，气体体积为 760.96～1020.38L，在流经管段起端的检查井时会有部分气体从开启孔处逸出，因此管段中的气体流量逐渐减少，最后稳定在 15.20～20.42L/s，管段中的气体体积也逐渐减少，最后稳定在 719.98～962L，这部分气体约为进入管网总气体流量的 94%。

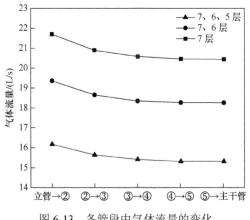

图 6-13　各管段中气体流量的变化

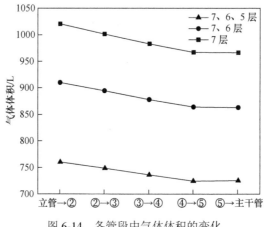

图 6-14　各管段中气体体积的变化

　　三种工况的趋势大致相同，以 6、7 两层大便器同时排水时的情况为例，如图 6-15 所示，吸入的总气体体积为 910.85L，因此立管到与其直接相连的 2 号检查井内的气体体积为 910.85L，由 2 号检查井流到 3 号检查井时，有部分气体从 1 号和 2 号检查井处逸出，因此剩余气体体积为 894.49L，占总气体体积的 98.2%，由 3 号检查井流到 4 号检查井时，有部分气体从 3 号检查井处逸出，因此剩余气体体积为 878.04L，占总气体体积的 96.4%，由 4 号检查井流到 5 号检查井时，有部分气体从 4 号检查井处逸出，因此剩余气体体积为 864.13L，占总气体体积的 94.9%，由 5 号检查井流到主干管时，有部分气体从 5 号检查井处逸出，因此剩余气体体积为 858.77L，占总气体体积的 94.3%。另外两种工况下，最后能够在管道顶部空间流动的气体均占总气体体积的 94%，因此进入管网的气体，约有 6%从检查井开启孔处逸出，其余 94%的气体则在管道顶部空间流动用以改善

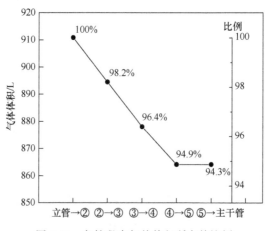

图 6-15　各管段中气体体积所占的比例

管网的通风状态。

3. 同层排水污水管道通风模型

当建筑立管开始排水时，由于立管上部出现负压，外界的气体会被吸入，并且吸入的总气体量约有 94%可以用来改善管网的通风状态，因此计算改善管网通风状态的气体量必须先计算出吸入的总气体量。吸入的总气体量由通风帽处的平均风速、通风帽的直径以及排水时间计算得到，通风帽的直径不变，而且排水时间一般均为 50s，因此吸入的总气体量只与排水时通风帽处的平均风速有关，通风帽处的平均风速会随着排水器具的个数以及排水楼层的高度的变化而变化，当教学楼 I 同层多个大便器同时排水时，通风帽处的平均风速和平均气压的变化如图 6-16 所示。

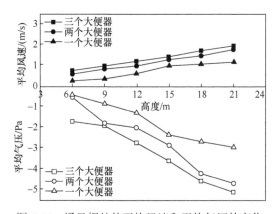

图 6-16　通风帽处的平均风速和平均气压的变化

由图 6-16 可知，随着排水楼层高度的增加和排水流量的增大，通风帽处的平均风速也增大，即吸入的总气体量增加，随着排水楼层高度的增加和排水流量的增大，通风帽处的平均气压的绝对值也增大，即有更多的气体被吸入。因此平均风速增加，平均气压的绝对值也随之增加，通风帽处的平均风速和平均气压之间有直接的关系，其关系如图 6-17 所示。

由图 6-17 可知，排水时通风帽处的平均风速和平均气压之间满足很好的线性关系，其 R^2 值高达 0.9642。因此，平均风速可以表示为

$$v = -0.326p + 0.2779 \tag{6-1}$$

式中，v 为排水时通风帽处的平均风速（m/s）；p 为排水时通风帽处的平均气压（Pa）。

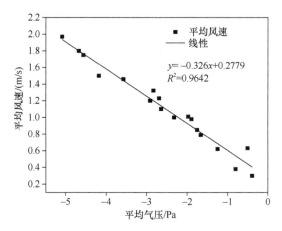

图 6-17   通风帽处的平均风速和平均气压之间的线性关系

直接建立平均风速和排水流量、排水高度之间的模型可能有点难度，但是平均风速和平均气压之间有很好的线性关系，因此，可以先建立平均气压和排水流量、排水高度之间的模型。根据量纲分析法，平均气压可以用排水流量、排水高度表示：

$$p = f(\rho, \quad Q_2, \quad h^{-4}) \tag{6-2}$$

式中，p 为排水时通风帽处的平均气压（Pa）；ρ 为空气密度（kg/m³）；Q_2 为排水流量（m³/s）；h 为排水楼层到通风帽处的高度差（m）。

数据拟合如图 6-18 所示，平均气压可以表示为

$$p = -0.579\ln(Q \cdot h^{-2}) - 7.0068 \tag{6-3}$$

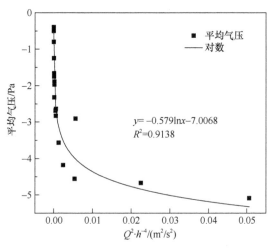

图 6-18   平均气压和 $Q^2 \cdot h^{-4}$ 之间的关系

其 R^2 值高达 0.9138，说明排水时通风帽处的平均气压和（$Q^2 \cdot h^{-4}$）之间存在很好

的线性关系。平均气压也可以表示为

$$p = -0.96\rho\ln(Q\cdot h^{-2}) - 7.0068 \tag{6-4}$$

根据式（6-1）和式（6-4）可得排水时平均风速为

$$v = -0.313\rho\ln(Q\cdot h^{-2}) + 2.56 \tag{6-5}$$

根据同层排水时通风帽处的平均风速和通风帽的直径可以得出同层排水时流入通风帽的总的气体量：

$$Q_a = 3.84\rho\ln(Q\cdot h^{-2}) + 31.4 \tag{6-6}$$

根据建筑立管排水吸入气流组织分布规律和吸入气体量可以得出污水管道通风量模型为

$$Q_a' = 3.61\rho\ln(Q\cdot h^{-2}) + 31.4 \tag{6-7}$$

4. 异层排水污水管道通风模型

建筑立管上接各层的排水横支管，下接排出管。当上层的横支管开始排水时，污水由横支管进入立管竖直下落的过程中，一部分外界大气和通气管道中的气体会被夹带着进入立管一起向下流动，若不能及时补充带走的气体，在立管上端会持续地形成负压，因此外部的气体会被吸入通风帽。由量纲分析法可知，同层卫生器具开始排水时，通风帽处的进气量和排水楼层的高度、排水流量的大小有关，因此理论上来说，当同层卫生器具开始排水时，通风帽处的进气量也应该和排水楼层的高度、排水流量的大小有关，不同的地方在于异层排水时，排水楼层的高度不是唯一的，因此需要找到一个能够同时表达不同排水楼层高度的量 h^*。

当异层卫生器具开始排水时，楼层位置到通风帽处的高度差不同，即式（6-5）中的 h 不同，因此，同层排水的气体量模型不再适用于此种情况，但是如果 h^* 能够用不同楼层的 h 值来表达，即 h^* 能够综合表达式（6-5）中不同楼层的 h 值，当异层排水时，用 h^* 代替同层排水时的 h，则此时也可以用量纲分析法来表示异层排水时通风帽处的平均风速和平均气体量。

当异层卫生器具排水时，排水流量根据实际情况而定，根据实际异层排水通风帽处的平均风速和式（6-5）可以得出一个 h 值，此 h 值相当于把异层排水的高度折合成同层排水，要得到异层排水时的气体量模型，最简便的方法就是寻找能够同时表达不同排水楼层高度的量 h^* 和 h 值之间的关系式。当教学楼 I 异层排水时，取

$$h^* = \frac{\sum_{i=1}^{n} h_i}{n} + h_j \tag{6-8}$$

式中，h_i 为各个排水楼层排水点到通风帽的距离；h_j 为上述值中最小的数。根据

实际异层排水时通风帽处的平均风速和式（6-5）可以得出一个 h 值，其结果如表 6-1 所示。则 h^* 和 h 之间的关系如图 6-19 所示。

表 6-1　异层排水时的 h^* 和 h 值

排水楼层	各楼层对应的 h 值			$h^*=\sum h_i/n+h_j$	通风帽平均风速/（m/s）	h
	h_1	h_2	h_3			
5、6、7 层同时排水	4	7	10	11	1.77	5.42
2、3、4 层同时排水	13	16	19	29	1	15.1
3、5、7 层同时排水	4	10	16	14	1.65	6.37
6、7 层同时排水	4	7	—	9.5	1.56	5.86
2、3 层同时排水	16	19	—	33.5	0.86	14.8
2、7 层同时排水	4	19	—	15.5	1.4	7.24

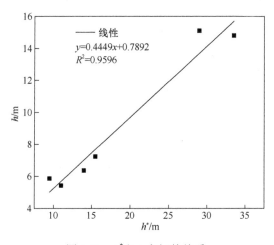

图 6-19　h^* 和 h 之间的关系

由图 6-19 可知，当异层排水时，h^* 和 h 之间存在很好的线性关系，其 R^2 高达 0.9596，因此 h 可以用 h^* 表示为

$$h = 0.4449h^* + 0.7892 \tag{6-9}$$

当异层排水时，首先根据不同排水楼层高度得出 h^*，由 h^* 和式（6-9）可以得出对应的 h 值，再根据排水的流量、空气密度得出异层排水时通风帽处的平均风速：

$$v = 0.313\rho\ln\left[Q\cdot\left(0.4449h^* + 0.7892\right)^{-2}\right] + 2.56 \tag{6-10}$$

根据式（6-7）、式（6-9）和通风帽的直径得出异层排水时进入的总的气体量为

$$Q_a = 3.84\rho \ln\left[Q\cdot\left(0.4449h^* + 0.7892\right)^{-2}\right] + 31.4 \qquad (6\text{-}11)$$

根据建筑立管排水吸入气流组织分布规律和吸入气体量得出污水管道通风量模型为

$$Q'_a = 3.61\rho \ln\left[Q\cdot\left(0.4449h^* + 0.7892\right)^{-2}\right] + 31.4 \qquad (6\text{-}12)$$

根据式（6-6）和式（6-11）可知同层卫生器具排水时和异层卫生器具排水时通风帽处总的进气量，这些吸入的气体会随着水流进入管网中，一部分会从检查井孔逸出，而其余大约 94%的气体量会在管道顶部空间流动，据式（6-7）和式（6-12）可知进入污水管道中并且能够在管道顶部空间流动的气体量，即管道的通风量。

5. 日平均通气量

建筑立管开始排水时，由于排水楼层高度和排水流量的不同，吸入的气体量不同，而且吸入的总气体量有94%能够进入管网改善管网的通风状态，因此能够改善管网通风状态的气体量也不同。根据每次排水时的气体量、排水时间以及日平均排水次数可以得出日平均气体量，那么，能够改善管网通风状态的日平均气体量也可以计算得出。

以教学楼 I 为例，教学楼 I 共 7 层，每层高 3m，通风帽高出楼顶 1m，大便器额定流量为 1.2L/s。立管管径为 DN125，通风帽的直径和污水管道相同。连续观测教学楼 I 2~7 层每层同时排水的次数，连续观测两周，每天观测时间为早上 8:00 到晚上 20:00，由于异层排水的情况很复杂，难以统计，只考虑同层排水的情况。根据统计的排水次数计算出日平均的排水次数，根据每次排水的气体量、排水立管直径、排水时间得出每次排水时吸入的气体体积；根据每次排水时吸入的气体体积和平均排水次数得出日平均吸入气体体积，该技术通气量效果如表 6-2 所示。

由表 6-2 可知，教学楼 I 的日平均吸入气体体积为 62.816m^3，由于未考虑异层排水情况，此值会比实际值低，吸入气体会有 94%进入排水管网中改善排水管网的通风状态，因此，吸入气体能够改善排水管网通风状态的日平均气体体积为 59.05m^3。与建筑立管相连的管道直径为 DN300，假设污水管道的充满度为 0.5，那么，日平均进气的体积可以更新这条管道大约 1600m 长度内的气体，即这条管道很长一段距离内理论上是没有有害气体存在的。与教学楼 I 建筑立管相连的污水管道中从 1 号检查井到 5 号检查井的距离为 32m，利用 M40 气体浓度计检测 1 号到 5 号检查井内 H$_2$S 和 CH$_4$ 的气体浓度，检测时间为晚上 22:00，因为此时没有污水水流状态的干扰，是最容易产生有害气体的时刻，然而检测结果显示从 1

表 6-2　技术通气量效果

楼层	排水器具个数	气体体积/m³	平均排水次数/次	平均气体体积/m³
	1	0.973	7.143	6.951
7	2	1.133	3.857	4.370
	3	1.226	1.286	1.577
	4	1.293	0.286	0.369
	1	0.715	7.714	5.518
6	2	0.875	4.714	4.125
	3	0.968	2.286	2.214
	4	1.035	0.429	0.443
	1	0.551	7.571	4.172
5	2	0.711	5.000	3.553
	3	0.804	1.429	1.149
	4	0.870	0.714	0.622
	1	0.430	8.000	3.441
4	2	0.590	4.714	2.780
	3	0.683	1.714	1.171
	4	0.749	0.429	0.321
	1	0.334	9.143	3.057
3	2	0.494	5.429	2.682
	3	0.588	1.714	1.007
	4	0.654	0.714	0.467
	1	0.255	9.143	2.333
2	2	0.415	5.571	2.312
	3	0.508	3.143	1.598
	4	0.575	1.286	0.739
	1	0.188	9.714	1.823
1	2	0.347	5.714	1.985
	3	0.441	3.143	1.385
	4	0.507	1.286	0.652
总和	—	—	—	62.816

号到 5 号检查井内 H_2S 和 CH_4 的气体浓度均为零，说明由建筑立管排水带入的气体进入管道中可以改善排水管网的通风状态，抑制有害气体的产生和释放。

6.2.2　技术二：CFD 模拟验证与影响范围评估

1. "烟囱效应"下自然通风原理

利用风机等动力设置强迫气流发生运动的方式称为机械通风，机械通风需要消耗能量，并且管理和维护比较复杂。相比之下，自然通风无须消耗动力就可以获得较大的通风量。作为一种简便易行的通风方式，自然通风被广泛地应用于工业与民用建筑的通风设计中。

"烟囱效应"下自然通风原理如图 6-20 所示。由于污水管道一般深埋地下，并且是一个相对封闭的环境，管道内气体的密度会低于外界环境的气体密度（即 $\rho_2 < \rho_1$），此时在浮升力的作用下，管道内的气体开始从低处流往通气管的高处。在通气管的出口处，有静压差：

$$\Delta P_b = P_b' - P_b = \left(P_a' - \rho_2 gh \right) - \left(P_a - \rho_1 gh \right) = \left(P_a' - P_a \right) + gh\left(\rho_1 - \rho_2 \right) \quad (6\text{-}13)$$

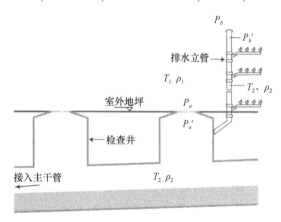

图 6-20　"烟囱效应"下自然通风原理示意图

从式（6-13）可以看出，作为气体自内向外移动的动力，ΔP_b 的大小与检查井内外的压力差、排水立管高度和管道内外气体的密度差有关。在 $P_a - P_a'$ 的情况下，由于 $\rho_2 < \rho_1$，此时 $\Delta P_b > 0$，通气管内的气体可以被抽送到外界环境中。随着气体不断被抽走，污水管道内的静压力不断降低，当 $P_a > P_a'$ 时，外界环境中的新鲜空气可以通过检查井上的小孔流入污水管道，补充被抽走的气体。随着污水管道与外界环境之间气流交换过程的完成，管内原有的厌氧环境得到改善，从而抑制硫化氢和甲烷等有害气体的产生。

2. 基于温度差的自然通气效果

根据以上自然通风原理分析，污水管道内外存在的温差效应，同样也可以为自然通气过程提供推动力，因此，研究污水管道内外存在温度差的情况下排水立管与污水管道直连的自然通气效果。

模型以某校教学楼的排水立管为原型，稳态模拟不考虑立管排水，对于流场变化剧烈的区域，采用非结构的四面体网格加密，其余主体部分采用结构化的六面体网格。由于自然通气效果和高度差有关，因此将立管长度设置为三个不同的值（图 6-21）。

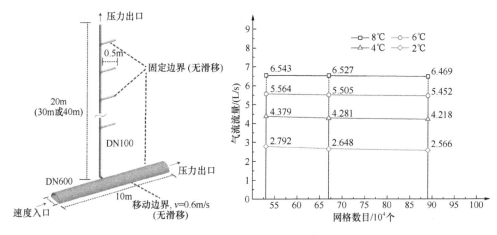

图 6-21 CFD 模型及网格无关性验证

为了计算结果准确可靠，进行网格无关性验证。不同网格尺寸下的计算结果如图 6-21 所示。可以看出，网格总数达到 677073 时的计算结果比网格数目为 541016 时平均增加了 2.2%。而网格总数达到 897453 时的计算结果比网格数目为 677073 时平均增加了 1.6%。可以认为当网格数目达到 677073 个时已达到网格无关的要求，因此取数目 677073 的网格为本节的计算网格。

如图 6-21 所示，计算模型中横管代表的是一根长直的污水管道，其进口与出口分别设置为速度入口和压力出口，竖管代表的是直连的通气管（或者排水立管），管顶边界设置为压力出口，由于本小节需要模拟的是以温度差为动力的自然通气过程，因此各边界和流场的温度设置至关重要。横管的速度入口和压力出口表示一段污水管道的入口和出口，竖管的压力出口代表气体向上流动的出口，因此，横管与竖管的边界应该被赋予不同的温度值。为了研究管道内外不同温度差条件下的自然通气过程，进行模型计算时各边界温度设置如表 6-3 所示。为方便起见，污水管道的入口和出口始终保持293.16K（即20℃），五种不同的工况下立管的出口与污水管道保持一定的温度差。

表6-3　各边界温度设置情况

工况	温度差/K	速度入口/K	压力出口 1/K	压力出口 2/K
1	8	293.16	293.16	285.16
2	6	293.16	293.16	287.16
3	4	293.16	293.16	289.16
4	2	293.16	293.16	291.16
5	0	293.16	293.16	293.16

为了加快迭代计算的收敛速度，污水管道的两个边界与立管的出口边界存在一定的温度差是不够的，因此，在初始化时需要标记部分流域并赋予一定的初始值以加快收敛。这里标记图 6-21 中代表污水管道的横管部分为高温区，温度值保持图 6-21 中横管两端速度入口和压力出口的温度值。

图 6-22 展示了立管气流流量随温度和高度差变化的情况。可以看出，随着管道内外温度差的升高，密度差也越来越大，当温度差达到 8℃时，气体密度差达到了 0.034kg/m³；随着密度差的升高，气流的流量（也就是流速）也越来越高。除此之外，在温度差保持不变的情况下，气流的流量随高度差增加而增加。据粗略估计，高度差每升高 10m，流量可以提升 10%～15%。

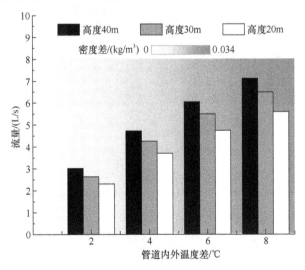

图 6-22　立管气流流量随温度和立管高度变化的情况

3. 现场实验验证

现场试验在某校区环境与市政工程学院大楼楼顶以及室外的污水检查井进

行。该建筑物内的排水立管管顶距离地面的高度为 30m，并通过出户管直接与室外直径为 600mm 的污水管道直接相连，符合自然通风的需求。

建筑立管的自然通风效果通过气流速度来表述。监测方法如图 6-23 所示，伸顶通气帽高于屋顶，选择屋顶作为监测位置，气流监测采用热线风速仪 Testo 435，精度 0.01m/s。为防止环境风速对测量结果的干扰，在立管顶部安装了防风罩，风速探头置于防风罩内测量气流速度，每次监测时间为 1min，取最后 10s 平均值记录。此外，风速仪只能显示风速大小并不能判断风速方向，对于风向的判断采用蘸硫酸的玻璃棒置于立管顶部，因气体中含有氨气遇到硫酸后产生白烟，因此气流方向向上。监测时间为早上 6:00 到晚上 22:00，每隔 2h 测一次。

建筑立管的自然通风驱动力为系统内外温差效果而产生的浮力效应。温度监测采用日本 TANDD 温度记录仪 TR-72WF，精度为 0.1℃，对于室外监测环境，将记录仪放置于学院楼建筑立管伸顶通气帽周围，如图 6-23 所示位置；污水管道系统内的温度监测是将温度记录仪通过细绳捆绑吊入检查井内，靠近污水管道口，如图 6-24 所示，记录间隔为 10min。

图 6-23　建筑立管气流速度监测　　　图 6-24　污水管道系统内温度监测

图 6-25 和图 6-26 分别是春夏两季一昼夜内污水管道内外的温度和气流流速情况。可以看出无论春季还是夏季，污水管道一天内的温度比较稳定，相比之下，室外环境温度的变化更加剧烈。这是因为一方面污水管道一般深埋地下，受外部环境气温变动的影响较小；另一方面，管道内不断运动的水流可以维持顶部空间内气体温度的相对稳定。除此之外，只有当管道内的温度高于外界环境时，立管内才有向上流动的气流，这个时段一般出现在如图 6-25 所示的春季傍晚到次日上午（阴影部分所示），以及如图 6-26 所示的夏季黎明前（阴影部分所示）。这是因为只有当管道内气温高于外界时，顶部空间内的气体密度小于外界，接下来在密度差的作用下，顶部空间内的气体开始沿着出户管、排水立管自下而上地流动，最终进入外界环境。

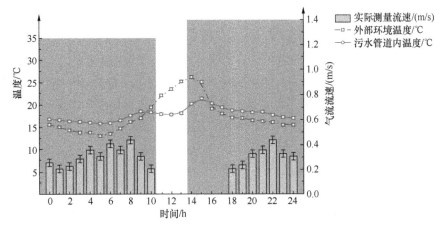

图 6-25　春季污水管道内外温差和气流流速实际测量情况

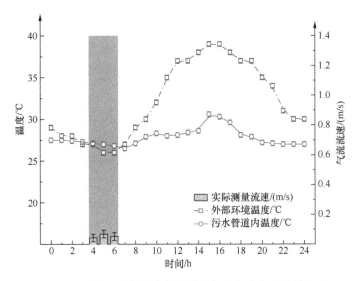

图 6-26　夏季污水管道内外温差和气流流速实际测量情况

4. 通风量计算模型

1）等效风机模型概述

　　风机作为一种为气体提供能量的设备，在某一特定工作条件下，其压头的变化与流量是密切相关的。风机的压头是指单位体积的气体通过风机所获得的能量增量，又称为风机的全压，用 p 表示，单位是 Pa。而风机的静压 p_j 与气流在流动过程的压头损失相同，被定义为全压和风机出口动压的差值，即

$$p_j = p_2 - p_1 - \frac{\rho v^2}{2} \tag{6-14}$$

式中，p_2、p_1 为风机进出口的总压；ρ 为气体密度；v 为气流速度。

风机的流量是指单位时间内风机输送的流体量，用 Q 表示，单位为 m^3/s。风机的一系列（P，Q）值代表了风机运行的不同工况，风机运行的工况点并不是任意的，取决于风机作用的管路特性。当风机的压头和管路所需要的压头达到平衡时，风机的流量也就确定了。

风机的流量–扬程特性曲线由一系列（P，Q）值构成，一般由生产厂家试验确定。风机特性曲线的形式可以有多种，如平坦式、陡降式、驼峰式。在管网的水力计算中，为了计算的方便经常会用到水力等效原理。利用该原理，可以将多条串联或者并联的管道等效为单条管道；可以将沿管线分散入流或出流等效为集中的入流或出流；可以将多台联用的水泵等效为单台水泵（严煦世和刘遂庆，2008）。水力等效简化的原则是在保持水力特性不变的前提下，具有相同的水头损失。利用水力等效原理，直连立管对污水管道内气体的"抽吸"作用，可以看作是在污水管道上安装了风机，其流量–扬程特性曲线可以用一个二次函数近似地表示：

$$\Delta P_{ds} = \alpha Q^2 + \beta Q + \gamma \tag{6-15}$$

式中，α、β、γ 为待定系数；ΔP_{ds} 为气体扬程，即风压。

流体在管道流动过程中消耗的能量一般用于补偿压力差、高差和阻力（包括动压头）。其中，当管道的两端都与大气相连时，压力差为零；当输送的流体是气体时，气柱产生的压力是可以忽略不计的；而用于克服阻力（包括动压头）的能量消耗与流量的平方成正比，即

$$h = SQ^2 \tag{6-16}$$

式中，h 为克服阻力的能量损失。

将直连通气立管的"抽吸"作用等效成风机后，将风机的等效特性曲线表达式与污水管道的管路特性曲线表达式联立，即 $\Delta P_{ds} = \Delta P_t$，就可以得到直连立管中的气流流量。

2）等效风机模型特性曲线

由于自然通风过程以温度差为驱动力，将不同温差的直连系统视为"性能"不同的等效风机，其流量–扬程特性曲线也是各不相同的。

在某一温度差条件下，从零开始逐渐增加管道的壁面粗糙度，立管顶部出流口的气流流量逐渐减小。当计算过程收敛后，使用软件自带的 Report 工具计算污水管道速度入口和立管出流口处的总压值和气流流量，并以此来拟合风机的等效

特性曲线。

表 6-4～表 6-7 展示了温差分别为 8℃、6℃、4℃、2℃的情况下气流流量和等效风机静压值，由于温差为 0℃时不存在自然通气过程，气流流量始终为零，因此不再进行计算。对表 6-4～表 6-7 中的气流流量和静压值进行非线性拟合，可以确定式（6-15）中的两个参数。

表 6-4 高度差 30m、温差为 8℃条件下的气流流量和等效风机静压值

进出口总压差/Pa	气流流量/（L/s）	等效风机静压/Pa
0.437	6.247	0
0.368	6.001	0.069
0.294	5.361	0.143
0.22	4.624	0.217
0.164	4.024	0.273
0.153	3.889	0.284
0.112	3.788	0.325

表 6-5 高度差 30m、温差为 6℃条件下的气流流量和等效风机静压值

进出口总压差/Pa	气流流量/（L/s）	等效风机静压/Pa
0.309	5.510	0
0.275	5.199	0.034
0.223	4.685	0.086
0.168	4.070	0.141
0.127	3.548	0.182
0.114	3.363	0.195
0.106	3.253	0.203

表 6-6 高度差 30m、温差为 4℃条件下的气流流量和等效风机静压值

进出口总压差/Pa	气流流量/（L/s）	等效风机静压/Pa
0.072	2.648	0.013
0.085	2.9	0
0.078	2.788	0.007
0.06	2.443	0.025
0.045	2.111	0.04
0.038	1.961	0.047
0.035	1.87	0.05

表 6-7　高度差 30m、温差为 2℃条件下的气流流量和等效风机静压值

进出口总压差/Pa	气流流量/（L/s）	等效风机静压/Pa
0.072	2.648	0.013
0.085	2.9	0
0.078	2.788	0.007
0.06	2.443	0.025
0.045	2.111	0.04
0.038	1.961	0.047
0.035	1.87	0.05

图 6-27～图 6-29 展示了高度差分别为 40m、30m 和 20m 时的等效风机拟合曲线以及表达式。可以看出在高度差相同的情况下，等效风机的压头随温度升高而升高，这意味着等效风机"抽取"气体的能力越来越强；而在同一温度差下，随着气体流量的提升，风机的压头越来越小，这是因为随着流量的增加，等效风机的能量用于克服压强损失，气流的动压越来越少，也就是气体流量（流速）越来越低；高度差为 30m 时不同温度差对应的拟合曲线表达式如下：

$$\Delta P_{8℃} = -0.01303Q^2 + 0.01277Q + 0.442 \tag{6-17}$$

$$\Delta P_{6℃} = -0.00993Q^2 - 0.00277Q + 0.317 \tag{6-18}$$

$$\Delta P_{4℃} = -0.00864Q^2 - 0.01102Q + 0.206 \tag{6-19}$$

$$\Delta P_{2℃} = -0.0083Q^2 - 0.00902Q + 0.0963 \tag{6-20}$$

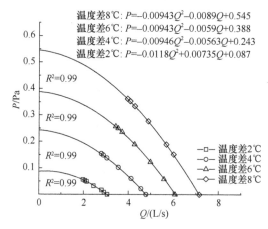

图 6-27　高度差为 40m 时的等效风机拟合曲线以及表达式

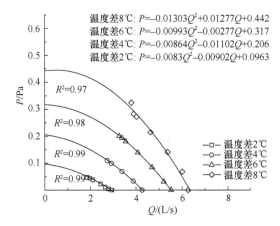

图 6-28 高度差为 30m 时的等效风机拟合曲线以及表达式

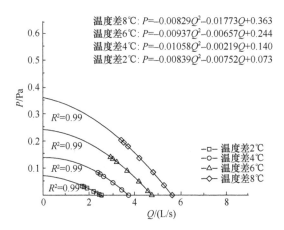

图 6-29 高度差为 20m 时的等效风机拟合曲线以及表达式

3）自然通气流量验证

具有一定温度的气体在污水管道顶部空间的流动，可以看作是等温气体在隧道中的流动。等温气体在管道中运动的阻力可以用下面的公式表示（王明年，2012）：

$$\Delta P=8112.96g\frac{\lambda L\rho}{d^3}Q^2 \tag{6-21}$$

式中，λ 为无因次摩擦系数，在此取 1000；L 为管道的长度（m）；ρ 为空气密度（kg/m³）；g 为重力加速度（m/s²）；d 为管道的水力直径（mm）。

以某高校环工楼排水管道直连系统为例，经实地测量，与排水立管相连的污水管道长度 L 为 45m，管道中污水充满度为 0.5，水力直径 d=75mm，空气密度为 20℃时的干空气密度为 1.205kg/m³，代入式（6-21），可以得到下式：

$$\Delta P = 0.0091Q^2 \qquad\qquad (6\text{-}22)$$

将式（6-22）与式（6-17）～式（6-20）分别联立，便可以解得不同温度差条件下的自然通气流量，也就是图 6-30 中等效风机特性曲线与管路特性曲线。

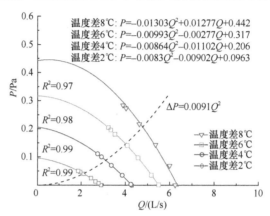

图 6-30　不同温度差的等效风机特性曲线与管路特性曲线

图 6-31 展示了计算所得的自然通气气流流速与实测流速的对比。发现计算所得的流速与实测结果吻合情况良好，误差在 10%以内。分析发现，造成误差的原因是空气湿度的差异。实际测量发现，无论是气温适中的春季还是气温较高的夏季，污水管道顶部空间内的气体湿度一般都与外界环境存在较大差异。在温度相同的情况下，气体的湿度越大，密度就越小。而在一定的温度和压力条件下，空气中水蒸气的量达到最高限度时的空气密度称为饱和密度，20℃时饱和空气的密度值比干空气的密度值低 0.83%。因此，假如污水管道内外气体湿度的差异没有被考虑在自然通气过程中，那么，计算所得的结果自然是偏小的，如果在数值模拟当中考虑空气湿度的影响，将会提高计算的精确度。

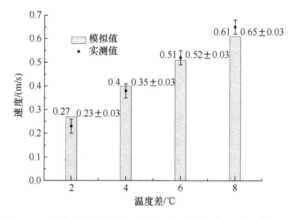

图 6-31　计算所得的自然通气气流流速与实测流速的对比

6.2.3 技术三：CFD 模拟验证与通风效果预测

1. 通风平台及数据监测

通风平台实验装置如图 6-32 所示，上下游立管与横管连接模拟建筑立管–污水管道–立管系统，污水管道内的水流通过水泵加高位水箱提供，水位及污水流速通过阀门及挡板高度调节来模拟。立管管径为 30mm，横管管径为 100mm，管材均采用有机玻璃；管与管之间的连接方式为法兰连接；挡板如图 6-32（c）所示，通过在法兰盘间加入石棉网制成，用来隔绝管道顶部的气相空间模拟气体帘幕，上游设置两处挡板目的在于水流进入模拟管道系统时形成较为稳定的水流；立管顶部测量风速时，探头置于防风罩内，如图 6-32（d）所示，避免受到环境风速的影响；风向是根据防风罩内的细线飘动方向所判定的，如图 6-32（e）所示，并规定气流速度方向向上为正，气流速度方向向下为负；流速计放置于下游挡板之后的位置，尽量处于挡板下位置，记录水流表面速度。

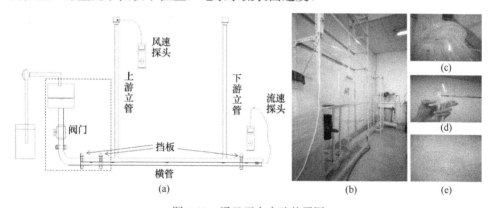

图 6-32 通风平台实验装置图

气流速度的测量采用德国热线风速仪（Testo 435），精度为 0.01m/s；水流速度的测量采用 TH-water 流量仪，精度为 0.01m/s。数据记录方面，由于流量控制完全是手动调节，且高位水箱水位也会发生波动，并不是恒定出水，水流速度波动较大无法保持恒定，因此，在记录风速数据时，取工况流速波动范围 ±0.05m/s 的风速平均值记录。通风实验设置了 5 个不同的充满度及 4 个水流速度，总计 20 种工况条件，如表 6-8 所示。

表 6-8 通风平台试验工况

h/D	0.3	0.4	0.5	0.6	0.75
U_{wv}/（m/s）	0.35～0.45	0.75～0.85		1.15～1.25	1.55～1.65

通风实验平台不同工况的立管气流速度如图 6-33 所示，左轴代表立管顶部的气流速度大小，可以看出，上游立管速度为负，即气流速度向下，表明上游立管吸进气体；下游立管速度为正，即气流速度向上，表明下游立管排出气体。管道系统内上游进气、下游排气这种气体流动方式促进了横管与外界周围环境的气体交换，可以有效地降低横管内的原始气体浓度，证明了增强管道通风技术对污水管道有害气体去除的有效性。另外，上下游立管的气流速度差在 0.03m/s 以下（风速仪精度为 0.01m/s），可以近似认为上下游立管的气体流速在数值上是相等的，只是方向相反。这是低流速下气体的不可压缩性导致的，对于管道系统内的气体来说，总体积是不发生变化的，即上游立管吸进多少体积气体，下游立管也相应地排出多少体积气体。因此，后续的研究中取上下游立管气流速度的平均值再乘以立管的横截面积作为增强管道通风技术的通风流量。

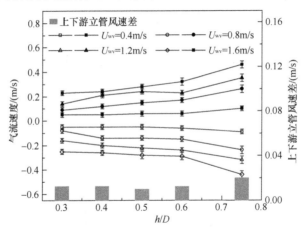

图 6-33　通风实验平台不同工况的立管气流速度

空心符号表示上游立管，实心符号表示下游立管

水流速度与充满度增大时，立管所产生的气流速度也相应变大。水流速度从 0.4m/s 增加到 1.6m/s，立管的通风流量增加了 4.92 倍；充满度从 0.3 增加到 0.75，立管的通风流量增加了 2.49 倍。原因在于气液间摩擦力的动量传输是管道顶部空间气体流动的驱动力，水流速度增大时，动量传输剧烈，立管所产生的通风流量就大；而充满度的增加，减小了顶部空间的气体体积，在相同流速下，小体积的气体所获得的动能越多，立管所产生的通风流量也就越大。因此，在污水管道系统内，污水流速及充满度的增加都有助于增强管道通风技术效能。

2. CFD 模型建立

使用 Gambit 网格划分软件建立模拟分析的几何模型，CFD 模型网格无关性验证如图 6-34 所示，几何尺寸与通风平台比例为 1∶1，与前述实验部分内容一致；

网格划分方面，管道系统的主体网格为四面体网格，对于立管与横管的连接处采用六面体网格划分，且适当位置采用楔形网格进行加密。

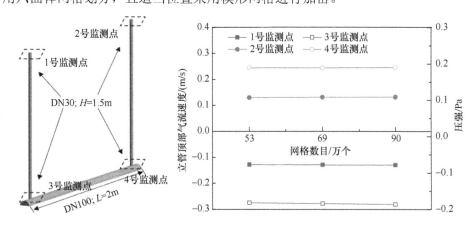

图 6-34 CFD 模型网格无关性验证

CFD 模拟的网格无关性验证工作以网格尺寸 1∶3 的比例建立了 53w[①]、69w、90w 三套网格体系，以监测点上下游立管的气流速度及立管底部的压强为指标，水流速度 0.8m/s，充满度 0.5 工况下不同网格尺寸的计算结果如图 6-34 所示，可以看出，不同网格数目下，增强管道通风模型的主要监测数据并没有发生特别大的变化，上游立管气流速度的变化量为 0.6%，下游立管的变化量在 0.7%；上游立管底部的压强变化量在 1.1%，下游立管底部的气压变化量在 0.5%。由此可以认为，网格数目在 69w 时已经达到了网格无关性要求，因此选定为本次模拟的计算网格。

数值模拟的操作环境设置重力加速度为 9.81m/s^2，方向垂直向下。污水管道内污水拖曳力是气体流动主要的动力来源，其余因素如组分差、温度差的影响相对较小。因此，模拟计算中将水流速度作为唯一的动量来源，气体密度恒定为 1.293kg/m^3，主要研究为水流驱动下管道系统所起到的通风效应。

边界条件设置方面，立管顶部与外界大气连通，可作为横管内气体的"通风口"，因此，上游立管顶部边界条件设置为 pressure-inlet，下游立管顶部设置为 pressure-outlet，表压都设置为 0Pa 等于操作压强，湍流强度为 5%，湍流直径为 0.03m。横管内气液交界面建模为可以移动的盖板，边界条件设置为 moving-wall，类似于库埃特流（Edwinibonsu and Steffler，2004），速度设置为水流速度，其余壁面设置为 wall。

计算方法设置方面，选择湍流 RNG 模型，结合近壁面函数法，流场的数值

---

① w，网格计数表示方法，意思为万。

计算基于 SIMPLE 算法，动量方程采用一阶离散格式，湍流动能方程及耗散率方程采用二阶迎风格式。模拟计算结果是否收敛，除了 x、y、z 方向速度及湍流耗散率残差降至 0.001 以下外，还需查看四个监测点数值是否恒定，如果目标变量不发生变化且残差也达到要求，即认为计算收敛进行后处理。

利用建立的 CFD 模型对通风实验工况进行模拟验证，验证数据为上下游立管所产生的通风流量。数据对比结果如图 6-35 所示，流速为 1.2m/s，充满度 0.4 时相对误差最大，为 22.6%，所有工况的平均相对误差在 13.5%，表明数值模型具有一定的可靠性。此外，由图可以看出，实验监测数据普遍大于模型数据，这是因为试验中立管顶部的气流速度在测量时风速探头一般处于管口中心，所测的速度较大，而模型计算的通风流量则是横截面积的气流速度积分值，排除这一因素则认为 CFD 模型会更加可靠，可以用于后续通风机理的分析。

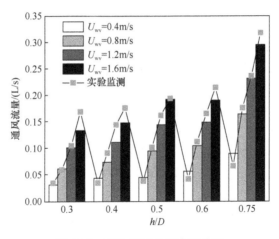

图 6-35　CFD 模型通风流量验证

3. 通风机理分析

基于建立的 CFD 模型，从管道系统内气流组织特性的角度分析管道通风技术的机理及特征。横管充满度 0.5，水流速度 0.8m/s 时管道系统内部流场及压强分布如图 6-36 所示。可以看出，在水流的驱动下，横管内产生了压差梯度，上游呈现负压，使得气体从上游立管进入管道系统；下游形成正压，促使气体从下游立管排出系统。不同工况下的压差与通风流量如图 6-37 所示，管道系统通风流量与压差的变化趋势一样，压差越大，系统所产生的通风流量也就越大，当系统内形成的压差从 0.08Pa 增加到 1.58Pa 时，通风流量从 0.03L/s 增加到 0.29L/s；水流速度一定时，充满度从 0.3 到 0.75，压差增长了 6.05 倍；充满度一定时，水流速度从 0.4m/s 到 1.6m/s，压差的平均增长率在 2.28 倍；从增长率角度来看，与前述的通风流量一致，相比于充满度而言，水流速度对增强管道通风效能影响更大。

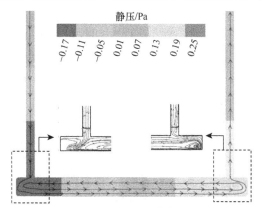

图 6-36　管道系统内部流场及压强分布

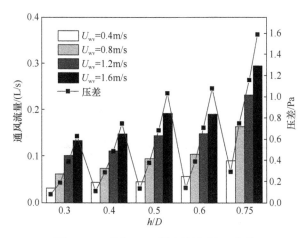

图 6-37　不同工况下的压差与通风流量

从以上分析可以看出，增强管道通风系统的通风流量与横管内产生的压差关系密切，且水流速度的影响较大。这是因为在水流拖曳力的作用下，管道顶部空间的气体具有向下游运移的趋势，但在上游位置受挡板隔断影响不能从横管外补充气体，因此产生负压。同理，下游位置受挡板阻碍的影响，气体运移受阻，产生正压。在这种压差驱动下，立管作为横管内气体的"通风口"而发挥作用，因此，形成上游立管进气、下游立管排气现象。水流速度影响通风效果的原因在于气液交界面的动量传输、水流速度越大，顶部空间内的气体所获得动能也就越大；而充满度的影响机理在于随着充满度的增大，气体体积减小，水流驱动下体积越小，所获得的动能越大，通风效果就越强。

水平横管是增强管道通风技术中的控制有害气体的目标管道，横管管径的增加、管道延长都会使得有害气体的体积量增加，对管道系统的通风产生一定的影响。在水流速度 0.8m/s，充满度 0.5 的工况下，管径变化时管道系统产生的压差及通风流量如图 6-38（a）所示，横管管径从 DN100 增加至 DN500 时，管道系统的压差降低了 51.3%，通风流量减少 46.3%，表现出横管管径的增大削弱了管道系统的通风效果，原因在于气体体积的增加，使得在同等驱动力下产生的气体流动减弱，因此横管上下游的压差减小，管道系统的通风流量降低。管长变化时管道系统产生的压差及通风流量如图 6-38（b）所示，横管管长从 2m 增加至 14m时，管道系统的压差增加了 6.11 倍，通风流量增加了 3.95 倍，表明横管管长的增加可以增强管道系统的通风性能。虽管径与管长的增加都会使得气体体积量变大，但管长的增加也附带增加了气液交界面积，加剧了水气间的相互作用，动量传输更加剧烈，因而增强了管道系统的通风性能。

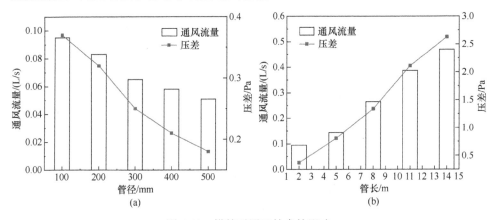

图 6-38 横管对通风技术的影响

不同立管高度下，横管内所形成的压差如图 6-39 所示，可以看出，在同一流速，不同立管高度下，横管内所形成的压差近似相等，与外接立管无关。然而，不同外接立管下，管道系统所产生的通风流量随着立管高度的增加而减少。

增强管道通风技术的作用机理在于横管内依靠水流动量传输而产生了气体压差，在压差的驱动下上游立管进气，下游立管排气，增强了管道系统的通风效果，此过程中，横管可以等同认为是靠水流驱动的风机，上游立管为进气管，下游立管为排气管，从风机做功角度分析，进出管路的延长并不会影响风机提供的压能，但管路的沿程损失增大，风机的风量则会减小。对于管道通风系统而言，横管等效风机所提供的压差为总压差，即动压与静压之和，根据流体力学中伯努利方程[式（6-23）]可知，1-1 断面与 2-2 断面间的机械能守恒，另外，根据连续性方程[式（6-24）]，在管道横截面不发生变化时流体速度恒定。

$$P_1 + Z_1\gamma + \frac{\rho U_1^2}{2} = P_2 + Z_2\gamma + \frac{\rho U_2^2}{2} + P_{1\text{-}2} \tag{6-23}$$

$$U_1 A_1 = U_2 A_2 \tag{6-24}$$

式中，P_1、P_2 分别是 1-1 断面和 2-2 断面的压力（Pa）；Z_1、Z_2 分别是 1-1 断面和 2-2 断面的高度（m）；U_1、U_2 分别是 1-1 断面和 2-2 断面的气体流速（m/s）；A_1、A_2 分别是 1-1 断面和 2-2 断面的截面积（m^2）；ρ 是气体密度（kg/m^3），γ 是气体容重（N/m^3）；$P_{1\text{-}2}$ 是 1-1 断面和 2-2 断面之间的压强沿程损失（Pa）。

立管连通大气，即 $P_2=0$，横管所提供的总压差中静压全部被摩擦损失所消耗，动压则代表了管道系统的通风流量。因此，从等效风机的角度来看，横管所能提供的总压差虽不受外接立管的影响，但随着立管高度的增加，气流运移的摩擦损失增加了压能消耗，在总压一定时，动压减小，通风效果减弱。

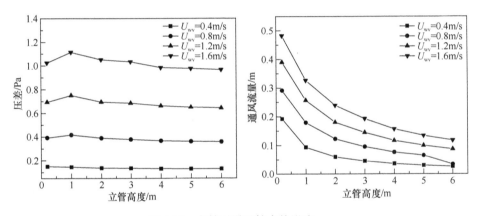

图 6-39 立管对通风技术的影响

4. 横管的回流特征

充满度为 0.5，水流速度 0.8m/s 的工况下，横管内的气体速度分布如图 6-40 所示。速度呈梯度分布，且越靠近水面速度越大，与 Joyce 等（2000）关于未设隔板时长直管道的研究结果类似，不同之处在于管道最顶部速度为负（图 6-40 黑色区域），表明气体在横管内的运移方式并不是推移式前进，出现了气体回流的现象。原因在于气体在水流拖曳下运移到下游区域时，由于立管管径相比于横管较小气体不能及时排出，因此，在横管顶部产生了气体回流特征。

为了表述横管内气体回流特征，规定与水流方向一致为同向，反之为异向，并定义以下三个参数：R_Q，管道顶部空间气体异向流量与同向流量之比；R_A，管道顶部空间气体异向气流所占面积与同向气流所占面积之比；R_P，管道顶部空间气体异向气流所接触的管壁弧长与同向气流的管壁弧长之比。

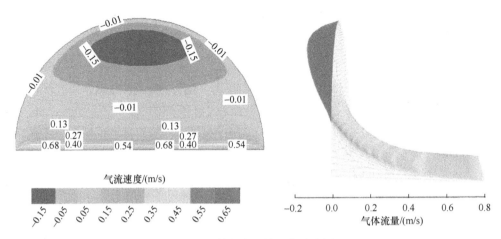

图 6-40　横管内气体速度分布图

CFD 模拟分析表明气体回流特征参数 R_Q、R_A、R_P 只受充满度的影响，而与水流速度、管径无关。原因在于充满度增加时，管道顶部空间气体体积减小，同一流速下所产生的通风流量变大，对管道系统内气体体积量的减小也就越明显，因此气体回流特征减弱。然而，水流速度、管径变化的影响对于管道系统的气体运移而言都是同比增加的性质，即通风流量与管道气体运移速度一同增加，因此对回流特征参数而言影响不大。回流特征参数与充满度之间通过拟合近似呈线性相关，如图 6-41 所示，R_Q、R_A、R_P 与 h/D 的表达式如下：

$$R_Q = -0.55\frac{h}{D} + 1.02 \qquad R^2 = 92.33\% \tag{6-25}$$

$$R_A = -1.77\frac{h}{D} + 2.79 \qquad R^2 = 97.01\% \tag{6-26}$$

$$R_P = -1.74\frac{h}{D} + 4.23 \qquad R^2 = 98.71\% \tag{6-27}$$

5. 通风效果预测

随计算流体力学的发展，CFD 模拟仿真技术的可算性及可靠性不断提高，且利用计算机技术的灵活性，可以给出大量的分析数据及可视化结果，在工程应用中逐渐被用来模拟与预测，因此，采用 CFD 模型对增强管道通风技术的机理分析是合适的。然而，对于大尺寸的模型，CFD 模拟仿真非常耗时，且对计算机资源要求较高，在实际工程中应用非常不便。对此，基于 6.2.3 节的"通风机理分析"，建立了简化应用模型，便于对实际工程案例的应用与预测。

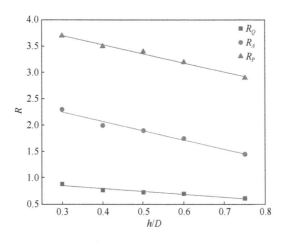

图 6-41　回流特征参数与充满度关系

　　应用模型的建立是基于增强管道通风技术的稳态运行条件，如前文所述的"等效风机"的通风机理，横管可以认为是提供压差的"风机"，且不受外接立管的影响；通风流量受横管所提供的压差、外接的影响；通风技术的应用下，管道系统内气流组织规律为上游吸进新鲜空气在横管内与有害气体混合，再从下游立管排出，通风效果即横管内有害气体的去除与通风流量呈正相关关系。因此，简化应用模型的研究分为三部分：横管"等效风机"压差、通风流量计算及通风效果预测。

　　横管"等效风机"压差的建模，主要考虑了水流的拖曳力及管壁摩擦力，忽略了气体密度差的浮力影响。根据前述的管道系统内气流组织特性的讨论，横管内气体运移具有"回流"特性，因此管壁摩擦力的方向不相同。为此，将横管顶部空间的气体区域分成两个控制体分别建立力学方程，经化简得出横管产生压差的经验模型：

$$\Delta P = \frac{C_d U_{\mathrm{wv}} WL}{2 A_{\mathrm{air}}}\left(\frac{R_A^2}{R_Q^2 R_P + R_Q^2} + \frac{1}{1 + R_P}\right) \tag{6-28}$$

式中，C_d 为污水拖曳系数；W 为污水液面宽度（m）；L 为污水管道长度（m）；A_{air} 为污水管道气相空间横截面积（m^2）；R_Q 为管道顶部空间气体异向流量与同向流量之比；R_A 为管道顶部空间气体异向气流所占面积与同向气流所占面积之比；R_P 为管道顶部空间气体异向气流所接触的管壁弧长与同向气流的管壁弧长之比。

　　在横管"等效风机"的压差驱动下，上游立管吸进新鲜空气，下游立管排出有害气体，立管可以等效为风机的进出管路。根据气体动力学知识（杨春和高红斌，2011），对风机做功下的进出管路断面，即上下游立管的顶部列气体伯努利方程，如式（6-29）所示：

$$P_{u} + Z_{u}\gamma + \frac{\rho U_{a}^{2}}{2} + \Delta P = P_{d} + Z_{d}\gamma + \frac{\rho U_{a}^{2}}{2} + P_{u-d} \tag{6-29}$$

式中，P_{u} 为上游立管进口静压（Pa）；Z_{u} 为上游立管井口高度（m）；U_{a} 为气流速度（m/s）；P_{d} 为下游立管进口静压（Pa）；Z_{d} 为下游立管井口高度（m）；P_{u-d} 为压差损失（Pa）。

为了评估增强管道通风技术运行下所产生的通风效果，定义污水管道内原始气体为有害气体，且以此为单一物料建立物料守恒方程，如式（6-30）所示。方程求解中忽略了污水管道内有害气体的产生量，原因在于增强管道的通风流量远大于有害气体的释放量，此外，从气体体积守恒的角度，产气量的增加也会迫使有害气体排出系统保持体积的恒定，因此只需关注上游立管新鲜空气的吸入对污水管道内原始气体体积的影响，默认污水管道有害气体的产生量会附带从下游立管排出系统，且对增强管道通风技术的通风流量没有干扰。方程的解是污水管道系统内体积分数随时间变化的函数式，为了更好地比较不同工况下通风效果，定义表征参数气体更新时间 T 为污水管道内有害气体降至 5%所需的时间。

$$V\frac{\mathrm{d}\varphi}{\mathrm{d}t} = Q\varphi_{0} - Q\varphi + \upsilon(\varphi) \tag{6-30}$$

式中，V 为污水管道内有害气体总体积（L）；φ 为有害气体体积分数（%）；φ_{0} 为起始有害气体体积分数；$\dfrac{\mathrm{d}\varphi}{\mathrm{d}t}$ 为管道内有害气体体积分数变化率；Q 为立管的通风流量（L/s）。

利用所提出的技术应用模型对建筑立管–污水管道–立管的通风系统进行预测，为实际工程案例的应用提供借鉴与参考。上下游选择超高层的建筑立管作为"通风口"，原因在于增强管道通风技术势必会将污水管道内部分恶臭气体释放到环境中，多层、高层的建筑立管可能会影响超高层居民的生活环境，为此在实际工程运用中尽量选择超高层建筑立管。以 33 层住宅楼为例，建筑立管管径 DN165，高度约 100m，模型预测以此作为增强管道通风技术中立管的尺寸，对不同管长、管径的污水管道内有害气体控制效果进行计算。

对于一段 DN500 的污水管道，长度从 0.5km 增加至 2.5km，通风流量增加了 1.36 倍，单位 km 的通风流量增长比为 68%；充满度从 0.3 增加至 0.75，通风流量增加了 0.71 倍，充满度变化 0.1，通风流量增长比为 15.7%；污水流速从 0.4m/s 增加至 1.6m/s，通风流量增加了 0.82 倍，污水流速每增加 0.1m/s，通风流量就增加 6.8%。

DN500 的污水管道在不同充满度下有害气体更新时间如图 6-42 所示，所需时间在 2.3～44.1h，充满度越大，污水管道的气体体积越小，所需的气体更新时间越短；污水流速的增大，增强了建筑立管–污水管道–立管系统的通风流量，气体更新时间也相应缩短。

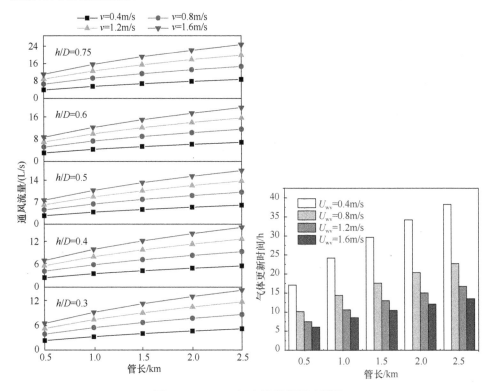

图 6-42　DN500 污水管道的通风预测

参 考 文 献

王明年. 2012. 公路隧道通风节能技术及地下风机房设计. 北京: 人民交通出版社.

严煦世, 刘遂庆. 2008. 给水排水管网系统. 北京: 中国建筑工业出版社.

杨春, 高红斌. 2011. 流体力学泵与风机. 北京: 中国水利水电出版社.

Edwinibonsu S, Steffler P M. 2004. Air flow in sanitary sewer conduits due to wastewater drag: a computational fluid dynamics approach. Journal of Environmental Engineering & Science, 3(5): 331-342.

Joyce J, Sorensen H W, Smith M M. 2000. Large diameter sewer and tunnel ventilation characteristics and odor control: recent developments and case histories. Proceedings of the Water Environment Federation, 3: 195-214.

Yongsiri C, Vollertsen J, Rasmussen M, et al. 2004. Air-water transfer of hydrogen sulfide: an approach for application in sewer networks. Water Environment Research, 76(1): 81-88.

第 7 章　强化自然通气功效

7.1　强化自然通气效果验证的反应器理论

7.1.1　反应器类型及模型

　　化工生产中反应器是多种多样的。按反应器内物料的形态可以分为均相反应器及多相反应器，均相反应器的特点是反应只在一个相内进行，通常在一种气体或液体内进行。反应器内必须有两相以上才能进行反应的为多相反应器。

　　按反应器的操作情况，可以分为间歇流反应器和连续流式反应器两大类。间歇流反应器是按反应物"一罐一罐地"进行反应的，反应完成卸料后，再进行下一批的生产，这是一种完全混合式的反应器。当进料与出料都是连续不断地进行时为连续流式反应器，连续流式反应器是一种稳定流的反应器。连续流式反应器又有两种完全对立的理想类型，分别称为活塞流反应器和恒流搅拌反应器，后者属于完全混合式的反应器。

1. 理想间歇流反应器模型

　　间歇流反应器是最早的一种反应器，其本质与实验室里用的烧瓶没有差别。间歇流反应器操作时，反应物料按一定配料比一次加入反应器中，反应结束以后物料同时放出来，所有物料反应的时间是相同的。而反应器内的反应物浓度是随时间变化的，因此，化学反应速度也随时间而变化，但是反应器内的成分却永远是均匀的。

　　间歇流反应器的顶部通常设置一个可拆卸的顶盖，以供清洗和维修使用。顶盖上部开有各种工艺接管用以测量温度、压力和添加物料。反应器外部一般都装有夹套用来加热或冷却物料。反应器内还可以根据需要设置盘管或排管以增大传热面积。此外，反应器内部还通常设置搅拌装置，使物料均匀混合。搅拌器的形式、尺寸和安装位置都要根据物料性质和工艺要求选择，目的都是在消耗一定的搅拌功率条件下实现反应器内的充分混合。经过一定的反应时间，达到规定的转化率后，停止反应并将物料排出反应器，就完成了一个生产周期。这种反应器对于小批量生产的单一液相反应较为适宜。

　　由于间歇流反应器中反应混合物处于剧烈搅拌状态下，其中物系温度和各组分的浓度均达到均一，可以对整个反应器进行物料衡算。若 V_R 为反应物料在整个反应器中占有的体积，间歇操作物料的流入量及流出量均为零，此时单一反应关键反应组分 A 的物料衡算式可写成

$$(r_A)_V V_R + dn_A / dt = 0 \qquad (7\text{-}1)$$

式中，$(r_A)_V$ 为按单位体积液相反应混合物计算的反应速率；t 为反应时间；n_A 为反应时间为 t 时的关键反应组分 A 的量（mol）。

　　考虑 $n_A = n_{A0}(1-x_A)$，x_A 为组分 A 的转化率，则式（7-1）可写成

$$\left(r_A\right)_V V_R = -dn_A / dt = n_{A0} dx_A / dt \qquad (7\text{-}2)$$

　　整理积分，可得

$$t = \frac{n_{A0}}{V_R} \int_0^{x_{Af}} \frac{dx_A}{(r_A)_V} = c_{A0} \int_0^{x_{Af}} \frac{dx_A}{(r_A)_V} \qquad (7\text{-}3)$$

式（7-3）即为液相单一反应达到一定转化率所需反应时间的数学模型，反应过程中等温液相物料的密度变化可以不计，即等容过程，则 $(r_A)_V = -dc_A/dt$，即式（7-3）可表示为

$$t = -\int_{c_{A0}}^{c_{Af}} \frac{dc_A}{(r_A)_V} \qquad (7\text{-}4)$$

式中，c_{A0} 和 c_{Af} 为关键反应组分 A 初始和所要求的浓度（$kmol/m^3$）。

　　由式（7-4）可知，只要已知反应动力学方程或反应速率与组分 A 浓度 c_A 之间的变化规律，就能计算达到 c_{Af} 所需的反应时间。

　　在间歇流反应器中，若进行等容液相单一不可逆反应，则关键反应物 A 的反应速率为 $(r_A)_V = -dc_A/dt = k_c f(c_A)$，在等温条件下，反应速率常数为常量。

　　等温等容过程中，反应物系的体积 V_R 不变，以零级、一级和二级不可逆反应的本征速率方程代入：

$$c_{Af} = \frac{n_{Af}}{V_R} = \frac{n_{A0}\left(1-x_{Af}\right)}{V_R} = c_{A0}\left(1-x_{Af}\right) \qquad (7\text{-}5)$$

由于等容过程中，$c_A = c_{A0}(1-x_A)$，即

$$t = \frac{c_{A0}}{k_c} \int_0^{x_{Af}} \frac{dx_A}{f(x_A)} \qquad (7\text{-}6)$$

　　间歇流反应器中反应速率、转化率和残余浓度的计算结果归纳于表 7-1。分析表 7-1，可得到一些有用的概念，它将有助于对实际问题做出判断，这种判断有时比计算更重要。

表 7-1   间歇流反应器中等温等容液相单一不可逆反应的动力学计算结果

反应级数	反应速率	残余浓度式	转化率式
$n=0$	$(r_A)_V = k_c$	$k_c t = c_{A0} - c_A$ 或 $c_A = c_{A0} - k_c t$	$k_c t = c_{A0} x_A$ 或 $x_A = \dfrac{k_c t}{c_{A0}}$
$n=1$	$(r_A)_V = k_c c_A$	$k_c t = \ln \dfrac{c_{A0}}{c_A}$ 或 $c_A = c_{A0} \exp(-k_c t)$	$k_c t = \ln \dfrac{1}{1-x_A}$ 或 $x_A = 1 - \exp(-k_c t)$
$n=2$	$(r_A)_V = k_c c_A^2$	$k_c = \dfrac{1}{c_A} - \dfrac{1}{c_{A0}}$ 或 $c_A = \dfrac{c_{A0}}{1 + c_{A0} k_c}$	$c_{A0} k_c t = \dfrac{x_A}{1-x_B}$ 或 $x_A = \dfrac{c_{A0} k_c t}{1 + c_{A0} k_c t}$

2. 理想活塞流反应器模型

活塞流反应器通常由管段构成，因此也称为管式反应器，其特征是流体以列队形式通过反应器，液体元素流动的方向绝无混合现象（但在垂直流动的方向上可能有混合）。在活塞流反应器中，每一流体元素的停留时间都是相等的。由于管道内的水流较接近于这种理想状态，因此常用管道构成这种反应器。反应器中反应时间是管长的函数，反应物的浓度、反应速度沿管长而有变化；但是沿管长各点上反应物浓度、反应速度有一个确定不变的值，不随时间而变化。在间歇流反应器中，最快的反应速度是在操作过程中的某一时刻，而在活塞流反应器中，最快的反应速度是在管长内的某一点。

根据活塞流反应器的特点，应取反应器内的一个微元体积 dV_R 进行物料衡算。在微元体积内反应物料的浓度、温度均匀一致。

若反应器进口处组分 A 的初始浓度为 c_{A0}，流体的体积流量为 V_0，则进入微元体积的组分 A 的摩尔流量为 $V_0 c_{A0}(1-x_A)$，离开时的摩尔流量为 $V_0 c_{A0}(1-x_A-dx_A)$，而在微元体积中组分 A 的反应量为 $(r_A)_V dV_R$，定态时，微元中单一反应物料衡算如下：

$$V_0 c_{A0} dx_A = (r_A)_V dV_R \tag{7-7}$$

将上式积分，当 $V_R=0$ 时，$x_A=0$，则达到一定转化率 x_{Af} 所需的反应体积为

$$V_R = V_0 c_{A0} \int_0^{x_{Af}} \frac{dx_A}{(r_A)_V} \tag{7-8}$$

进行积分时，需知道 $(r_A)_V$ 与 x_A 的函数关系。为此，要注意两点：第一，反应是等温还是变温，等温时反应速率常数 k 为常数，变温反应时要结合热量衡算式建立 k 与 x_A 的关系；第二，如化学计量式中 $\sum \upsilon_i \neq 0$，对于气相反应，过程中气体混合物的摩尔流量和体积流量不断地变化，需建立反应物系体积流量

与 x_A 的关系。

如活塞流反应器内进行等温等容过程，其平均停留时间 t_m 为

$$t_m = \frac{V_R}{V_0} = c_{A0} \int_0^{x_{Af}} \frac{dx_A}{(r_A)_V} \tag{7-9}$$

将上式与间歇流反应器中反应时间的积分式相比，两者结果完全相同，即间歇流反应器中的结论完全适用于活塞流反应器。

若在活塞流反应器中进行等温 n 级不可逆均相反应，反应动力学方程 $r_A = kc_A^n$；代入式（7-9），可以求得反应体积 V_R 与转化率 x_A 的关系。对于等容液相过程，以反应物浓度 c_A 与转化率 x_A 的关系 $c_A = c_{A0}(1 - x_A)$ 代入式（7-9）中，可得到

$$V_R = V_0 \int_0^{x_{Af}} \frac{dx_A}{kc_{A0}^{n-1}(1 - x_A)^n} = V_0 \int_{c_{A0}}^{c_{Af}} \frac{-dc_A}{kc_A^n} \tag{7-10}$$

等温等容液相单一不可逆反应活塞流反应器计算式见表 7-2。

表 7-2 等温等容液相单一不可逆反应活塞流反应器计算式

反应级数	反应速率	反应器体积	转化率
$n=0$	$(r_A)_V = k$	$V_R = \dfrac{V_0}{k} c_{A0} x_{Af}$	$x_{Af} = \dfrac{kt_m}{c_{A0}}$
$n=1$	$(r_A)_V = k_{c_A}$	$V_R = \dfrac{V_0}{k} \ln \dfrac{1}{1 - x_{Af}}$	$x_{Af} = 1 - \exp(-kt_m)$
$n=2$	$(r_A)_V = k_{c_A^2}$	$V_R = \dfrac{V_0}{kc_{A0}} \ln \dfrac{x_{Af}}{1 - x_{Af}}$	$x_{Af} = \dfrac{c_{A0}kt_m}{1 + c_{A0}kt_m}$

3. 理想恒流搅拌反应器模型

恒流搅拌反应器也称为连续搅拌罐反应器，物料不断进出，连续流动，其特点是，反应物受到了极好的搅拌。因此，反应器内各点的浓度是完全均匀的，而且不随时间而变化，反应器内的反应速度也是确定不变的，这是该种反应器的最大优点。这种反应器必须要设置搅拌器，当反应物进入后，立即被均匀分散到整个反应器容积内，从反应器连续流出的产物流，其成分必然与反应器内的成分一样，理论上说，由于在某一时刻进到反应器内的反应物立即被分散到整个反应器内，其中一部分反应物会立即流出来，这部分反应物的停留时间理论上为零。余下的部分则具有不同的停留时间，其最长的停留时间理论上可达无穷大。这样就产生了一个突出现象：某些后来进入反应器内的成分必然要与先进入反应器内的成分混合，这就是所谓的返混作用。理想的活塞流反应器内绝对不存在返混作用，而恒流搅拌反应器的特点则为具有返混作用，因此又称为返混反应器。

根据恒流搅拌反应器的特征，可对整个反应器作物料衡算。定态下，反应器内反应物料的累积量为 0，V_0 和 c_{A0} 分别为液相物料进口流量和反应组分 A 的浓度，反应物料充满整个反应器，其体积为 V_R。对关键反应组分 A 作物料衡算：

$$V_0 c_{A0} = V_0 c_{A0} (1 - x_{Af}) + (r_A)_f V_R \qquad (7\text{-}11)$$

化简得

$$\tau = V_R / V_0 = (c_{A0} - c_{Af}) / (r_A)_f = c_{A0} x_{Af} / (r_A)_f \qquad (7\text{-}12)$$

$$V_R = V_0 c_{A0} x_{Af} / (r_A)_f \qquad (7\text{-}13)$$

式中，$(r_A)_f$ 为按出口浓度计算的反应速率。

表 7-3 列出了活塞流反应器和恒流搅拌反应器进行不同级数单一等温等容液相不可逆反应时的反应结果表达式。

表 7-3　活塞流反应器和恒流搅拌反应器进行不同级数单一等温等容液相不可逆反应的比较

反应级数	活塞流反应器	恒流搅拌反应器
零级	$k\tau = c_{A0} x_{Af}$	$k\tau = c_{A0} x_{Af}$
	$\dfrac{c_{Af}}{c_{A0}} = 1 - \dfrac{k\tau}{c_{A0}} \left(\dfrac{k\tau}{c_{A0}} \leqslant 1 \right)$	$\dfrac{c_{Af}}{c_{A0}} = 1 - \dfrac{k\tau}{c_{A0}} \left(\dfrac{k\tau}{c_{A0}} \leqslant 1 \right)$
一级	$k\tau = \ln \dfrac{1}{1 - x_{Af}}$	$k\tau = \ln \dfrac{x_{Af}}{1 - x_{Af}}$
	$\dfrac{c_{Af}}{c_{A0}} = \exp(-k\tau)$	$\dfrac{c_{Af}}{c_{A0}} = \dfrac{1}{1 + k\tau}$
二级	$k\tau = \dfrac{1}{c_{A0}} \dfrac{x_{Af}}{(1 - x_{Af})}$	$k\tau = \dfrac{1}{c_{A0}} \dfrac{x_{Af}}{(1 - x_{Af})^2}$
	$\dfrac{c_{Af}}{c_{A0}} = \dfrac{1}{1 + c_{A0} k\tau}$	$\dfrac{c_{Af}}{c_{A0}} = \dfrac{\sqrt{1 + 4 c_{A0} k\tau} - 1}{2 c_{A0} k\tau}$

4. 理想恒流搅拌反应器串联模型

将若干个恒流搅拌反应器串联起来就形成了串联式的恒流搅拌反应器。其优点是既可以使反应过程有一个确定不变的反应速度，又可以分段控制反应，还可以使物料在反应器内的停留时间相对比较集中，因此，这种反应器综合了活塞流反应器和恒流搅拌反应器的优点。从活塞流反应器和恒流搅拌反应器的特点可知，活塞流反应器是无返混的反应器，恒流搅拌反应器是返混最大的反应器。从反应过程的推动力来比较，活塞流反应器的反应推动力比恒流搅拌的反应推动力大得多，活塞流反应器的反应速率沿物料流动方向有一个由高到低的变化过程，恒流搅拌反应器的反应速率始终处于出口反应物料低浓度的低速率状态。为此，为了降低返混影响的程度，提高全混流反应过程的推动力，常采用恒流搅拌反应器串联的措施。

　　一个体积为 V_R 的恒流搅拌反应器改用 m 个体积为 V_R/m 的全混流反应器串联来代替，若两者的初始浓度和最终浓度相等，则后者的平均推动力大于前者。当只用一个全混流反应器时，整个反应器中反应物浓度均为 c_{Af}，反应过程的平均推动力比例于浓度 c_{Af} 与平衡浓度 c_A 之间的矩形面积；若采用多级串联，各级全混流反应器中的浓度分别是 c_{A1}、c_{A2}、c_{A3}、c_{Af}，除最后一级外，其余各级都在高于单级操作时的浓度下进行，因此平均推动力提高。级数越多，过程就越接近平推流反应器。

　　设备反应器都在定态的同一等温条件下操作，反应过程中物料的体积不发生变化，以 V_{R1}、V_{R2}、$\cdots$、V_{Rm} 及 c_{A1}、c_{A2}、$\cdots$、c_{Am} 分别表示各反应器的反应体积及反应物 A 的浓度，任一反应器 i 中的关键组分 A 的反应速率可表示为

$$(r_A)_i = \frac{V_0 c_{A0}\left(x_{Ai} - x_{Ai-1}\right)}{V_{Ri}} \qquad (7\text{-}14)$$

或

$$V_{Ri} = \frac{V_0\left(c_{Ai-1} - c_{Ai}\right)}{(r_A)_i} \qquad (7\text{-}15)$$

式中，$(r_A)_i$ 为按第 i 级出口组分 A 的浓度 c_{Ai} 计算的反应速率。

　　只要反应的动力学关系已知，利用上式就可以计算各反应器的反应体积。对于一定的原料，给定各反应器的反应体积和规定的最终转化率，可确定各反应器的出口转化率和反应器的个数。

　　对于一级不可逆等容单一反应，由物料衡算可以直接建立级数和最终转化率的关系式，而不必逐反应器计算，就可求出反应器的串联个数和反应体积。根据接触时间的定义 $\tau_i = V_{Ri}/V_0$，而 $(r_A)_i = kc_{Ai}$，可将其改写为

$$k\tau_i = \frac{c_{Ai-1} - c_{Ai}}{c_{Ai}} \qquad (7\text{-}16)$$

$$\frac{c_{Ai}}{c_{Ai-1}} = \frac{1}{1 + k\tau_i} \qquad (7\text{-}17)$$

　　设 τ_1、τ_2、$\cdots$、τ_m 分别为第 1 级、第 2 级、$\cdots$、第 m 级的接触时间，对各反应器可分别写出

$$\frac{c_{A1}}{c_{A0}} = \frac{1}{1 + k\tau_1}, \cdots, \frac{c_{Am}}{c_{Am-1}} = \frac{1}{1 + k\tau_m} \qquad (7\text{-}18)$$

　　将以上各式相乘，得

$$\frac{c_{Am}}{c_{A0}} = \prod_{i=1}^{m}\left(\frac{1}{1 + k\tau_i}\right) \qquad (7\text{-}19)$$

由于最终转化率 $x_{Am} = 1 - \dfrac{c_{Am}}{c_{A0}}$ ，故

$$x_{Am} = 1 - \prod_{i=1}^{m}\left(\frac{1}{1+k\tau_i}\right) \qquad (7\text{-}20)$$

由此，当串联级数及各级反应体积已定时，由上式可直接求出所能达到的最终转化率。而当各级反应体积已定时，也可求出达到最终反应率所需的级数。工业生产上，多级全混反应器串联时，常采用相等的各级体积，以便设备制造。此时，$\tau_1=\tau_2=\cdots=\tau_m=\tau$，式（7-20）便成为

$$x_{Am} = 1 - \left(\frac{1}{1+k\tau}\right)^{m} \qquad (7\text{-}21)$$

或

$$\tau = \frac{1}{k}\left[\frac{1}{\left(1-x_{Am}\right)^{1/m}}-1\right] \qquad (7\text{-}22)$$

$$V_R = mV_{Ri} = mV_0\tau = \frac{mV_0}{k}\left[\frac{1}{\left(1-x_{Am}\right)^{1/m}}-1\right] \qquad (7\text{-}23)$$

由式（7-23）可见，反应器级数越多，最终转化率越高；处理量一定时，反应器体积越大，最终转化率也越高。

5. 理想反应器流动模型比较

物料在反应器内的流动情况，可以分成基本上没有混合、基本上均匀混合或是介于这两者之间三种情况。针对这三种情况，可以建立如下几种流动模型，如表 7-4 所示。

理想间歇流反应器流动模型中，进入反应器的物料立即均匀分散在整个反应器里，其特点是反应器内浓度完全均匀一致。

理想活塞流反应器流动模型中，物料在反应器的各个断面上流速是均匀一致的，物料经过轴向一定距离所需要的时间完全一样，即物料在反应器内的停留时间是管长的函数。

理想恒流搅拌反应器流动模型中，反应器内各点的浓度是完全均匀的，而且不随时间而变化，反应器内的反应速度也是确定不变的。

理想恒流搅拌串联反应器则是既可以使反应过程有一个确定不变的反应速度，又可以分段控制反应，物料在反应器内的停留时间相对地比较集中。

表 7-4 各种反应器类型比较

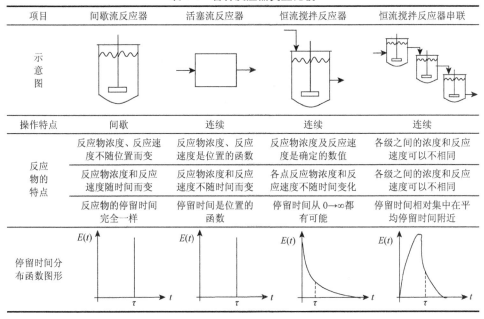

项目	间歇流反应器	活塞流反应器	恒流搅拌反应器	恒流搅拌反应器串联
示意图				
操作特点	间歇	连续	连续	连续
反应物的特点	反应物浓度、反应速度不随位置而变	反应物浓度、反应速度是位置的函数	反应物浓度及反应速度是确定的数值	各级之间的浓度和反应速度可以不相同
	反应物浓度和反应速度随时间而变	反应物浓度和反应速度不随时间而变	各点反应物浓度和反应速度不随时间变化	各级之间的浓度和反应速度可以不相同
	反应物的停留时间完全一样	停留时间是位置的函数	停留时间从 $0 \to \infty$ 都有可能	停留时间相对集中在平均停留时间附近
停留时间分布函数图形				

7.1.2 反应器在水处理工程中的应用

从 20 世纪 70 年代起，反应器的概念被引入水处理工程中。但是在水处理中的过程有些与化工过程类似，有些则完全不同。因此，对化工过程反应器的概念应加以拓展，将水处理中进行过程处理的一切池子和设备都称为反应器，这不仅包括发生化学反应和生物化学反应的设备，也包括发生物理过程的设备，如沉淀池，甚至冷却塔等设备。表 7-5 为水处理工程中的反应器应用实例。

表 7-5 水处理工程中的反应器应用实例

污水处理设施	期望的反应器设计	污水处理设施	期望的反应器设计
快速混合器	完全混合	软化	完全混合
絮凝器	局部完全混合的活塞流	加氯	活塞流
沉淀	活塞流	污泥反应器	局部完全混合的活塞流
砂滤池	活塞流	生物滤池	活塞流
吸附	活塞流	化学澄清	完全混合
离子交换	活塞流	活性污泥	完全混合及活塞流

按照上述反应器的定义，水处理反应器与传统的化学工程反应器存在多种差别，如化学工程反应器有很多是在高温高压下工作，水处理反应器较多在常温常

压下工作；化学工程反应器多是以稳态为基础设计的，而水处理反应器的进料多是动态的（如处理水的水质、投加的各种药剂的量等），因此，各种装置的操作通常不能在稳态下工作，就必须考虑可能遇到的随机输入，把反应器设计成能在动态范围内进行操作；在化学工程中，采用间歇流和连续式两种反应器，而在水处理工程中通常都是采用连续式反应器。因此，在水处理工程中，既要借鉴化学工程反应器的理论，又要结合自身的特点进行应用。

1. 间歇流反应器应用实例

序批式间歇活性污泥处理系统即 SBR 工艺应用了间歇流反应器原理，SBR 工艺由按一定时间顺序间歇操作运行的反应器组成。其系统自进水、反应、沉淀、排水排泥至闲置期结束为一个运行周期。运行周期开始前将污水一次加进去，周期结束时将污水同时放出来，所有污水的反应时间是相同的，污水中污染物的浓度随时间的变化而变化。此反应器的优点在于进水结束后，原水与反应器隔离，进水水质水量的变化对反应器不再有任何影响，因此工艺的耐冲击负荷能力高。此外，SBR 工艺的衍生工艺：ICEAS 工艺、CASS 工艺等与此反应器原理类似。

2. 活塞流反应器应用实例

沉淀池应用了活塞流反应器的原理，其运行过程中污水以列队形式通过沉淀池，并且根据理想沉淀池三个假定条件可知，污水进水后在流动的方向无混合现象（但在垂直流动的方向上可能有混合），并且沉淀池中水流流速始终不变且点流速相等，因此可以保证反应器中元素的停留时间都是相等的。反应时间是反应器长的函数，反应物的浓度、反应速度随反应器长而有变化，但是沿管长各点上反应物浓度、反应速度有一个确定不变的值，不随时间而变化。最快的反应速度是在反应器内的某一点。在水处理工程中与其类似的反应器应用还有沉砂池、生物滤池、加氯和离子交换等。

3. 恒流搅拌反应器应用实例

混合设施中机械搅拌混合池应用了恒流搅拌反应器的原理。污水不断进出，连续流动，药剂按照比例投入，药剂和污水受到了极好的搅拌。当药剂进入后，立即被均匀分散到整个反应器容积内，从反应器连续流出搅拌后的污水，流出污水的成分与混合池内的成分一样。此机械搅拌混合池的优点是可以在要求的时间内达到需要的搅拌强度，满足快速均匀的混合要求，而且不受水量水质变化的影响。在水处理工程中与其类似的反应器应用还有快速混合器、软化和化学澄清等。

7.1.3　模拟污水管道的反应器

污水在污水管道流动的过程中，往往涉及物理、化学及生物相关的多种物质转换。对于重力流管道，由于还涉及气液交换和管道内外气体交换等问题，直接采用实际管道进行研究往往情况也较为复杂。因此，针对污水管道中污水流动的非稳态特性及物质交换特性，在实验室采用反应器模拟污水管道进行的研究逐渐增多。以下对近年来模拟污水管道所采用的反应器进行相应的介绍。

1. 间歇流反应器

于玺等（2020）提出了一种模拟重力流污水管道的间歇流反应器，如图 7-1 所示。装置主要分为主体部分和温度控制系统部分。反应器主体部分包括法兰密封盖、圆柱筒体、通气管、取水管、排水管、填料载体等。

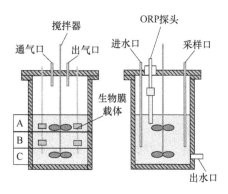

图 7-1　一种模拟重力流污水管道的间歇流反应器示意图

法兰密封盖与筒体均为有机玻璃材质，法兰密封盖直径 216mm，厚度 12mm。在盖板上布置有取水管固定孔、通气管固定孔、温度计固定孔、填料载体竖杆固定孔，在盖板的四周靠近边缘处均匀布置数个螺纹孔，用来安置不锈钢螺栓。圆柱筒体高度 330mm，直径 160mm，侧壁和底部厚度均为 5mm，在筒体一侧布有上下两个排水孔，用来黏结排水管嘴，目的是试验结束时可以用来快速排出试验装置内的污水。顶部套有法兰盘，法兰盘的直径 216mm，厚度 12mm。在法兰盘的四周靠近边缘处均匀布置与法兰密封盖上直径相同、数量相同的螺纹孔，在法兰盘下部与圆柱筒体接触部分设置加固环，使其更加牢固可靠。法兰密封盖与法兰盘之间布置相同尺寸的硅胶垫，目的是确保装置的密闭性，保证反应器的正常运行。

通气管穿过法兰密封盖，伸入筒内气相部分，设置两根，位置相对，直径均为 5mm，一根为进气管，它的作用是向反应器内注入新鲜空气；另一根为排气管，它的作用一方面是排出反应器内已经产生的混合气体，另一方面，作为反应器内气体的检测端口，对反应器内产生的混合气体的组分和浓度进行测定。在通气的过程中进气管与排气管的打开和关闭是通过止水夹的操作同步进行的。通气时同时打开两管上的止水夹，开始通气，即开始进气的时刻就是开始排气的时刻。待通气结束时，排气也就同步结束，这时同时关闭两管上的止水夹。由于在通气操作时应具有很好的密闭性，试验所用的通气设备为全玻璃注射器。通气管与法兰密封盖的接触部分用硅酮耐候胶进行彻底密封，防止外界空气的进入，同时也能保证反应器内产生的气体不会逸散出来。

取水管穿过法兰密封盖，伸入反应器液相部分，与法兰密封盖的接触部分用硅酮耐候胶进行黏结密封，设置一根，直径为8mm。取水管的入口端位于反应器筒体的2/3处。采取水样时打开夹在取水管上的止水夹，用注射器抽吸反应器内的水样，抽吸完成后关闭止水夹，保持反应器的密闭状态。取水管与法兰密封盖的接触部分用硅酮耐候胶进行黏结密封。

填料载体采用丝状的塑料丝穿插固定在中心竖直套杆上，塑料丝在水中以竖直杆为圆心，向四周辐射排列，拥有较大的比表面积，便于水中的微生物附着，有利于微生物的繁殖和新陈代谢，形成良好的生物膜。

玻璃温度计穿过法兰密封盖，伸入反应器液相部分，与法兰密封盖的接触部分用硅酮耐候胶进行黏结密封，设置一个。用于测量反应过程中装置内水体的温度。

反应器利用外置电动机驱动搅拌桨旋转运动来搅动反应器中的污水。污水管道在设计过程中一般以设计流量下的最小不淤流速0.6m/s作为设计标准，因此，设置搅拌桨的旋转速度76r/min、228r/min和380r/min分别对应于实际的污水流速0.2m/s、0.6m/s和1.0m/s，符合多个速度梯度的要求。实际污水管道中的污水和污泥中都含有大量的微生物，这些微生物都有着适宜的温度条件，温度过高或过低都会影响微生物的生物活性，进而影响有害气体的产生过程，温度的变化会给试验的进行带来不确定性。试验中主要研究变量之外的影响因素都要受到控制，因此，在试验装置的外部设置了恒温水箱。所有的试验装置均放置于恒温水箱中，采用水浴加热的方式控制反应器的运行温度，并配置温度控制开关，对运行过程中的温度进行自动控制，缩小温差范围。

2. 活塞流反应器

为了研究高浓度下的硫化氢对污水管道的腐蚀，有学者在澳大利亚布里斯班的污水处理厂做了以管式反应器模型做的中试试验（Li et al.，2019）。试验所用的模拟重力污水管道实物如图7-2所示。模拟重力污水管，内径225mm聚氯乙烯管，总工作长度为300m，总坡度为0.56%。在100L/min的时间内，将污水处理厂流入液中的原废水连续送入重力管。在重力污水管的气相中，空气速度为（0.00±0.02）m/s。

图 7-2　模拟重力污水管道实物图（Li et al.，2019）

金鹏康等（2015）提出了模拟污水管道的管式反应器，反应器如图 7-3 所示。模拟管道及检查井的材质采用有机玻璃材质，通常情况下采用黑色遮光布将其包裹，以模拟实际污水管网避光的环境。采用砂纸反复打磨有机管材内壁，以控制管道沿程阻力系数及雷诺数，并借助流体流动阻力实验装置分析测试打磨后管道内壁粗糙度，使其与钢筋混凝土管的粗糙度相接近，从而保证其流动特性与钢筋混凝土管相仿。反应器模拟管道管径均为 200mm，总有效长度 32m，从上至下共分为四段，每段长度为 8m，四段管道通过三个模拟检查井连接。模拟检查井直径均为 400mm，高度分别为 750mm、750mm、1150mm，在模拟管道上设置出水阀，以便取样分析。进水管及回流管上的阀门可调节控制流量，调节范围为 0～60 m/h。在顶部设排气口及排气阀，使进水的同时排走管内空气，保证污水 DO<0.5mg/L，总体保持缺氧状态，同时有机玻璃管段连接处均采用法兰及橡胶圈密封，确保装置的严格密封性。每次运行前先抽取一定量污水处理厂前端的城市污水至循环水箱，为了防止在往复循环过程中污水水温与原污水差距过大，在循环水箱外设置

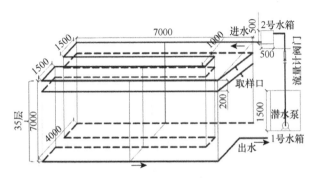

图 7-3　一种模拟污水管道的管式反应器示意图（金鹏康等，2015）

有外筒，用水冷方式保证实验用污水温度与原始污水温度相接近。之后通过水箱内的潜水泵将污水提升至顶端的检查井内，污水依靠重力作用依次进入后面的模拟管道及检查井，最终回到循环水箱内，再开始下一次循环。

张二飞和卢金锁（2018）提出了另外一种模拟污水管道的活塞流反应器，反应器结构如图 7-4 所示。反应器可以实现新鲜污水的不间断补充，以及污水的适时排出，能够较好地模拟污水管道中的水质状况，可根据需要模拟不同长度的污水管道以及不同水深状态下污水管道内气体和水质变化。

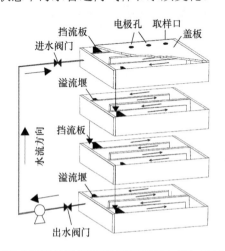

图 7-4 一种模拟污水管道的活塞流反应器示意图（张二飞和卢金锁，2018）

反应器主要分为主体部分和污水循环管路。主体部分包括一个顶层反应器、两个中间层反应器以及一个底层反应器。顶层反应器的侧壁上设有污水进水阀门和污水进水管，污水经过挡流板整流之后进入廊道，沿着四个廊道流动，在廊道尽头溢流流入中间层反应器，每一反应器的进水位置均设置挡流板，使得污水流动均匀，出水位置设置溢流堰，污水经过中间层反应器后进入底层反应器，在底层反应器的侧壁上设置污水出水阀门和污水出水管道，污水经过水泵提升后流动到顶层反应器中，使得污水形成一个流动循环。顶层反应器与底层反应器之间设置多个中间层反应器；且顶层反应器与多个中间层反应器中位于顶部的中间层反应器相连通；多个中间层反应器中相邻的两个中间层反应器相连通；多个中间层反应器中位于底部的中间层反应器与底层反应器相连通。

每一层反应器均为有机玻璃，其尺寸均相同，为长 620mm、宽 115mm、高 190mm，每层反应器被隔板分为四个廊道，廊道长度方向与水流方向一致使得污水在其中呈"S"形流动，每一反应器的进水位置均设置挡流板，使得污水流动均匀，出水位置设置有溢流堰，污水经过溢流堰后通过引流板进入下一层反应器，因此，相邻层挡流板和溢流堰的位置是相对的，底层反应器进水和出水位置均设置整流挡板。顶层反应器的底面下方和中间层反应器的底面下方，除去开设开口的一个角落处，其余三个角落处均设置一个内柱，安装过程中用来定位。中间层反应器的内部结构与顶层反应器的内部结构相同。顶层反应器上设置盖板，每层反应器之间由玻璃胶黏结形成密闭空间。各层反应器底部均铺填污泥，并且保证污泥铺填均匀，覆盖整个反应器底面。污泥颗粒有可能会进入水泵管道堵塞管道，然而水泵进水管的位置设置挡流板，污泥被阻挡在溢流堰的下部，污水溢流后进入水泵进水管中。盖板上设置有气体检测口、取样口和通气口。下层反应器侧壁上也开有通气口，没有进行通气时，通气口是封闭的，当从顶层反应器开始通气时，上下通气口均打开，使得反应器中的有害气体可以排出到外界环境中，保持反应器内外的气压平衡。取样时针管透过取样口吸取水样，取样结束后，要及时用玻璃胶将取样口封闭。

反应器顶层长 620mm、宽 115mm、高 190mm，反应器壁厚为 10mm，顶层反应器的顶面设置盖板、气体检测口、取样口和通气口，均设置在顶板上。该装置在使用时，开启进水水泵，水泵进水管和出水管管径均为 DN15，污水由污水进水管进入顶层反应器中，逐层注满，最终流入底层反应器中，使得反应器中的污水循环流动。各层反应器之间用玻璃胶进行黏结，保证空间密闭。

顶层反应器内部沿其宽度方向均匀分布有多个隔板，隔板的长度方向与顶层反应器内水流方向一致，隔板间距为 20mm，隔板厚 5mm，每相间隔的两个隔板的同一端均设置一缺口，缺口到反应器侧壁的距离为 25mm。挡流板位于进水的廊道内，挡流板的宽度和廊道宽度相同，挡流板距离反应器侧壁的距离为 55mm，沿着高度方向从上往下 86mm 内均匀分布 22 个小孔，小孔直径为 5mm，小孔间距为 8mm，最上方小孔圆心距顶板的距离为 6mm，为了防止水流对反应器底部污泥的冲击，挡流板下部不设置小孔。溢流堰的宽度和廊道宽度相同，溢流堰距离侧壁的距离是 20mm，溢流堰顶部高出反应器底部 90mm。

第二层和第三层反应器的构造和顶层反应器基本相同，只是少了水泵的出水管，并且上方三层反应器每一反应器的进水位置均设置有挡流板，使得污水流动均匀，出水位置设置有溢流堰，污水经过溢流堰后通过引流板进入下一层反应器，因此，相邻层挡流板和溢流堰的位置是相对的，挡流板和溢流堰的设置均相同，但是底层反应器进水和出水位置均设置的是整流挡板，由于整流挡板下方不开孔，可以有效防止污泥对水泵管道的堵塞，同时也不影响水泵的进水。上三层反应器底面下方，除去开设开口的一个角落处，其余三个角落处均设置有一个内柱，内柱为立方体，伸入下方反应器的内部，目的是防止上方反应器相对于下方反应器在水平方向运动，其余底层反应器的设置与其他反应器的设置相同。

3. 恒流搅拌反应器

Liu 等（2014）专门设计了一个用来模拟重力污水管道条件并同时培养沉积物的实验室反应器系统，如图 7-5 所示。

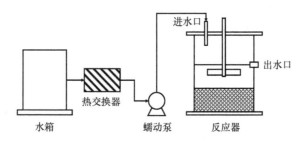

图 7-5　一种模拟重力污水管道及沉积物反应器示意图（Liu et al.，2014）

系统设置机械式平头搅拌器，并在搅拌器上施加 40r/min 的混合速度以实现反应器中的通气，收集来自悉尼的生活污水的成熟重力污水收集站的沉积物样本。通过蠕动泵间歇性地向反应器供入顶部滴入的生活污水，废水通过侧壁上的出水口排出。进料模式包括每天 18 次泵送事件，每次事件中要送入 300 mL 废水，因此，污水的平均停留时间为 12h。每周从附近的泵站收集未处理的污水，在将其泵入反应器之前，通过热交换器和水浴将其加热至 20℃。反应器完全被铝箔覆盖以有效地暴露于光。

于玺等（2020）提出了搭建带有机械搅拌的完全混合式反应器来模拟污水管道系统，如图 7-6 所示。其反应器系统主要分为搅拌系统、管道系统、温度控制系统三个部分。

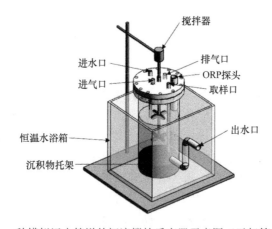

图 7-6　一种模拟污水管道的恒流搅拌反应器示意图（于玺等，2020）

搅拌系统主要包括搅拌器和转速控器；管道系统主要包括管道系统封盖、法兰密封圈、圆柱管道体、进气口、排气口、溶氧探头口、进水口、排水口、管道沉积物等部分；湿度控制系统主要包括水浴箱、温度加热棒、温控传感器和温控开关等。

管道系统整体是由有机玻璃材质制成的，其盖盒的直径为 21.6m，厚度为1.2cm。在整个盖盘上方分别对称地设置进气管口、排气管口、进水管口、取样管口和溶解氧（DO）及氧化还原电位（ORP）检测口（共用）。管道系统的主体圆柱桶内径为 16cm，外径为 17m，高度为 32.5m，体积为 6.5L。

在柱体 1/3 处设置有排水口，在排水口处连接了一个"U"形管来排水。其主要目的：一是保证管道内污水的连续流动；二是保证管道内的液位恒定。这样固定可减少盖盘与柱体之间的空隙，保证整个系统的密闭性。

进气管和排气管均处于气体空间中，其主要是为了脉冲气流的进入设计的，在脉冲气流进入污水管道系统后，势必会增加气相空间内的气压，进而会影响气体的产生和释放，故在对面设置有排气管，这样能保证在进气的同时排出相同气量的混合气体，可减少气体带来的影响，同时排气口也作为气体检测口对反应器系统内的有害气体进行检测。同理，进水管和取样管设置在两个机对面，进水口设置在液面 1/3 处，而取样口设置在液面下 2/3 处，这样设置的目的是保证从进水管进入的水能够完全混合后在反应群系统下部的排水口排出。取样口的设计是为了方便检测出水口水感情况，其所有的进气管、排气管、进水管取样管均由外径为 1cm、内径为 0.6cm 的有机玻璃管材制成，DO、ORP 检测口设置在进水口和进气口之间，其为内径 3cm，外径 3.5cm，高度 5cm 的圆柱体，内外径设计以能顺利取出探头并能保证密封效果为宜，高度的设置是为了能够将探头固定在反应器系统的盖上。

试验过程中，为了充分模拟实际重力流污水管道空间分布，将反应器分为三个区域，即沉积物区、污水区和气相区，三个区域的比例为 2∶3∶2。其中，沉积物区的沉积物是从实际污水管道系统内取出后直接放入管道系统沉积物区域，利用蠕动泵持续不断地供应每天现配的污水以保证实验室污水管道系统内的污水，并利用连通器原理的出水管来排水，以保证污水液位的恒定。

4. 恒流搅拌反应器串联

Auguet 等（2015）建立了模拟真实厌氧压力污水管道的实验室反应器系统，如图 7-7 所示。该系统由三个完全密封的有机玻璃反应器（R1、R2 和 R3）组成，它们串联在一起模拟主污水管道的三个不同部分。每个反应器的体积为 0.75L，内径为 80mm。典型的污水管道湍流条件用磁力搅拌器模拟。为了提供易于提取的生物膜样品，每个反应器内的三根不锈钢棒上还聚集了 51 个塑料载体提供生物膜生长面积。向该系统注入每周从吉罗纳市污水管道网络上游收集的生活污水。污水在 4℃储存，并在转移到反应器之前加热到 20℃，在（23.3±1.7）℃下运行。该系统通过蠕动泵间歇进料，蠕动泵每天进行 12 个循环，污水水力停留时间为 4～9h。

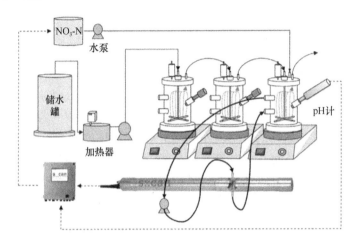

图 7-7　模拟真实厌氧压力污水管道的实验室反应器系统（Auguet et al.，2015）

为模拟重力流污水管道，实验室还搭建了如图 7-8 所示的带机械搅拌的串联完全混合式反应器系统。反应器采用蠕动泵实现连续进出水。原水储存在污水储存罐中，每天更换保证进水水质。反应器出水排放至废水桶。反应器系统将两个恒流搅拌反应器串联运行，可分别模拟重力流污水管道的前端和末端，系统整体运行较为稳定，便于模拟污水管道进行试验研究。

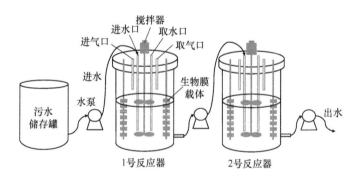

图 7-8　串联式恒流搅拌反应器系统示意图

5. 模拟污水管道的反应器比较

反应器设计的基本方程包括反应动力学或速率方程、物料衡算式、能量衡算式和动量衡算式。反应动力学是化学反应器设计的主要基础。但是，这种反应器计算对实际非稳态的污水管道反应器模拟十分复杂且困难，因此在实验室建立污水管道反应器模型时常常根据实验需要主要模拟出两大特征：一是水力特征，包括水力停留时间、湍流和面积体积比等；二是废水特征，包括硫酸盐浓度、可生物降解有机物浓度、酸碱度和温度等。在没有关于关键废水特征的进一步信息的情况下，不能使用单一的静态校正因子来准确解释生物标志物转化。只有当污水管道反应器的水力特征和废水特征具有可比性时，才将其视为实际污水管道的代表。然后根据实验所要研究的参数再选择合适类型的反应器。

间歇流反应器对于整体的污水管道来说，污水管道在收集污水到输送到污水处理厂的过程中，是一个连续流式的反应器，并且不断有新的污水与原污水混合，因此间歇流反应器并不能很好地模拟整个管道的状态，导致此类模拟管道反应器并不常见。但该反应器操作灵活，适应不同操作条件与不同产品品种，适用小批量、多品种、反应时间较长的产品生产。可偶尔在一些临时小型短期实验并且探究某一单一因素时使用，在一些简易操作时反应器可直接用烧瓶代替。

活塞流反应器在形式上与实际污水管道相似，因此该反应器应用较多，还有的实验直接截取实际城市污水管道的一部分进行。这种管式反应器更便于控制管材、坡度及流速等条件，使反应器与实际污水管道更相似，也可以并列设置一组反应器改变参数进行研究。一些反应器的中试阶段通常采用此类型反应器。但此种反应器体积通常比间歇流和恒流搅拌反应器大，并且需要大量的污水进行试验。依据不同的需求，实验管道长度变化范围也很大。常见的系统组成为水箱、水泵、管道反应器、检查井、取样点等装置。当水量很大时，为节省水常常添加循环水泵。

恒流搅拌反应器应用也颇为广泛，它比活塞流反应器体积小、节省水且便于操作控制，在研究污水管道沉积物时的优点尤为显著，比管式反应器更加直观且便于取样。该反应器也可几个反应器罐体并排设置，进行对照试验。在定态操作中，容易实现自动控制，操作简单、节省人力、产品质量稳定，可用于产量大的产品生产过程。常见的实验系统构成为污水储存罐、泵、输水管线、加热装置、反应罐、搅拌装置、废水储存罐。虽然这种反应器是连续式反应器，但为使污水在反应罐内达到要求的水力停留时间，一般控制蠕动泵间歇性地向反应器进水。进水口、出水口的位置直接影响反应器的实际工作容积，为保证污水化学性质稳定，污水储存罐温度一般控制在 4℃，并采用蠕动泵作为动力，此泵精度高、剪切力低、密封性好且维护简单。加热装置常使用热交换器和水浴加热，使在反应罐中的污水达到 20℃ 左右。搅拌装置则常采用机械架空搅拌机或磁力搅拌器。

恒流搅拌反应器串联反应器的应用也比较多，实验系统通常为 2 个、3 个或 4 个单个的恒流搅拌反应器串联在一起，个数越多就越贴近活塞流反应器，也就越贴近实际污水管道的模型。其优点在于可以在模拟污水管道的同时，通过反应器串联自然分区模拟出上下游，在有针对性地研究上下游差别的实验时实验效果更为明显，并且气密性比较容易控制，可以良好地模拟出厌氧压力流污水管道。

在采用反应器模拟污水管道的研究中，应当在尽可能贴近实际污水管道参数的基础上，根据试验研究的目标、研究内容及实验室的条件选用适合的反应器进行试验。

7.2 强化自然通气对危害气体的控制效果

7.2.1 强化自然通气对硫化氢的控制效果

本节通过在实验室搭建完全混合式反应器，对不同通气量及不同污水流速条件下强化自然通气对硫化氢的控制效果进行探究。同时，针对强化自然通气多与居民建筑相结合，往往应用在污水管道上游管道的特点，还采用串联式完全混合反应器探究了上游污水管道自然通气对上游污水管道及下游污水管道的硫化氢的控制效果。

1. 不同通气量对硫化氢的控制效果

在实验室搭建的模拟重力流污水管道的恒流搅拌反应器中，对强化自然通气技术对危害气体的控制效果进行了研究。通过分析对比不同实验条件下 H_2S 的产气情况发现，短时间内的通气不能对 H_2S 产生抑制。而长时间内通气则能够有效地抑制硫化氢的产生。不同通气条件下 H_2S 每天产生量的变化趋势如图 7-9 所示。

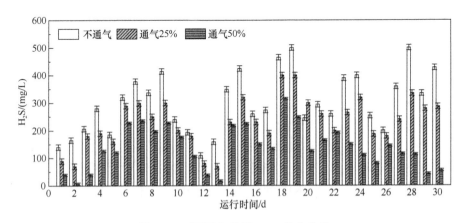

图 7-9 不同通气量下 H_2S 的产生量

图 7-9 表明，污水管道系统内 H_2S 的产生没有一定的规律，但从不通气与通

气条件来看（通气 25%组和通气 50%组），产气量相差较大，其不通气组 H₂S 的日平均产气量为 302.35mg/L，通气 25%时 H₂S 的日平均产气量为 232.73mg/L，通气 50%时 H₂S 的日平均产气量为 138.18mg/L。从日平均产气量的角度分析可知，通气能有效地控制 H₂S 的产生。随着反应器运行时间的推移，在不通气、小通气量（25%）和大通气量（50%）下 H₂S 的产生差异较大，其中脉冲小通气量（25%）对 H₂S 的抑制率为 23%，大通气量（50%）对 H₂S 的抑制率为 54.3%，这也充分说明大通气量对污水管道系统内的 H₂S 产生有较好的抑制效果。

图 7-10 为不同通气量下 H₂S 的产生速率变化。不通气组 H₂S 的产生速率始终呈现上升趋势，而通气组 H₂S 的产生速率出现先增大后减小的趋势，说明通气对污水管道内的 H₂S 起到一定的抑制作用。不通气时，管道系统内始终处于一种厌氧环境，H₂S 的产生不受抑制，产生速率从开始的 140mg/（L·d）缓慢增加到 260 mg/（L·d），说明不通气时，SRB 能充分利用硫酸盐和有机物产生 H₂S，H₂S 的产生未受到抑制。而对于通气组，脉冲性的补入新鲜空气，改变了管道系统内的厌氧环境。在 0～15d 通气 25%时 H₂S 的产生速率从 89mg/（L·d）逐渐增加到 205mg/（L·d），H₂S 的产生未受到抑制，但从第 15d 开始 H₂S 的产生速率开始下降，直到运行结束，H₂S 的产生速率降低到 147mg/（L·d）。说明脉冲小通气量能在长时间内抑制 H₂S 的产生。而通气 50%时，H₂S 产生速率增加的时间从 15d 减少到 9d。其在 0～9d 内 H₂S 产生速率从 39.03mg/(L·d)逐渐增加到 115.34mg/(L·d)，H₂S 的产生未受到抑制，第 9d 后产生速率下降较快，说明脉冲大通气量对 H₂S 的产生抑制较大。

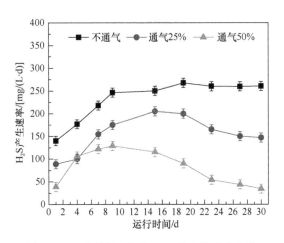

图 7-10　不同通气量下 H₂S 的产生速率变化

分析对比不通气、通气 25%、通气 50%条件下 H₂S 的产气情况发现，通气在短时间内不能对 H₂S 产生抑制。其主要的原因是，短时间内通气对硫酸盐还原菌的影响较小，气体产生速率没有受到影响，导致通气组 SRB 的数量也在增加。而长时间内通气能有效地抑制 H_2S 的产生，其主要是随着通气量的增加，污水管道内的厌氧微环境改变，污水管道沉积物内的 SRB 将硫酸盐还原的过程减缓，导致 H_2S 的产生减少。

2. 不同污水流速下自然通气对硫化氢的控制效果

受污水排放量波动较大的影响，污水管道中污水流速变化也较大，因此进一步在实验室搭建的模拟重力流污水管道的反应器中，探究了不同流速条件下通气对 H_2S 的控制效果。实验结果表明，不同污水流速下自然通气对 H_2S 的产生都有明显的抑制作用，但污水流速越高越不利于 H_2S 的控制。

图 7-11～图 7-13 为不同通气量条件下，气相空间内 H_2S 气体的浓度变化情况。图中表明，不通气组的 H_2S 浓度在不同的速度梯度下随时间总体呈上升趋势，模拟流速 0.2m/s、0.6m/s、1.0m/s 下的 H_2S 在整个试验周期内变化范围分别为 105.4～241ppm（1ppm 表示 10^{-6}）、193.4～498ppm、205.4～351ppm。试验开始后 6h 内不通气组的反应器内检测到有大量的 H_2S，检测值均为 200ppm 左右。而且反应器的模拟流速越大，反应器内检测到的 H_2S 含量就越高。其中，模拟流速 1.0m/s 条件下在 18h 所检测到的 H_2S 浓度就达到了仪器检测限值。这是由于较快的运行速度会不断搅动反应器内的污水，使得污水中溶解态的 H_2S 不断地穿过气液交界面进入反应器顶部空间形成 H_2S 气体，同时也使得水中的硫酸盐与沉泥中的硫酸盐还原菌接触更加充分，更多的硫酸盐被还原成硫化物，而水中的硫化物就包括有液态 H_2S，H_2S 气体变化率也表明不同运行速度对 H_2S 气体产生的不同影响。

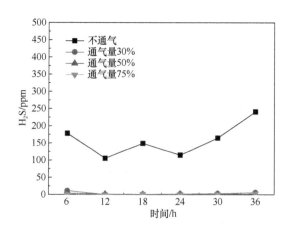

图 7-11　0.2m/s 流速不同通气量下 H_2S 随时间的变化过程

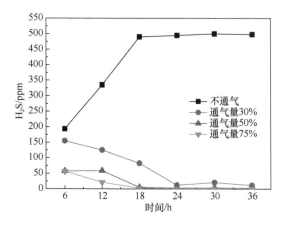

图 7-12　0.6m/s 流速不同通气量下 H₂S 随时间的变化过程

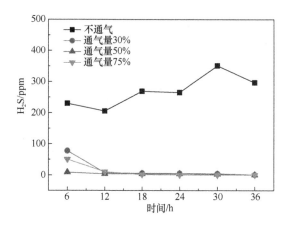

图 7-13　1.0m/s 流速不同通气量下 H₂S 随时间的变化过程

通入新鲜空气的各个试验组检测到的 H_2S 远远低于不通气组，而且随着流速的增加，H_2S 的初期检测值是在逐渐升高的。在较小流速（0.2m/s）整个试验周期内，以 6h 为时间间隔进行通气的试验组的 H_2S 产量始终维持在很低的水平，通气对其有着很好的抑制效果。而较大流速（0.6m/s 和 1.0m/s）在反应前期虽然也有 H_2S 产生，但在空气通入的条件下也大幅度降低了 H_2S 气体产量，且通气量越大降低的效果越明显。较大的水流速度，增加了气液传质效果，进入液体中的氧是可以氧化水中的硫离子的，根据硫的平衡体系理论，硫离子的减少会导致硫氢根离子的减少，进而使得溶解态 H_2S 含量降低，反应器中顶部空间的气态 H_2S 由于无法向外部散逸，又会反向进入液体中，最终使得气相中的 H_2S 含量减少。

反应器中流速越快越不利于 H_2S 的控制效果，但不同程度自然通气都可以对 H_2S 的产生起到明显的抑制作用。

3. 上游污水管道自然通气对硫化氢的控制效果

考虑自然通气系统往往需设置在临街建筑附近，也就是位于整个污水管道系统的上游，因此，采用串联完全混合式反应器模拟污水管道的上游与下游管段，分别设置自然通气的试验组与不通气的对照组，探究上游自然通气对整个污水管道内有害气体的控制效果。研究结果表明，上游污水管道自然通气在一定程度上直接导致了上游污水管道的气态 H_2S 浓度降低。与此同时，下游污水管道内的气态 H_2S 浓度也会因此受到抑制。

图 7-14 为反应器连续运行 80d 内试验组与对照组 H_2S 气体浓度变化情况。在反应器连续运行过程中，自然通气组反应器（ER1 和 ER2）气相空间内 H_2S 的浓度明显低于不通气组反应器（CR1 和 CR2）气相空间内 H_2S 的浓度。

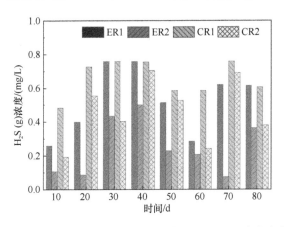

图 7-14　反应器连续运行 80d 内试验组与对照组 H_2S 浓度变化情况

对于上游污水管道，0～30d 内，反应器 ER1 与反应器 CR1 内的 H_2S 浓度均呈上升趋势，并在 30d 左右均达到最大值 0.76mg/L。这可能是随着反应器的运行，生物膜厚度逐渐增加，生物膜底部呈现厌氧环境，在硫酸盐还原菌的作用下产生了 H_2S 并在反应器气相空间内积累。30～80d 内，反应器 ER1 与 CR1 内的 H_2S 浓度呈波动变化趋势，这段时期内，反应器 ER1 内的平均 H_2S 浓度为 0.56mg/L，反应器 CR1 内的平均 H_2S 浓度为 0.65mg/L。与反应器 CR1 相比，反应器 ER1 内的 H_2S 浓度降低了 14.09%。这表明，与传统通风不畅的污水管道相比，上游自然通气可降低上游污水管道内 H_2S 浓度。

对于下游污水管道，反应器 ER2 与 CR2 内 H_2S 浓度所能达到的最大值分别为 0.50mg/L 和 0.70mg/L，小于反应器 ER1 与 CR1 内 H_2S 浓度所能达到的最大值。这可能是因为，末端反应器内的氧气浓度偏低，相比首端反应器应该更容易出现厌氧环境产生 H_2S。检测结果中末端反应器产生的 H_2S 浓度反而较低。这可能是因为首端反应器内硫酸盐充足，易生物降解的有机物浓度高，微生物活性高。而末端反应器内硫酸盐及易降解有机物等底物浓度低，生物反应较慢，导致 H_2S 的产量反而较低。

与此同时，在 30～50d 内，即反应器稳定运行阶段内，反应器 ER2 内 H_2S 浓度平均值为 0.28mg/L，明显小于反应器 CR2 内 H_2S 浓度平均值 0.50mg/L。这表明自然通气虽然对下游污水管道氧气环境影响较小，但是自然通气改善了上游污水管道的厌氧环境，间接影响了污水中厌氧微生物的生长。因此，下游污水管道在来自上游污水管道的污水及微生物的影响下，H_2S 的产气量也降低了，且相比于不通气的下游污水管道，H_2S 产量降低了 44.72%，控制效果明显。

为了补充连续运行试验，在反应器系统运行 80d 后进行了周期性试验。试验过程中新配制的污水先在首端反应器中停留 3h，再经蠕动泵抽送至末端反应器停留 3h。自然通气组试验开始前先用氮气置换反应器内部的空气，再通入约 2L 空气，营造自然通气环境。不通气组仅采用氮气置换反应器内部空气，模拟厌氧环境。周期性试验中对 H_2S 的检测结果如图 7-15 所示。

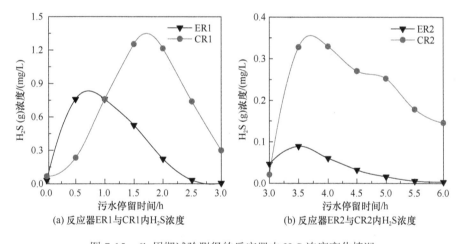

图 7-15　6h 周期试验测得的反应器内 H_2S 浓度变化情况

图 7-15（a）为新鲜配制污水在首端反应器内停留 3h 检测的反应器气相空间 H_2S 的浓度。反应器 ER1 内，H_2S 浓度先逐渐升高，经过 0.5h 达到了较大值 0.76mg/L；在 0.75h 左右时，H_2S 浓度达到了峰值，约为 0.83mg/L；之后 H_2S 浓度开始逐渐下降，在 3h 反应结束后，H_2S 浓度降低至 0.01mg/L。反应器 CR1 内，H_2S 浓度经过 1.5h 达到了较大值 1.25mg/L；在 1.75h 左右 H_2S 浓度达到了峰值，约为 1.35mg/L；之后在 3h 时，H_2S 浓度降低至 0.30mg/L。反应器内 H_2S 浓度呈现先升高后降低的趋势可能是因为，反应器开始运行时，污水中硫酸盐及可降解有机物充足，SRB 活性较高，硫化物产生量大，H_2S 扩散

至气相空间中，导致 H_2S 浓度逐渐升高。之后随着生物反应的进行，硫酸盐逐渐消耗，H_2S 产量减小。反应器 ER1 内的 H_2S 浓度比反应器 CR1 内的 H_2S 浓度先达到最大值，这表明自然通气在一定程度上可能促进了 H_2S 从液相空间扩散至气相空间中。但总体来说，反应器 ER1 内的 H_2S 浓度平均值为 0.33mg/L，反应器 CR1 内的 H_2S 浓度平均值为 0.65mg/L。表明自然通气可有效控制上游污水管道 H_2S 的产生。

图 7-15（b）为污水在首端反应器内停留 3h 后，又在末端反应器内停留 3h 所检测的反应器气相空间内 H_2S 浓度。反应器 ER2 与 CR2 内的 H_2S 浓度均在污水停留时间的第 3.5h 时达到较大值，分别为 0.09mg/L 和 0.33mg/L，之后 H_2S 浓度在第 6h 时分别降低至 0.01mg/L 和 0.15mg/L。在反应器运行期间，反应器 ER2 内的 H_2S 浓度始终小于反应器 CR2 的 H_2S 浓度。反应器 ER2 内 H_2S 浓度的平均值 0.04mg/L，反应器 CR2 内 H_2S 浓度的平均值为 0.22mg/L。这可能是因为反应器 ER1 受自然通气条件的影响，产生的硫化物减少，因此随污水被运输至反应器 ER2 的硫化物减少，导致在反应器 ER2 内扩散至气相空间的 H_2S 浓度降低。这表明没有自然通气条件的下游污水管道也会受到上游污水管道自然通气的影响，导致管道气相空间的 H_2S 浓度降低。

总而言之，周期试验表明自然通气在一定程度上影响了污水管道内与 H_2S 产气相关的微生物的活动，从而直接导致受自然通气影响的上游污水管道的 H_2S 浓度降低。而下游污水管道内 H_2S 浓度降低，一方面是因为在上游污水中硫化物浓度降低的影响下，下游污水管道内扩散至气相空间的 H_2S 减少；另一方面，可能是上游自然通气影响了微生物活动，从而影响了污水水质，导致下游污水管道内微生物活动也受到一定的影响，H_2S 产量减少。

7.2.2 强化自然通气对甲烷的控制效果

本节在不同通气量及不同污水流速的影响下，采用实验室搭建的模拟重力流污水管道的恒流搅拌反应器探究了强化自然通气技术对甲烷的控制效果。研究结果表明，强化自然通气技术对 CH_4 也具有较好的控制效果。

1. 不同通气量对甲烷的控制效果

强化自然通气对甲烷的产生起到了一定的抑制作用，但效果不如 H_2S 明显。低通气量能相对较好地控制甲烷的产生，并将其控制到最低，低通气条件下，通气对 CH_4 的控制效果比脉冲大通气量要好。

通过对完全混合反应器运行过程中 CH_4 的检测，在不同通气条件下 CH_4 的日平均产气量趋势如图 7-16 所示。在整个运行周期内不通气组的 CH_4 的变化幅度不大，平均每天的 CH_4 产气量为 30653mg/L。通气组的 CH_4 在运行周期内发生了变化，在脉冲小通气量（25%）下 CH_4 的平均产气量维持在 25570 mg/L，而脉冲大通气量（50%）下 CH_4 的平均产气量维持在 21353mg/L。与不通气组 CH_4 的产气量相比，通气对 CH_4 的产生起到一定的抑制作用，但与 H_2S 的抑制效果相比是较差的。其抑制效果差可能与沉积物内 MA 存在的位置和通气的影响范围有一定关系。在不通气时 CH_4 的产生量已经接近了 CH_4 的爆炸下限（5%），此时污水管道系统内的 MA 非常活跃，而在通气作用下通入的氧组分通过扩散传递来改变管道厌氧微环境进而对 MA 产生了一定的影响。不同的通气量对 CH_4 的产生有不同的影响。其中在脉冲小通气量（25%）下 CH_4 的抑制率为 16.6%，在脉冲大通气量（50%）下 CH_4 的抑制率为 30.3%。与不通气组 CH_4 的产生量相比，脉冲大通气量对 CH_4 的抑制效果较明显，说明随着通气量的增加，管道内氧组分的扩散较快，对管道内厌氧过程的进行产生了影响，进而减少了 MA 所利用的底物，导致 CH_4 的产生。

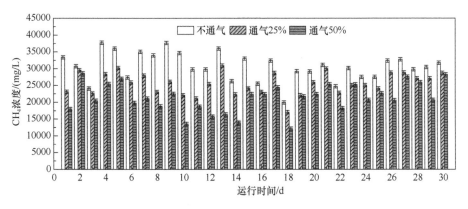

图 7-16　不同通气量下 CH_4 的产生量

图 7-17 表明，不通气组 CH_4 的产生速率从运行开始到结束始终呈现下降的趋势，对于通气组的 CH_4 产生速率则出现了先减小后缓慢增加的趋势。趋势表明通气对 CH_4 气体的产生有一定的影响。在不同的通气量下，CH_4 的产生速率与 H_2S 的产生速率是相反的，在脉冲小通气量下，前 15d 内，CH_4 的产生速率从 23112.45mg/（L·d）降低到 12927.56mg/（L·d）。在周期运行结束后 CH_4 产生速率缓慢上升到 14153.28mg/（L·d）。脉冲大通气量下，CH_4 的产生速率从第 1d 的 17994.97mg/（L·d）降低到第 7d 的 11205.96mg/（L·d），再缓慢上升到 17915.69mg/（L·d）。通气下 CH_4 的产生速率与 H_2S 的产生速率刚好相反的原因主要是沉积物内的 SRB 和 MA 在可利用的基质上存在竞争关系，在通气条件下，氧组分的补入影响了厌氧发酵过程，对发酵产物产生了一定的影响，同时通气对污水和沉积物

中的 SRB 产生直接影响，进而减少了与 MA 竞争基质的微生物，导致 CH_4 的差异。不同的通气量对 MA 的影响不同，引起 CH_4 的产生量不同，从试验结果分析可知，脉冲小通气量（25%）对 CH_4 产生速率的影响比脉冲大通气量 CH_4 的产生速率影响大，因此低通气量能大幅度抑制 CH_4 的产生，并将其控制到最低，控制效果比脉冲大通气量要好。

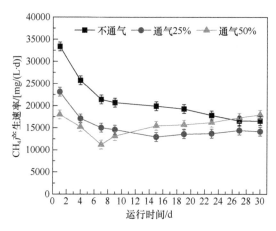

图 7-17　不同通气量下 CH_4 的产生速率

因此，在对污水管道进行自然通气后可有效地抑制 CH_4 的产生速率，而选择低通气量的脉冲通气可以获得更出色的效果。

2. 不同流速条件下通气对甲烷的控制效果

对强化通气技术的效果验证表明，相同流速下，通气量越大，CH_4 的平均含量越小，表明通气量与 CH_4 的抑制效果存在正相关。此外，在相同的自然通气量下，CH_4 含量随流速的增加呈现先增大后减小的变化过程，说明流速对 CH_4 的影响显著。

图 7-18～图 7-20 显示的是不同流速条件下 CH_4 产气量随时间的变化情况。从图中可以看出，试验周期内各试验组的 CH_4 变化具有明显的规律性，都呈现逐渐上升的趋势，而且在 0.2m/s、0.6m/s、1.0m/s 三种不同模拟流速中，流速相同的条件下不通气组反应器内的 CH_4 产量均始终高于相同时刻其他通气组的 CH_4 产量。0.2m/s 流速下不通气组 CH_4 的平均含量为 18%LEL，0.6m/s 流速下不通气组 CH_4 的平均含量为 31%LEL，1.0m/s 流速下不通气组 CH_4 的平均含量为 22%LEL，说明当流速增加到 0.6m/s 时有利于 CH_4 的形成，但超过这一范围达到 1.0m/s 后 CH_4 的产量又会下降。分析原因可知，适宜的流速可以增加水中微生物与有机质的充分接触，便于微生物的繁殖增长，而较大的流速又会破坏底泥中稳定的生存环境，难以形成适宜微生物生长的分层结构，流速在一定程度上也可以影响 CH_4 气体形成。

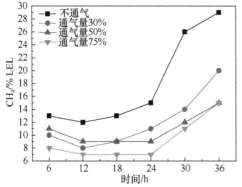

图 7-18 0.2m/s 流速不同通气量下
CH₄ 随时间的变化过程

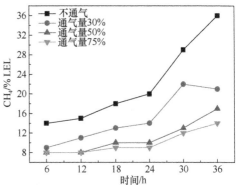

图 7-19 0.6m/s 流速不同通气量下
CH₄ 随时间的变化过程

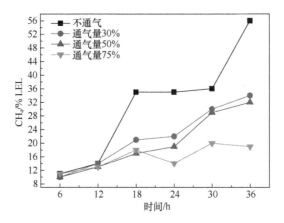

图 7-20 1.0m/s 流速不同通气量下 CH₄ 随时间的变化过程

　　模拟流速 0.2m/s 时，通气量 30%、50%、75%对应的 CH₄ 平均含量分别为 12%LEL、11%LEL、9%LEL；模拟流速 0.6m/s 时，通气量 30%、50%、75%对应的 CH₄ 平均含量分别为 22%LEL、20%LEL、15.8%LEL；模拟流速 1.0m/s 时，通气量 30%、50%、75%对应的 CH₄ 平均含量分别为 15%LEL、11%LEL、10%LEL。因此，在相同流速下，自然通气量越大，CH₄ 的平均含量越小，表明自然通气量与 CH₄ 的抑制效果存在正相关。另外，在相同的自然通气量下，CH₄ 含量随流速的增加呈现先增大后减小的变化过程，与不通气组的变化趋势一致，说明流速对 CH₄ 的影响显著。在试验前期不同通气条件对 CH₄ 产量的影响差别不大，而到了试验后期随着时间延长差距不断扩大。由于反应器内 CH₄ 来自产 CH₄ 菌的微生物作用，而产 CH₄ 菌属于厌氧微生物，对水中的溶解氧很敏感，而自然通气提高了反应器中的氧含量，在一定程度上是可以限制产 CH₄ 菌的生物代谢活动的。

总之，对污水管道进行间歇自然通气可以有效地抑制 CH_4 的产生且在不同的流速下都适用。

3. 上游污水管道自然通气对甲烷的控制效果

对上游污水管道进行自然通气可以有效抑制管道运行初期的 CH_4 气体产量，而对下游污水管道的作用则相对受限，需要配合其他辅助手段。研究采用恒流搅拌串联反应器探究了上游污水管道自然通气对 CH_4 的控制效果。

如图 7-21 所示，在 0～10d 内，反应器 ER1 及 ER2 几乎不产生 CH_4 气体。这可能是因为产 CH_4 菌是一种严格厌氧古菌，在自然通气条件下生长较为缓慢。而反应器 CR1 及 CR2 在系统运行的第 3d 左右已经开始产生 CH_4 气体，在第 9d 左右，反应器 CR1 内的 CH_4 气体浓度为 2.14mg/L。这表明在污水管道运行初期，自然通气能延缓厌氧环境的发展，抑制 CH_4 气体的产生。反应器 CR1 内 CH_4 浓度先达到较高水平可能是因为不通气组厌氧条件发展较快，且首端反应器污水中有机物较多，微生物生长较快。在 10～30d 内，CH_4 气体的浓度逐渐增加，在 30d 左右，四个反应器的 CH_4 气体浓度达到了较高水平，此时反应器 ER1 和 ER2 的 CH_4 气体浓度为 4.29mg/L 和 4.64mg/L，反应器 CR1 和 CR2 的 CH_4 气体浓度为 10.00mg/L 和 7.86mg/L，不通气组的 CH_4 气体浓度明显高于自然通气组。这表明在污水管道初期运行阶段，自然通气可在管道内微生物继续增多的情况下，减少 CH_4 气体的产量。

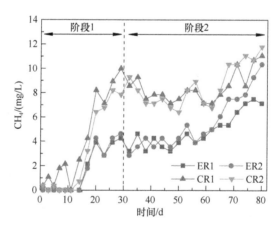

图 7-21 反应器连续运行 80d 内试验组与对照组 CH_4 浓度变化情况

在 30～80d 内，反应器基本达到稳定运行状态，这一阶段内反应器 ER1 和 ER2 的平均 CH_4 气体浓度为 4.87mg/L 和 5.53mg/L，反应器 CR1 和 CR2 的平均 CH_4 气体浓度为 8.45mg/L 和 8.59mg/L。相比于不通气组，自然通气组的反应器 ER1 和 ER2 的 CH_4 产生量分别减少了。这表明在污水管道常规运行过程中，自然通气可抑制污水管道 CH_4 气体的产生。对于上游污水管道，主要的控制原因可能是自然通气带入的氧气抑制了产 CH_4 菌的活动及微生物群落组成，减少了 CH_4 气体的产生。对于下游污水管道，CH_4 气体产生受到抑制的主要原因可能是上游污水管道的污水水质变化及微生物群落组成的变化，产生了与传统不通气管道具有差异的微生物群落组成，影响了产 CH_4 菌的活动，导致 CH_4 气体浓度降低。系统运行的第 $70\sim80d$，反应器 ER2 内 CH_4 气体的含量出现增长趋势。第 80d 时反应器 CR1 和 CR2 的 CH_4 气体浓度分别为 11.07mg/L 和 11.79mg/L，此时反应器 ER2 内 CH_4 气体浓度达到了 10.36mg/L，接近不通气组的 CH_4 气体浓度。这可能是因为反应器运行后期，生物膜厚度较大，产甲烷菌往往位于生物膜底层的位置。此时自然通气带来的氧气消耗快，且难以影响生物膜深处，导致 CH_4 气体产量增加。因此，自然通气方法在污水管道运行后期作用效果可能降低，此时考虑污水管道 CH_4 气体的长期控制可能需要采用其他辅助手段，如投加化学药剂等。

图 7-22 为 6h 周期性试验中测得的反应器内 CH_4 气体的浓度变化情况。如图 7-22（a）所示，在 0.5h 以内，反应器 ER1 及 CR1 内 CH_4 气体浓度较低，几乎为 0，在 0.5h 以后反应器内 CH_4 气体浓度逐渐上升，且反应器 CR1 的 CH_4 气体浓度增速较快，在 2.0h 左右，反应器 CR1 的 CH_4 气体浓度达到了 2.50mg/L，此时反应器 ER1 内的 CH_4 气体浓度为 1.07mg/L。随后反应器 CR1 内的 CH_4 气体浓度降低，反应器 ER1 内的 CH_4 气体浓度仍然在增加。在第 3.0h，反应器 ER1 及 CR1 内的 CH_4 气体浓度均达到 2.14mg/L。周期试验检测的 CH_4 气体浓度低于连续运行试验的浓度可能是因为 CH_4 产气速率较慢，而连续试验中反应器连续运行了 80d，

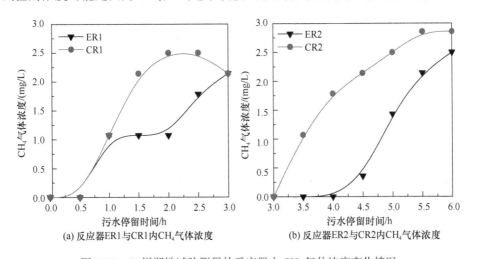

图 7-22　6h 周期性试验测得的反应器内 CH_4 气体浓度变化情况

CH_4 气体存在一定的累积，因此浓度较高。周期性试验在一定程度上可以反映反应器内微生物的产气能力。在 3h 污水停留时间内，反应器 ER1 的 CH_4 气体浓度始终低于反应器 CR1，反应器 ER1 及 CR1 内的 CH_4 气体浓度平均值分别为 1.02mg/L 及 1.48mg/L。这表明自然通气可以抑制产 CH_4 菌的活动，延迟 CH_4 的累积，减少 CH_4 的产生。

图 7-22（b）为污水停留时间 3～6h 内，反应器 ER2 和 CR2 的 CH_4 气体浓度变化情况。反应器器 ER2 和 CR2 内，CH_4 气体浓度始终处于增加状态。对于反应器 ER2，3～4h 内 CH_4 气体浓度几乎为零，4h 后 CH_4 气体浓度逐渐增大，6h 时 CH_4 气体浓度达到 2.50mg/L。对于反应器 CR2，CH_4 气体前期产生速率较快，后期产气速率逐渐减慢，但 CH_4 气体浓度一直在增加，6h 时，CH_4 气体浓度达到 2.86mg/L。且在整个试验过程中，反应器 CR2 的 CH_4 气体浓度始终大于反应器 ER2。这表明下游污水管道虽然不直接受自然通气的影响，但自然通气引起的上游污水管道的有机物消耗及厌氧微生物抑制会降低下游污水管道的 CH_4 气体产生速率，从而延缓 CH_4 气体在下游污水管道中的累积，降低污水管道爆炸风险。试验过程中反应器 ER2 和 CR2 的 CH_4 气体浓度最终大于反应器 ER1 及 CR1 的 CH_4 气体浓度。这可能是因为反应器 ER2 及 CR2 的氧气浓度低，厌氧条件严重，MA 丰度更高。

综上可知，强化自然通气对污水管道内的 CH_4 气体产量有着明显的抑制，且在管道运行初期能获得更好的效果。

7.2.3 强化自然通气对一氧化碳的控制效果

本节采用模拟重力流污水管道的恒流搅拌反应器探究了不同污水流速及不同通气量条件对 CO 的控制效果。研究表明，对模拟的污水管道进行自然通气后能有效抑制管道内 CO 的产生，减少污水管道的 CO 排放。

1. 不同通气量对一氧化碳的控制效果

在不同通气量条件下进行的试验研究表明，对污水管道进行自然通气能有效抑制管道内 CO 的产量，越长的通气时间以及越大的通气量产生的效果越明显。

不同通气量下 CO 产生量如图 7-23 所示。试验过程中，CO 的产生与 H_2S 一样没有规律，但比对不通气和通气可以清晰地发现，不通气组 CO 的日平均产气量为 270.26mg/L，而脉冲小通气量（25%）时 CO 的日平均产气量为 150.02mg/L，脉冲大通气量（50%）时 CO 的日平均产气量为 89.38mg/L，从产生量可以清晰地发现在脉冲小通气量（25%）下 CO 的抑制率达到 44.48%，在脉冲大通气量（50%）下 CO 的抑制率达到了 60%。这也充分说明随着通气量的增加，CO 的抑制率在增加，其原因可能是，随着通气量的增大，氧组分转移到液相和沉积物中的含量增大，对管道系统中产生 CO 的厌氧微生物起到一定的抑制作用，使得 CO 的产生明显降低。

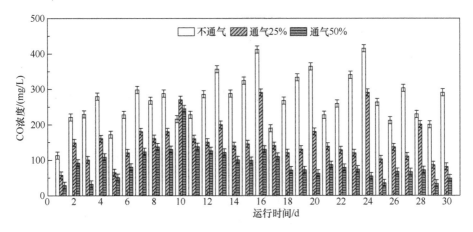

图 7-23　不同通气量下 CO 产生量

图 7-24 为不同通气量下 CO 的产生速率。通过分析可知，不通气时，CO 的产生速率整体呈现先增加并逐渐趋于稳定趋势，在运行时间为 22~24d 时，CO 的产生速率达到 190.64mg/（L·d），这说明在厌氧条件下厌氧微生物充分利用污水中的有机物而产生大量的 CO。在脉冲小通气量（25%）下 CO 在 1~7d 内的产生速率从 57.43mg/（L·d）增加到 120.26mg/（L·d），达到一个峰值后开始逐渐下降至运行结束时的 38.43mg/（L·d），在脉冲大通气量（50%）下 CO 在 1~4d 内的产生速率从 28.63mg/（L·d）增加到 92.60 mg/（L·d），达到峰值后开始下降至运

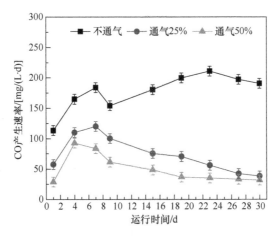

图 7-24　不同通气量下 CO 产生速率

行结束时的 31.78mg/（L·d）。以不通气作为参照，图中出现短时间内 CO 的增加，可能的原因是短时间内通气对厌氧微生物产生的影响较小，对有害气体的产生抑制效果相对较差。在长时间的通气作用下 CO 被抑制的效果较为明显，是有害气体中抑制效果最优的。

综上可知，在污水管道内进行强化自然通气能有效抑制 CO 的产量，且效果显著。

2. 不同流速条件下通气对一氧化碳的控制效果

对不同流速条件下的污水管道进行强化自然通气可以显著地抑制管道内 CO 气体的产生，实验采用间歇流反应器试验进一步探究了不同流速下的自然通气对 CO 的影响。

图 7-25～图 7-27 显示的是不同流速条件下 CO 随时间的变化情况。在 0.2m/s、0.6m/s、1.0m/s 三种不同模拟流速中，不通气组 CO 的平均含量分别为 95ppm、150ppm、192.8ppm，随着流速的增加，CO 的产量在逐渐增加，而且不通气组的 CO 变化率在不同的模拟流速下也是不一样的。模拟流速为 0.2m/s 和 0.6m/s 时，CO 在反应前期的曲线平缓，增长率较小，产量较低，而在后期曲线变陡峭，增长率较大，产量快速增加，最大增长率出现在 24～30h，且 0.6m/s 时的最大增长率为 178%，要高于 0.2m/s 时的最大增长率 78%。当模拟流速达到 1.0m/s 时，CO 的最大增长率为 134%，出现在 6～12h，其出现时间明显提前。这表明在其他影响因素保持不变时，较大的水流速度有利于 CO 气体的形成释放。而在相同流速下不通气组的 CO 浓度均高于相同时刻其他通气组 CO 的浓度。在不同的模拟流速下各通气组在试验周期内 CO 产量随通气量的增加而逐渐减少，且在试验后期 CO 产量均降低到很低的水平，并无明显差别。这表明自然通气是可以明显降低 CO 气体的含量的。这可能与产 CO 微生物种群对氧有较强的敏感度有关，气相中的氧气通过溶解扩散于水中提升溶氧水平进而作用于产 CO 微生物种群，使 CO 产气量明显降低。

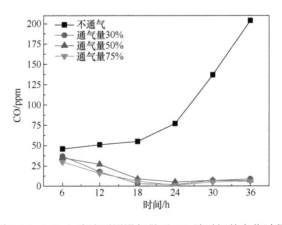

图 7-25　0.2m/s 流速不同通气量下 CO 随时间的变化过程

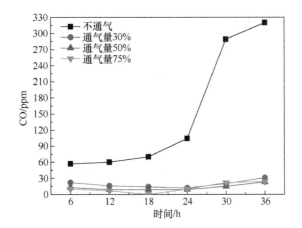

图 7-26 0.6m/s 流速不同通气量下 CO 随时间的变化过程

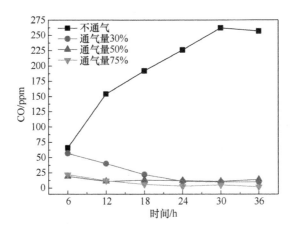

图 7-27 1.0m/s 流速不同通气量下 CO 随时间的变化过程

3. 上游污水管道自然通气对一氧化碳的控制效果

对上游污水管道进行自然通气可以直接有效地抑制 CO 的产生速率，同时因有机物消耗等对下游管道的 CO 产量也有抑制效果。试验在上游污水管道自然通气条件下对 CO 气体的浓度进行了检测。检测结果如图 7-28 所示。

图 7-28（a）是系统连续运行 80d 内反应器 ER1 与 CR1 内 CO 气体浓度。CO 气体的产气规律与 H_2S 气体类似，在第 9d 时，反应器 CR1 内 CO 气体浓度达到最大值 0.79mg/L。这可能是受氧气浓度较低，厌氧微生物迅速增多的影响。在系统运行的 80d 内，反应器 CR1 的 CO 气体浓度始终高于反应器 ER1。在反应器稳定运行阶段，即 30~80d 内，反应器 CR1 的 CO 气体平均浓度为 0.17mg/L，反应器 ER1 的 CO 气体平均浓度为 0.07mg/L，比反应器 CR1 低。试验结果表明，自

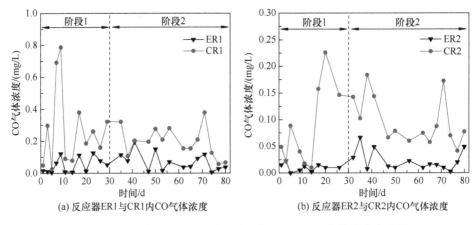

图 7-28 反应器连续运行 80d 内试验组与对照组 CO 气体浓度变化情况

然通气对于 CO 气体的产生具有明显的抑制作用。这可能是因为自然通气抑制了厌氧微生物的活性，影响了 CO 气体的产生。

图 7-28（b）为反应器 ER2 及 CR2 的 CO 气体浓度在 80d 内的连续检测结果。反应器 CR2 内的 CO 气体浓度在反应器运行的第 20d 左右达到最大值 0.23mg/L。与反应器 ER1 及 CR1 的情况类似，在系统运行的 80d 内，反应器 CR2 的 CO 气体浓度始终高于反应器 ER2。在 30~80d 内，反应器 CR2 的 CO 气体平均浓度为 0.08mg/L，反应器 ER2 的 CO 气体平均浓度为 0.02mg/L，比反应器 CR2 低。这说明自然通气可以通过影响上游污水管道的污水水质间接影响下游污水管道的微生物群落组成，从而抑制下游污水管道的 CO 气体产生。试验中末端反应器的 CO 气体浓度明显低于首端反应器，这表明污水中有机物的消耗对 CO 产气微生物的影响较大，使下游污水管道中 CO 气体浓度显著降低。

为了探究上游自然通气对 CO 气体产气速率的影响，同样进行了 6h 的周期试验分析 CO 浓度变化情况，检测结果如图 7-29 所示。CO 浓度变化趋势与 H_2S 类似。

图 7-29（a）为反应器 ER1 与 CR1 在 3h 的运行时间内 CO 浓度的变化情况。反应器 ER1 内 CO 浓度呈现先升高后降低的趋势，在 1.0h 时，CO 浓度达到最大值 0.064mg/L，随后 CO 浓度逐渐降低，3.0h 时降低至 0.001mg/L。反应器 CR1 内的 CO 浓度同样为先升高后降低的趋势，在 1.0h 时，反应器 CR1 内 CO 浓度为 0.079mg/L，高于反应器 ER1；之后 CO 浓度继续升高，在 2.0h 左右达到较大值 0.16mg/L；3.0h 时，CO 浓度逐渐降低至 0.051mg/L。在 3h 的运行过程中，反应器 ER1 内的 CO 平均浓度为 0.026mg/L，低于反应器 CR1 内的 CO 平均浓度 0.080mg/L。这表明自然通气可以直接抑制上游污水管道内 CO 的产生。

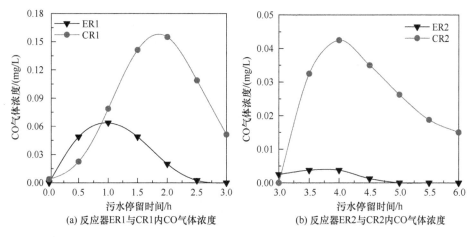

图 7-29　6h 周期试验测得的反应器内 CO 气体浓度变化情况

图 7-29（b）为反应器 ER2 与反应器 CR2 在周期试验中测得的 CO 浓度变化情况。反应器 ER2 内的 CO 浓度始终处于较低水平，在 4.0h 时，CO 最大浓度仅为 0.004mg/L。反应器 CR2 内的 CO 浓度同样在 4.0h 时达到最大浓度 0.043mg/L，随后 CO 浓度逐渐降低，6.0h 时 CO 浓度为 0.015mg/L。反应器 CR2 的 CO 浓度始终高于反应器 ER2。这可能是上游自然通气间接影响了下游污水管道的 CO 产气速率，主要包括污水水质影响及微生物群落组成变化的影响等。反应器 ER2 内的 CO 平均浓度为 0.002mg/L，反应器 CR2 内的 CO 平均浓度为 0.024mg/L，分别小于反应器 ER1 及 CR1 内的 CO 浓度。这可能是因为污水运输过程中有机物的消耗对下游污水管道内 CO 产气速率产生了明显的抑制效果。

综上可知，可以通过对上游污水管道进行强化自然通气来对管道内的 CO 气体进行控制，该技术在污水管道下游同样可以获得良好的控制效果。

7.2.4　强化自然通气技术控制效果小结

污水管道中常见的有毒有害气体主要为 H_2S、CH_4 及 CO，这些气体会导致污水管道腐蚀、臭味及污水泄漏等问题。本节通过实验室搭建反应器模拟不同通气量及不同污水流速条件下强化自然通气对这些危害气体的控制效果。同时针对强化自然通气多与居民建筑相结合的特点，探究了上游污水管道自然通气对上游污水管道及下游污水管道危害气体的控制效果。试验结果表明，不同的试验条件下强化自然通气对管道内的 CH_4、H_2S 及 CO 都起到了不同程度的控制效果。

试验中通过分析对比不同试验条件下 H_2S 的产气情况发现，短时间内的通气不能对 H_2S 产生抑制，但长时间内通气则能够有效地抑制 H_2S 的产生。而在不同流速条件下，反应器中流速越快越不利于 H_2S 的控制效果，但不同程度的自然通

气都可以对 H_2S 的产生起到明显的抑制作用。与此同时,上游污水管道自然通气在一定程度上会直接导致上游污水管道的气态 H_2S 浓度降低,而下游污水管道内的气态 H_2S 浓度也会因此受到抑制。综上可知,长时间的强化自然通气在各种流速条件下对各管段的气态 H_2S 都能收到良好的抑制效果。

在模拟重力流污水管道的反应器中进行的试验还表明,强化自然通气对 CH_4 的产生起到了一定的抑制作用,但效果不如 H_2S 明显。分析不同试验条件下的结果可知,低通气量能相对较好地抑制 CH_4 的产生,并将其控制到最低,而在相同流速下,间歇通气量越大,CH_4 的平均含量越小,表明间歇通气量与 CH_4 的抑制效果存在正相关。此外,在相同的间歇通气量下,CH_4 含量随流速的增加呈现先增大后减小的变化过程,与不通气组的变化趋势一致,说明流速对 CH_4 的影响显著。与此同时,对上游污水管道进行自然通气可以有效抑制管道运行初期的 CH_4 气体产量,而对下游污水管道的作用则相对受限,需要配合其他辅助手段。

对模拟的污水管道进行强化自然通气后发现能有效抑制管道内 CO 的产量,越长的通气时间以及越大的通气量产生的效果也越明显。而在不同流速条件下这种抑制效果都表现得十分显著。同时,对上游污水管道进行自然通气可以直接有效地抑制 CO 的产生速率,而因有机物消耗等对下游管道的 CO 产量也有抑制效果。

总而言之,强化自然通气技术是一种可以有效地控制管道内危害气体的技术,可有效改善污水管道气体环境,具有一定的推广实践价值。

7.3 强化自然通气对危害气体的控制机制

强化自然通气技术对污水管道危害气体具有较好的控制效果。其主要的控制机制是通过强化通气改善污水管道通风环境,进而影响污水管道氧组分含量、污水 SCOD 浓度、管道内微生物群落组成,实现对污水管道有害气体的控制。因此,该方法可从源头上实现有害气体控制,保障污水管道安全运行。

7.3.1 强化自然通气影响管道氧组分含量

一般情况下,硫化物的化学和生物氧化在有氧的条件下才会发生(Chen et al., 2001)。如果污水中没有 DO,硫化物作为溶解的 H_2S 形式存在。DO>0.5mg/L 时,处于好氧的环境,硫化物氧化过程被抑制,同时抑制了 MA 的活性,从而抑制 CH_4 的生成。有研究表明,在污水管道中注入空气控制有毒有害气体时,管道下游的 DO 一般为 $0.2\sim1.0$ mg/L(Ochi et al., 1998)。注入氧气可控制污水管道内 CH_4 的形成,研究表明,当注入氧气浓度在 $15\sim25$mg/L 时可以控制 47%的 CH_4

产生（Ganigue and Yuan，2014）。

上述研究均表明改变污水管道的氧气组分含量可以较好地控制管道的有害气体。强化自然通气技术控制污水管道的有害气体的首要机制也是基于改变污水管道的氧组分含量。本节主要介绍不同污水流速、不同沉泥厚度、无底泥清洁污水管道的强化自然通气技术对污水管道顶部空间氧组分的影响，以及不同通气量对氧组分以及氧化还原电位（ORP）的影响。

1. 不同通气量对污水管道顶部空间氧组分的影响

强化自然通气改变了污水管道顶部空间的氧组分，使污水的还原能力降低，从而降低了 H_2S、CO、CH_4 等有害气体的产生，这一结果与前面讨论的通气使得有害气体产生量降低的结论也是相对应的。

图 7-30 为不同通气量下污水管道气相空间内氧组分的浓度变化趋势图。整理分析可知，不通气条件下气相空间内氧组分的平均含量均低于 60mg/L，始终处于一种厌氧的状态。在整个运行周期内可以明显地发现，其氧组分向液相扩散的浓度很小，平均扩散速度为 0.69mg/（L·d），因而对沉积物内的微生物没有影响，导致大量的有害气体产生。而通气组在通气条件下气相空间内的平均氧组分含量均在 160mg/L 以上，改变了污水管道系统原有的厌氧环境，使得大量的氧组分向液相内扩散，在脉冲小通气量（25%）下氧组分平均每天的扩散速度为 68.79mg/（L·d），在脉冲大通气量（50%）下氧组分平均每天的扩散速度为 85.33mg/（L·d），这种大量扩散到液相中的氧组分对污水和沉积物中的微生物产生了一定的影响，尤其是抑制厌氧微生物（硫酸盐还原菌、产甲烷菌等）的活性，从而抑制 H_2S、CO、CH_4 等有害气体的产生。

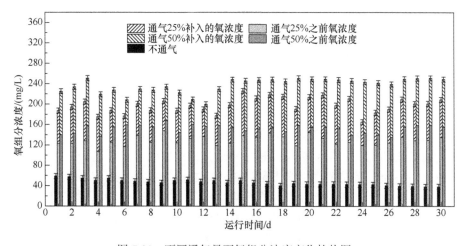

图 7-30　不同通气量下氧组分浓度变化趋势图

O₂ 作为一种氧化剂，在污水中可以提高污水的 ORP，同时污水管道系统中的 ORP 可以反映污水中的氧化还原能力。对周期性试样过程中污水的 ORP 进行检测，其变化趋势如图 7-31 所示。在不通气条件下氧组分从气相向液相扩散的速度很慢，而通气条件下氧组分从气相向液相扩散速度较快，导致在不通气组的 ORP 明显比通气组的 ORP 低很多。在不通气组的 ORP 的范围为 –450～–410mV，脉冲小通气量（25%）的 ORP 范围为 –420～–380mV，脉冲大通气量（50%）的 ORP 范围为 –406～–350mV。同时这也说明，通气改变了污水管道中的 ORP，使得污水中的还原能力降低，影响了厌氧菌的生长，尤其是 ORP 的增大降低了 SRB 和 MA 对硫酸盐和二氧化碳的还原能力，从而降低了 H₂S、CO、CH₄ 等有害气体的产生，这一结果与前面讨论的通气使得有害气体产生量降低的结论也是相对应的。

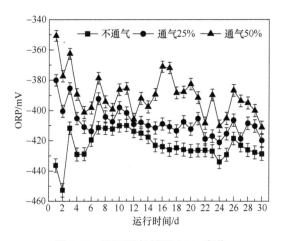

图 7-31 不同通气量下 ORP 变化

2. 不同污水流速对污水管道顶部空间氧组分的影响

不同污水流速对污水管道顶部空间氧组分的影响不同，较低流速下强化自然通气能使氧气在顶部空间富集，而流速大时氧的传质效率较高从而更多进入液相，使顶部空间的氧气减少。

图 7-32 反映了不同流速不同通气量条件下氧气含量随时间的变化过程。其中，不通气组氧气的变化较为稳定，测定值都维持在很低的水平，表明了反应器运行时所处的低氧环境。0.2m/s 模拟流速下不通气组的氧气平均含量为 1.5%，0.6m/s 模拟流速下不通气组的氧气平均含量为 2.5%，1.0m/s 模拟流速下不通气组的氧气平均含量为 3.5%，但其变化过程与前面两组不同，在试验周期内呈缓慢上升趋势，从 1.0% 增加到 4.5%，该流速下的氧含量平均值仍然是四个试验组中最低的。而通气量 50% 和通气量 75% 的试验组在三种运行速度下的整个试验周期里氧气含量变化趋势十分接近，只是在数值上有差别，这些差别可以认为是通气量的不同所导

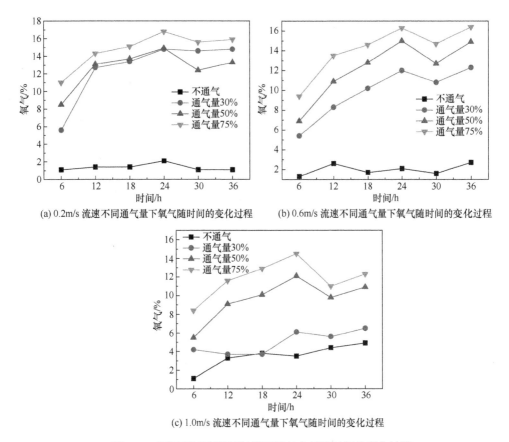

(a) 0.2m/s 流速不同通气量下氧气随时间的变化过程　　(b) 0.6m/s 流速不同通气量下氧气随时间的变化过程

(c) 1.0m/s 流速不同通气量下氧气随时间的变化过程

图 7-32　不同流速不同通气量下氧气含量随时间的变化过程

致的，与试验过程中的运行速度即模拟水流速度是没有关联的。只有通气量 30%的试验组在三组运行速度下呈现出了不同的变化趋势。当模拟流速由低变高即从0.2m/s 增加到 1.0m/s 时，虽然也保持了上升趋势但整体的氧气含量在逐渐降低，在流速 0.2m/s 时接近于通气量 50%的变化过程，而在流速 1.0m/s 时则与不通气组的氧气变化过程接近。

　　出现上述现象的主要原因是，低流速下污水没有出现较大的波动，液面较为稳定。同时，顶部空间的氧气含量本身就很低，产生不了足够的氧分压推动氧气进入液相。因此，在影响氧气的气液传质的其他因素，如污水温度、污水的紊流强度等都保持不变时，这种条件下氧气穿越气液交界面进入液相较为缓慢，而剩余的未进入液相的氧气则在顶部空间富集。随着通气次数的增多，顶部空间的氧气含量在逐渐增加，产生的氧分压也在逐渐增大，可以推动更多的氧气进入液相。此时顶部空间的氧气增长率在降低，曲线最后逐渐趋于平缓。当流速增加到 0.6m/s 时，污水产生了一定程度的波动，在每次通入空气之后，增加了气液交界面处氧气的传质效率，使得气相空间富集的氧气就相应减少。而在 1.0m/s 流速时，污水的受扰动程度更强，大大增加了氧的传质效率，每次通气时进入的氧气很大程度上都通过气液交界面进入液相，从而使得顶部空间剩余氧气较少。但由于此时的液相处于剧烈扰动中，污水在旋流过程中夹杂着各种颗粒物会呈现浑浊状态，又会逐渐降低传质效率，因此后期的氧含量又出现上升趋势。

3. 不同沉泥厚度对污水管道顶部空间氧组分的影响

图 7-33 是不同沉泥厚度条件下，氧气在不同通气条件下随时间的变化过程。一方面，在 1cm、3cm 和 6cm 三种沉泥厚度中不通气组氧气的变化曲线都很稳定，没有明显波动，平均氧含量均未超过 2%，处于很低的水平，也未随沉泥厚度的变化而出现明显差异。另一方面，通气过程可以明显增大氧含量，1cm、3cm 和 6cm 三种沉泥厚度中通气量最小的 30% 试验组的平均氧含量都可以达到不通气条件下的 5 倍以上。在这三种沉泥厚度条件下均呈现出通气量越大，反应器中的氧气平均含量越高的变化特征。

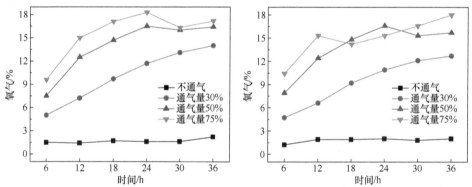

(a) 1cm 沉泥厚度不同通气量下氧气随时间的变化过程　　(b) 3cm 沉泥厚度不同通气量下氧气随时间的变化过程

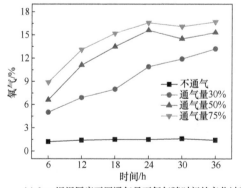

(c) 6cm 沉泥厚度不同通气量下氧气随时间的变化过程

图 7-33　不同沉泥厚度不同通气量下氧气随时间的变化过程

4. 无底泥清洁污水管道的通气对污水管道顶部空间氧组分的影响

无底泥清洁污水管道通气氧气含量的变化过程基本上与反应器内通气量的增加保持着一定的关联。

无底泥清洁污水管道不同通气量下氧气随时间的变化过程如图 7-34 所示。不通气组的氧气含量（体积分数）维持在很低的水平，最大值为 3%，该过程的平均含量（体积分数）是 2.4%。通气量 10% 和 20% 则呈现出了相似的变化过程，数值较为接近，交替缓慢上升，二者平均含量（体积分数）分别是 4.85% 和 5.21%。通气量 40% 和 50% 的两个试验组的氧气平均含量（体积分数）为 13.25% 和 13.92%，是所有试验组中氧含量最高的两组。

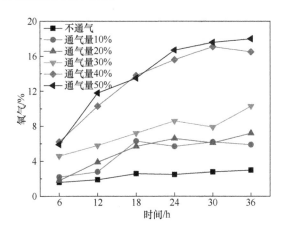

图 7-34　无底泥清洁污水管道不同通气量下氧气随时间的变化过程

氧含量增长率则是先快速增大后又缓慢减小，曲线先陡峭后平缓，反映了反应器内氧含量有着明显的变化过程，氧气的扩散传质能力随气相中氧含量的增加不断提升，进而使得氧气的增幅减小。这两组通气量的作用效果可以视为一致，没有太大的差别；而通气量 30% 的氧气平均浓度为 7.4%，变化曲线介于大通气量和小通气量之间，但更接近于小通气量试验组的数值。

5. 上游污水管道自然通气对污水管道顶部空间氧组分的影响

自然通气直接影响重力流污水管道气相环境中 O_2 的浓度含量。O_2 作为一种氧化剂，可能影响污水管道中溶解态硫化物的氧化过程。更进一步地，气相空间中 O_2 浓度可能影响污水管道管壁暴露在气体环境下的生物膜内微生物的生长。因此，检测自然通气对污水管道气相环境中 O_2 含量的影响具有一定的意义。

研究表明，在新建管道初始运行阶段，上游自然通气有效补充了上游污水管道内 O_2 的消耗，使上游污水管道内 O_2 浓度始终处在较高水平，这有利于上游污水管道内厌氧环境的抑制，减少管道内有害气体的产生。但通气对下游管道的直接影响较小，应采取一些辅助手段。

图 7-35 是反应器连续运行 80d 内测得的自然通气组与不通气组的四个反应器气相空间内 O_2 的含量。其中，ER1 内的 O_2 含量为每天向反应器气相空间内一次通气后，12h 后所测得的 O_2 浓度。根据相关研究，反应器运行 30d 后可以认为生物膜厚度趋于不变，因此，将反应器运行的 0~30d 划分为阶段一，表示反应器初始运行阶段，代表了新建污水管道初始运行阶段；30~80d 划分为阶段二，表示反应器稳定运行阶段，代表了污水管道常规运行阶段。

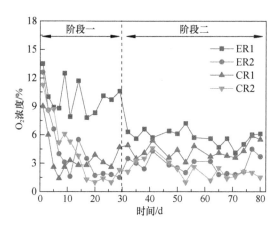

图 7-35　反应器连续运行 80d 内试验组与对照组 O_2 含量变化情况

从图 7-35 可以看出，0~30d 内，即阶段一内，四个反应器的 O_2 浓度变化较大。阶段一的 30d 内，反应器 ER1 内的 O_2 浓度始终高于反应器 CR1。0~30d 内，反应器 ER1 内的平均 O_2 浓度为 10.0%，反应器 CR1 内的平均 O_2 浓度为 3.7%，这说明在新建管道初始运行阶段，自然通气可有效补充上游污水管道内 O_2 的消耗，增加上游污水管道气相空间内的 O_2 含量。

此外，0~30d 内，反应器 ER2 与 CR2 也处在快速耗氧状态。在 0~10d 反应器 ER2 与 CR2 内的 O_2 浓度水平分别降低至 2.4% 与 5.2%，CR2 的 O_2 浓度水平略高于 ER2。这可能是受反应器 ER1 内 O_2 浓度水平较高的影响，反应器 ER1 内好氧微生物大量繁殖。部分好氧微生物随污水进入下游反应器 ER2 内，加快了反应器 ER2 内的 O_2 消耗。相比之下，不通气组由于 O_2 含量一直不足，而 CR2 内污水中有机物浓度也较低，因此 CR2 内好氧微生物生长较缓慢，O_2 消耗较慢。反应器 ER2 与 CR2 的 O_2 浓度水平在 10d 后仍然在降低，且在第 20d 左右才降至较低的 O_2 浓度水平。在第 20d 左右，反应器 ER2 内的 O_2 浓度最低降至 1.8%，反应器 CR2 内的 O_2 浓度最低降至 1.0%。此时反应器 ER2 内 O_2 浓度水平略高于反应器 CR2。这可能是受上游反应器 ER1 内自然通气的影响。从第 14d 的检测数据可明显看出，第 14d 反应器 ER1 内的 O_2 浓度较高，同期检测的反应器 ER2 内 O_2 浓度水平也较高。这表明在上游污水管道 O_2 含量较高的情况下，下游污水管道内的 O_2 含量也会受到影响，但影响程度不大。

总的来说，在新建管道初始运行阶段，上游自然通气有效补充了上游污水管道内 O_2，使上游污水管道内 O_2 浓度始终处于较高水平，这有利于上游污水管道内厌氧环境的抑制，而上游自然通气对下游污水管道厌氧环境的影响程度较低。相比之下，不通气的污水管道在开始运行后 O_2 消耗很快且得不到 O_2 的补充，不利于管道厌氧环境的抑制，可能引起厌氧微生物的大量生长繁殖，不利于污水管道有害气体的控制。

$30\sim80d$ 为阶段二，此时生物膜生长状况良好，反应器处于稳定运行状态。从图 7-35 也可以看出，这一阶段内，反应器气相空间的 O_2 浓度变化不大，呈现较为稳定的波动状态。对比自然通气组和不通气组，$30\sim80d$ 内，自然通气组中，反应器 ER1 内的平均 O_2 浓度为 6.5%，反应器 ER2 内的平均 O_2 浓度为 3.2%；不通气组中，反应器 CR1 内的平均 O_2 浓度为 4.4%，反应器 CR2 内的平均 O_2 浓度为 2.8%。

根据 80d 的连续监测数据，反应器 ER1 内的 O_2 浓度始终比反应器 CR1 的 O_2 浓度高，与 CR1 相比，自然通气补充了 46.55% 的 O_2 含量。但与阶段一相比，阶段二 ER1 内的 O_2 浓度有所降低，对污水管道 O_2 的补充效果降低。这可能是因为污水管道运行一段时间后，污水管道中生物膜厚度增加，微生物量增多，对 O_2 的消耗会进一步增加。而自然通气所通入的空气量是相对稳定的，因此，在污水管道常规运行阶段，自然通气对管道内气相空间中 O_2 的补充效果有所降低。但与不通气的污水管道相比，自然通气环境下的污水管道气相环境中 O_2 含量仍然较高，依然有利于污水管道中厌氧环境的抑制和有害气体的控制。反应器 ER2 与反应器 CR2 内 O_2 含量相近，因此，上游自然通气对下游污水管道气相空间内 O_2 含量影响较小。

阶段二的监测数据还表明，反应器 ER1 及 CR1 的 O_2 含量高于反应器 ER2 及 CR2 的 O_2 含量。这可能是因为首端反应器内通入的是新鲜污水，污水中溶解氧含量较高。因此，在污水管道长期运行过程中，下游污水管道内更容易出现厌氧环境，在进行有害气体控制时需要更多的关注。

污水的 ORP 值是反映污水环境变化的一个重要指标。污水的 ORP 表示污水的氧化还原性，ORP 值越高，污水的氧化性越强。受气液传质的影响，气相空间中的 O_2 含量会影响污水的溶解氧含量，进一步对污水的 ORP 值造成影响。为了探究脉冲通气对污水环境的影响，在反应器 ER1 内安装了 ORP 探头对污水的 ORP 值进行连续检测。ORP 探头的位置在污水水面下 30mm 左右。

图 7-36 是连续运行的第 $50\sim54d$ 反应器 ER1 中的 ORP 值。图中箭头指示的

是脉冲通气的时间点。从图中可以看出，反应器 ER1 内的 ORP 值均为负值，在 −300～−240mV 波动。这表明反应器 ER1 内污水始终处在厌氧环境下，脉冲通气只能在有限的情况下改善污水管道液相环境。每次通气后，反应器 ER1 中污水的 ORP 值会在 1～4h 内出现短暂的升高，由−289mV 左右升高至−252mV 左右，大约提高了 12.72%。这表明脉冲通气能直接使上游污水管道内污水的 ORP 值短暂升高，即脉冲通气会短暂地增加污水的氧化性。这可能会促进污水中硫化物的化学氧化，导致污水中硫化物浓度降低。ORP 升高还可能影响微生物的生长及活性，从而对有害气体的产生造成影响。

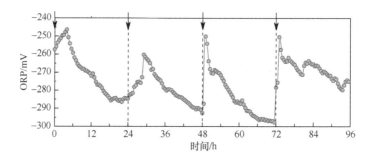

图 7-36　连续运行的第 50～54d 反应器 ER1 中的 ORP 值（图中箭头表示通气）

7.3.2　强化自然通气影响污水 SCOD 浓度

SCOD 是反映污水管道系统的重要参数，也是影响有害气体产生的关键因素之一。本节介绍强化不同污水流速、不同沉泥厚度、无底泥清洁污水管道的通气对污水（化学需氧量 COD）的影响。此外，对不同通气量对污水 SCOD 的影响也做了介绍。

1. 不同通气量对 SCOD 的影响

对 SCOD 的检测结果表明，通气量的变化与 SCOD 的消耗变化呈负相关，大通气量下 SCOD 的消耗更少，即能有效控制有害气体的产生。

图 7-37 显示了污水管道系统中不同通气量下 SCOD 的变化过程。不通气组污水中的 SCOD 平均维持在 160.35mg/L。以不通气组 SCOD 的消耗作为参照可以发现，在脉冲小通气量（25%）下污水中 SCOD 平均维持在 183.96mg/L，其中相比约有 14.7%的 SCOD 被抑制，在脉冲大通气量（50%）下污水中 SCOD 平均维持在 203.61mg/L，其中约有 27%的 SCOD 被抑制。结果表明，通气量的变化与 SCOD 消耗的变化是呈负相关的。在不通气时 SCOD 消耗得最多，在脉冲大通气量（50%）时 SCOD 消耗得最少，这也充分表明，脉冲大通气量能有效地控制有害气体的产生，其抑制的效果与其他水质参数和气相参数是相一致的。

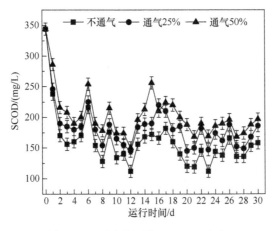

图 7-37　不同通气量下 SCOD 变化

2. 不同污水流速对污水 COD 的影响

图 7-38 反映了不同流速不同通气量下 COD 随时间的变化过程。COD 的大小

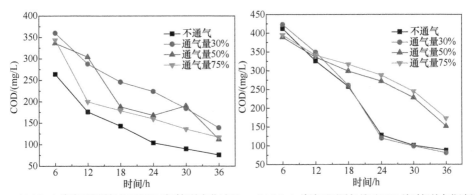

(a) 0.2m/s 流速不同通气量下COD 随时间的变化过程　　(b) 0.6m/s 流速不同通气量下COD 随时间的变化过程

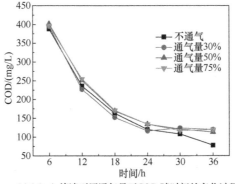

(c) 1.0m/s 流速不同通气量下COD 随时间的变化过程

图 7-38　不同流速不同通气量下 COD 随时间的变化过程

在一定程度上反映了水中有机物含量的多少，从图中可以看出，不同模拟流速下的 COD 均呈现下降的规律，符合实际情况。0.2m/s 流速中不通气组的 COD 测定值均低于相同时刻其他通气组的 COD 测定值，不通气组与各通气组之间有较大差异，各通气组之间变化曲线相互交错重叠，存在一定差异。0.6m/s 流速中试验初期各通气条件下的变化曲线较为接近，在 15h 时变化曲线开始出现差别。不通气与通气量 30%两个试验组的变化曲线逐渐重合，呈现相同的变化规律，而通气量 50%和通气量 75%两个试验组的变化曲线逐步接近，保持一样的下降趋势。而当流速为 1.0m/s 时，不通气组与各通气组之间的变化曲线十分接近，特征基本保持一致，不存在明显差异。

3. 不同沉泥厚度对污水 COD 的影响

不同沉泥厚度不同通气量下 COD 随时间的变化过程如图 7-39 所示。COD 的大小在一定程度上反映了水中有机物含量的多少。就每种沉泥厚度而言，不通气组的降幅都是最多的，其他通气组的下降程度要稍小于不通气组。这可能是由于

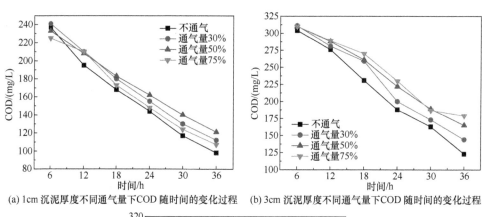

(a) 1cm 沉泥厚度不同通气量下 COD 随时间的变化过程　(b) 3cm 沉泥厚度不同通气量下 COD 随时间的变化过程

(c) 6cm 沉泥厚度不同通气量下 COD 随时间的变化过程

图 7-39　不同沉泥厚度不同通气量下 COD 随时间的变化过程

底泥中含有大量不易分解的有机质，这种环境更适合厌氧微生物种群的生存，使得更多的有机质被降解。从图中可以看出，不同沉泥厚度下各试验组的 COD 均呈现下降趋势，符合实际情况。在 1cm 沉泥厚度下不同通气条件的 COD 变化曲线近似，差异较小。而 3cm 和 6cm 沉泥厚度的初期 COD 含量明显增多，这主要是由于底泥厚度增加使得沉积物中向液相溶解扩散的有机质增多。同时各通气组之间变化曲线在一些时段会相互交错重叠，其变化过程中的规律特征不是特别显著。

4. 无底泥清洁污水管道的通气对污水 COD 的影响

在无底泥清洁污水管道进行通气会促进 COD 的分解，较大的通气量更有利于有机质的分解。

图 7-40 是不同通气量条件下 COD 随时间的变化过程，各组曲线均呈现下降趋势。所有的变化曲线又可以大致分成两类，其中通气量 30%、40% 和 50% 的变化曲线在整个周期中基本接近，从 312~333mg/L 降至 96~110mg/L，而不通气组、通气量 10% 和 20% 的变化曲线又十分相近，从 360~371mg/L 降到 129~140mg/L，可以看出大通气量对 COD 的减小过程会产生影响，更有利于有机质的分解。与相同沉泥厚度不同流速下通气试验及相同流速不同沉泥厚度下通气试验中的 COD 的变化并无明显区别，都是由高到低的下降过程。

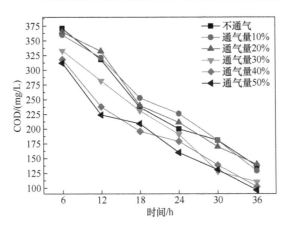

图 7-40　不同通气量下 COD 随时间的变化过程

5. 上游污水管道自然通气对污水 SCOD 的影响

污水中有机物的浓度是影响微生物生长及活性的主要因素之一。污水的 SCOD 值可以反映污水中还原性物质（主要是有机物）的量，一般作为衡量污水中有机物含量的指标。在上游污水管道进行自然通气可能会提高污水中好氧菌的呼吸作用从而使污水的 SCOD 浓度降低。同时也有利于下游污水管道有害气体的控制。

图 7-41 是反应器连续运行 80d 内试验组与对照组 SCOD 浓度变化情况。图 7-41（a）为反应器 ER1 与 CR1 内 SCOD 浓度。图中表明，在 80d 的运行过程中，污水 SCOD 浓度呈波动变化趋势，反应器 ER1 的污水 SCOD 浓度明显低于反应器 CR1。以反应器稳定运行的 30~80d 的检测结果进行计算，反应器 ER1 的污水 SCOD 平均浓度为 173mg/L，反应器 CR1 的污水 SCOD 平均浓度为 196mg/L，反应器 ER1 的污水 SCOD 浓度比反应器 CR1 低 11.84%。这表明自然通气可能会提高污水中好氧菌的呼吸作用，从而促进污水中有机物的转化，使污水的 SCOD 浓度降低。同时，较低的 SCOD 浓度也可能影响 SRB 与 MA 的活动，从而有利于污水管道有害气体的控制。

图 7-41（b）为反应器 ER2 与 CR2 内 SCOD 浓度。在 30~80d 内，反应器 ER2 的污水 SCOD 平均浓度为 142mg/L，反应器 CR2 的污水 SCOD 平均浓度为 176mg/L，反应器 ER2 的污水 SCOD 浓度比反应器 CR2 低 19.45%。这表明，随着污水的停留时间增加，污水中的有机污染物浓度降低。反应器 ER2 的污水 SCOD 浓度较反应器 CR2 低可能是受反应器 ER1 的污水 SCOD 浓度较低的影响。较低的 SCOD 浓度有利于下游污水管道有害气体的控制，但可能不利于后续污水处理厂对污水的脱氮除磷处理。

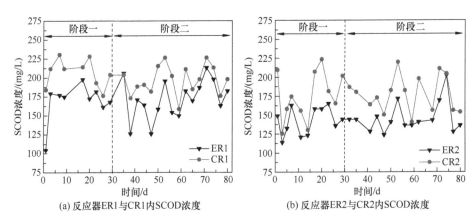

(a) 反应器 ER1 与 CR1 内 SCOD 浓度　　(b) 反应器 ER2 与 CR2 内 SCOD 浓度

图 7-41　反应器连续运行 80d 内试验组与对照组 SCOD 浓度变化情况

7.3.3　强化自然通气引起管道内微生物群落结构变化

微生物对污水管道内的水质转化和有害气体的产生有重要影响，它在污水管道系统内是不可或缺的一部分。而不同的微生物群落结构和数量对污水管道内污水水质的转化和有害气体的产生有重要影响。为了探讨污水管道内有害气体的产生，必须关注污水管道内微生物群落结构和数量，于玺等（2020）利用搭建的污水管道系统探究了通气对沉积物中生物群落结构和数量变化的影响。

1. 自然通气对污水管道微生物群落组成的影响

对通气情况及不通气情况下沉积物中的微生物群落组成进行了检测，如图 7-42 所示。

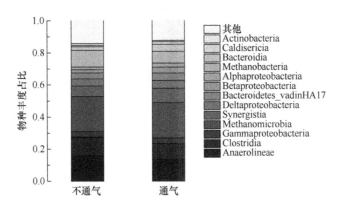

图 7-42　通气对微生物群落丰度变化

从图中可以看出，在污水管道系统沉积物中微生物群落主要包括厌氧绳菌纲（Anaerolineae）、梭状芽孢杆菌纲（Clostridia）、甲烷微菌纲（Methanomicrobia）、甲烷杆菌纲（Methanobacteria）、拟杆菌纲（Bacteroidia）、β 变形菌纲（Betaproteobacteria）和 α 变形菌纲（Alphaproteobacteria）。这些微生物在整个运行过程中发生了大的变化，其在通气条件下厌氧绳菌纲、梭状芽孢杆菌纲、甲烷微菌纲和甲烷杆菌纲微生物群落丰度分别降低了 4%、2%、0.5% 和 3%，拟杆菌纲、β 变形菌纲和 α 变形菌纲微生物群落丰度分别增加了 2.3%、1.7% 和 0.9%。这些微生物群落的变化可能在污水管道对污水水质的转化起到了很大的作用。同时，这些微生物可能也与污水管道系统内有害气体（H_2S、CH_4 和 CO 等）的产生存在密切的关系。

沉积物中不同通气量下微生物群落丰度如图 7-43 所示。图中的 1、2、3、4、5 分别代表了不通气组开始时微生物群落丰度、不通气组结束时的微生物群落丰度、通气 25% 和通气 50% 开始时的微生物群落丰度、通气量为 25% 结束时的微生物群落丰度及通气量为 50% 结束时的微生物群落丰度。从图中可以看出，不同的通气量下微生物群落的丰度存在一定的差异，不通气时微生物群落在运行过程中厌氧绳菌纲、甲烷微菌纲、δ 变形菌纲（Deltaproteobacteria）和拟杆菌纲（Bacteroidetes_vadinHA17）微生物群落的丰度分别增加了 2%、3.5%、2% 和 1.4%，梭状芽孢杆菌纲、γ 变形菌纲（Gammaproteobacteria）、互营养菌纲

（Synergistia）、α 变形菌纲和甲烷杆菌纲微生物群落的丰度分别降低了 4%、7%、4.3%、0.8% 和 0.6%。

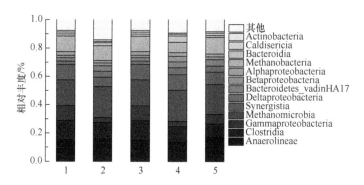

图 7-43　沉积物中不同通气量下微生物群落丰度

从图 7-43 可以看出，通气量为 25% 时厌氧绳菌纲、梭状芽孢杆菌纲、γ 变形菌纲和甲烷杆菌纲微生物群落的丰度分别降低了 2%、5%、6.4% 和 3.6% 。甲烷微菌纲、δ 变形菌纲、拟杆菌纲、β 变形菌和拟杆菌纲微生物群落分别增加了 4%、2%、1.9%、2% 和 3%。而在通气 50% 时梭状芽孢杆菌纲、γ 变形菌纲、Synergistia 和 α 变形菌纲微生物群落丰度分别减少了 6%、2.7%、2.1% 和 0.5%。厌氧绳菌纲、甲烷微菌纲、δ 变形菌纲、拟杆菌纲和甲烷杆菌纲微生物群落的丰度分别增加了 3%、3%、2%、2.2% 和 0.9%。

通过分析不通气条件下微生物群落的变化，并以此为基点对不同通气量下微生物群落进行分析，发现不同通气条件下沉积物内微生物群落丰度存在有差异，甲烷微菌纲、β 变形菌、α 变形菌纲、拟杆菌纲和梭状芽孢杆菌纲在脉冲小通气量（25%）下的微生物群落丰度比脉冲大通气量（50%）时群落丰度要大，说明脉冲小通气量促进了丰度的增加，而脉冲大通气量抑制了其活性，这些微生物与有害气体的产生有密切的关系。对于厌氧绳菌纲、γ 变形菌纲和甲烷杆菌纲等微生物群落在脉冲小通气量时比脉冲大通气量时的群落丰度要小，说明这些微生物处于较深位置，且通气对其直接影响较小，而竞争作用对其间接影响较大。从而这类微生物群落在脉冲小通气量下生物活性受抑制，脉冲大通气量时促进其生物活性，导致脉冲小通气量对其丰度的影响较大。

Chao1 指数通常作为反映生物群落丰度的评价指标之一，评估物种总数，即生物群落的丰度。本节通过对沉积物中生物群落的 DNA 提取，并对其分离提纯和相似性归类分析，以及对归类的聚类操作单元（OTU）进行 Chao1 指数计算得到，在不通气、通气下沉积物中物种群落的丰度，结果如图 7-44 所示。从图中可以清晰地看出，细菌和古菌通气条件下的 Chao1 指数明显小于不通气时的 Chao1

指数，这表明，通气使得沉积物中生物群落的丰度减少，这一结果与本书中有害气体的产生量变小是相关联的。而通气量为 25%和 50%时，细菌生物群落的 Chao1 指数分别为 1538.673 和 1622.033；古菌生物群落的 Chao1 指数分别为 760.424 和 845.614。说明脉冲大通气量下细菌和古菌的丰度增加的比脉冲小通气量下的要大。

产生 H_2S、CH_4 等毒害气体的微生物在稳定运行期间的群落变化如图 7-45 所示，不通气条件下，SRB 序列数从 810 增加到 2083，大通气量（50%）下 SRB 序列数从 810 增加到 1276，小通气量（25%）下 SRB 序列数从 810 增加到 1803，故相比不通气条件，通气条件下 SRB 的活性均相对受到抑制，且随着通气量的增大，SRB 的活性受抑制作用增大。

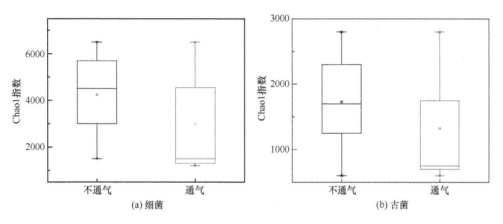

图 7-44　通气条件下生物群落 Chao1 指数的变化差异

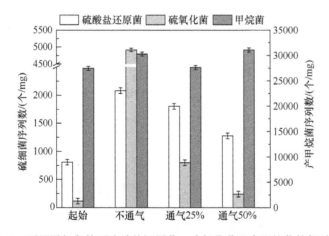

图 7-45　不同通气条件下硫酸盐还原菌、硫氧化菌及产甲烷菌的相对丰度

MA 属于严格厌氧菌，一般存在于管道沉积物较深的部位，在脉冲大通气量条件的作用下，MA 序列数从 27400 增加到 31000，其增加了约 13.1%；在脉冲小

通气量条件的作用下，MA 序列数从 27400 增加到 27598，其增加了约 0.7%；而不通气条件下，MA 序列数从 27400 增加到 30200，其增加了 10.2%，结果表明，小通气量（25%）使得 MA 序列减少，起到了抑制作用。大通气量（50%）条件对 MA 的直接影响几乎可以忽略，但间接影响是不可忽略的，通气条件改变污水管道的厌氧微环境，抑制了 SRB 的活性，间接促进了 MA 的增殖，其在通气条件下 MA 相对增加了 0.9%。原因主要是氧化氢的硫酸盐还原菌（HRB）、氧化乙酸的硫酸盐还原菌（ASRB）和部分 MA 存在一种基质竞争关系——共同竞争乙酸、氢气等发酵物质。通气促进竞争部分的 MA 增殖，其原因是可利用的基质充足，并被快速利用。而非竞争关系的 MA 在减少，同时不同的通气量对生物群落的影响也不同。也充分说明，通气条件能改变污水管道沉积物中微生物群落的结构。但总古菌数量在通气条件下相对增多而 CH_4 却相对减少的原因是通气条件改变了厌氧微环境，减缓了发酵过程，同时对 SRB 产生抑制，MA 主要利用有机物质进行自身增殖所需，而产甲烷过程相对减弱。

通气条件下不同种类的 SRB 的变化是不一样的，结果如图 7-46 所示。在自然通气条件下污水管道内的厌氧微环境被改变，在不通气条件下 SOB 序列数从 110 增加到 4900，脉冲小通气量条件下 SOB 序列数从 110 增加到 801，脉冲大通气量条件下 SOB 序列数从 110 增加到 240，相比有所增加。相比不通气条件，通气条件下 SOB 在逐渐减少，随着通气量的增大，SOB 减少也增多，其原因可能是：①通气条件下硫化物的生成量被抑制，被 SOB 所利用的基质较少，而不通气条件下，硫化物大量生成，被 SOB 利用的基质充足，新陈代谢和增殖不受限制；②硫氧化菌（Sulfurovum）属于一种兼性菌落，在微好氧和微厌氧条件下均能很好地生存，故通气对这类菌的直接影响较少，而对硫化物生成量这种间接影响较大。在含硫物质的相互转化过程中，不同的微生物群落起到不同的作用，但对于总体 SRB、SOB 所占的数量分析，通气影响了 SRB 的活性，减少了 H_2S 的产生，而 H_2S 的减少同时又影响了 SOB 的活性。

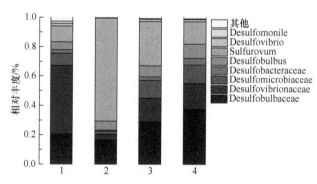

图 7-46　不同通气量下硫细菌生物群落丰度变化

2. 上游污水管道自然通气对污水管道微生物群落组成的影响

为了分析上游污水管道自然通气条件下，整个污水管道内污水水质变化及硫化物产量抑制的原因，了解自然通气对污水管道细菌群落结构的影响，采用高通量测序检测了上游污水管道及下游污水管道细菌的群落组成。实验结果表明，自然通气条件下污水管道内细菌的微生物多样性更高。

Venn 图可用于统计多组或多个样品中共有和独有的物种数目，可直观地表现不同样品中物种组成的相似性及差异性。

图 7-47 为四个反应器中的细菌在 OTU 水平的物种 Venn 图。图中不同的颜色代表不同的反应器分组，每组包含了 A、B、C 三个样品。图中重叠的部分表示不同反应器生物膜样品中共有的物种，不重叠的部分表示每个反应器所特有的物种。从图中可以看出，在 97% 相似水平下，反应器 ER1 内细菌共有 592 个 OTU，反应器 ER2 内有 708 个 OTU，反应器 CR1 内有 650 个 OTU，反应器 CR2 内有 734 个 OTU。这表明反应器 ER2 和 CR2 中的细菌物种数可能比反应器 ER1 和 CR1 更多，即下游污水管道的微生物多样性更高。四个反应器细菌样品中共有的 OTU 数较多，共有 424 个。这表明反应器运行的条件相似，试验结果具有一定的代表性。

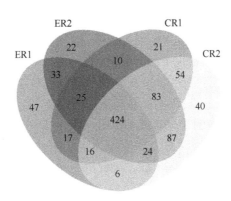

图 7-47　OTU 水平的细菌物种 Venn 图

反应器 CR1 及 CR2 的细菌共有的 OTU 数为 577 个，反应器 ER1 和 ER2 的细菌共有的 OTU 数为 506 个。这表明传统不通气污水管道的上下游污水管道共有物种数比自然通气条件下更多，即上游污水管道自然通气可能使污水管道上游及下游管道微生物群落组成差异性增大。反应器 ER1 及 CR1 的细菌共有的 OTU 数为 482 个，反应器 ER2 和 CR2 的细菌共有的 OTU 数为 618 个。这表明自然通气条件下，下游污水管道的细菌共有物种更多。反应器 ER1 内细菌样品独有的 OTU 数量最多，为 47 个，这表明自然通气条件下细菌的微生物多样性更高。

图 7-48（a）为四个反应器中的样品细菌在纲水平的共有物种。四组样品细菌在纲水平共有 51 个共有物种，图中为群落占比排名前 10 位的物种，物种占比均大于 2%。其中 Bacteroidia、Bacilli（芽孢杆菌纲）和 BRH-c20a 为主要的共有物种，在共有物种中占比分别为 20.63%、14.25% 和 14.20%。其次，Cloacimonadia、Anaerolineae 和 Clostridia 占比分别为 8.64%、7.72% 和 6.95%，也是较为重要的共有物种。

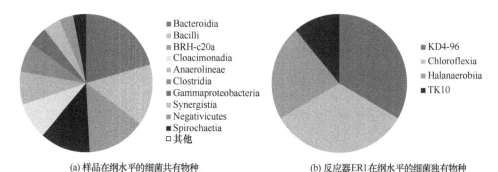

(a) 样品在纲水平的细菌共有物种   (b) 反应器ER1在纲水平的细菌独有物种

图 7-48　四个反应器中的样品在纲水平的共有物种及反应器 ER1 的独有物种

图 7-48（b）为反应器 ER1 中的细菌在纲水平的独有物种。反应器 ER1 在纲水平共有四种独有细菌，物种名称及在共有物种中的占比分别为：KD4-96 占比 33.33%，Chloroflexia（绿弯菌纲）占比 33.33%，Halanaerobiia 占比 22.22%，TK10 占比 11.11%。这表明自然通气会影响污水管道中的微生物群落组成，提高物种多样性。

对各样品的物种丰度进行统计分析，绘制成物种丰度占比柱状图，可以直观地研究微生物群落组成，比较不同样品的物种组成及丰度差异。

图 7-49 为不同反应器中细菌物种群落丰度在纲水平上的百分比，其中样品中丰度占比小于 3% 的物种归为其他物种（others）。从图中可以看出，丰度较高的细菌物种主要是 Bacteroidia、Bacilli、BRH-c20a、Cloacimonadia 和 Anaerolineae 等。

反应器 ER1 的物种组成占比与其余反应器差别较大，物种占比较高的细菌主要有 Bacteroidia、Bacilli、Cloacimonadia 和 Gammaproteobacteria 等。其中，Cloacimonadia 和 Gammaproteobacteria 占比明显高于其余反应器，物种占比分别为 30.53% 和 8.56%。而 Cloacimonadia 在反应器 CR1 中占比最低，为 0.72%。Gammaproteobacteria 在反应器 CR1 中的占比为 3.54%，明显低于反应器 ER1。此外，反应器 CR1 中的 Bacilli、Synergistia 和 Negativicutes 细菌物种占比明显高于其余三组样品，其物种占比分别为 27.28%、9.57% 和 7.69%。这表明自然通气可能影响微生物组成，进而对污水中污染物的转化造成影响。

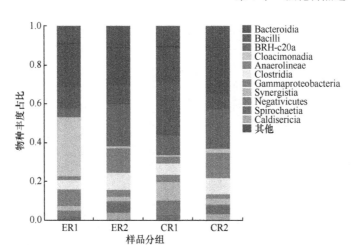

图 7-49　纲水平的细菌物种群落组成柱状图

反应器 ER2 和 CR2 在纲水平的细菌物种组成占比较为相似。物种占比较高的细菌是 Bacteroidia 和 BRH-c20a。反应器 ER2 中 Bacteroidia 和 BRH-c20a 的物种占比分别为 19.03% 和 21.82%，反应器 CR2 这两种细菌的占比分别为 23.58% 和 20.33%。观察 BRH-c20a 在四组样品中的分布可以发现，下游污水管道中的 BRH-c20a 占比普遍高于上游污水管道。有类似分布规律的细菌还有 Anaerolineae 和 Clostridia，在反应器 ER2 及 CR2 中的分布多于反应器 ER1 和 CR1。这可能是末端反应器中污水中有机物浓度较低导致了这种物种组成差异。污水管道上游及下游的细菌群落组成的差异可能进一步影响污染物转化。

为了研究具体的菌属在反应器不同位置的分布情况，对不同深度处样品的细菌在属水平的分布情况绘制了物种组成柱状图，如图 7-50 所示。其中，菌属的丰度小于 3% 的物种归为其他菌属（others）。

从图 7-50 可以看出，样品 ER1-A 中的菌属组成与其他样品明显不同。ER1-A 中有大量的 *Acetobacteroides*（类杆菌），物种占比为 18.07%。*Acetobacteroides* 在样品 ER1-B 和样品 CR1-A 中的占比仅为 1.30% 和 4.71%。这表明自然通气对位于污水水面下较浅处的微生物群落组成有较大的影响。此外与其他样品相比，样品 ER1-A、ER1-B 和 ER1-C 中的 *Chryseobacterium*（金黄杆菌属）和 *Pantoea*（泛菌属）的物种占比也较高，可能是受到了自然通气条件的影响。

Aminomonas（气单胞菌属）、*Trichococcus*（明串珠菌属）和 *Lactococcus*（乳球菌属）在反应器 CR1 的三个样品中占比均较高，三种菌属在 CR1 内的平均占比分别为 8.86%、12.23% 和 11.16%。这些细菌都是厌氧菌或者兼性厌氧菌，在反应器 CR1 中的丰度较高可能是因为 CR1 中可生物降解有机物丰富且长期处于厌氧条件下。*Trichococcus*（明串珠菌属）在 ER1-C 及 ER2-C 中占比也较高，分别

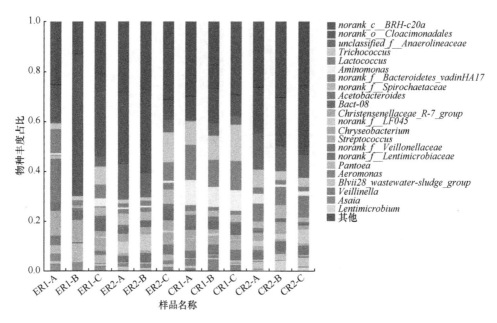

图 7-50　属水平的细菌物种群落组成柱状图

为 7.20% 和 11.97%，分别高于反应器 ER1 和 ER2 中的 A、B 样品，即在污水水面下较深处位置 *Trichococcus*（明串珠菌属）丰度较高。这表明自然通气可能难以改善反应器较深位置处的厌氧环境。

　　为了了解自然通气及不通气条件下 SRB 及 SOB 的物种组成占比差异，根据 SRB 和 SOB 的物种分类研究以及相关污水处理中微生物群落组成的分析，挑选出样品中的 SRB 及 SOB，并进行物种组成分析。

　　图 7-51 为四个反应器中 SRB 与 SOB 的物种丰度柱状图。从图中可以看出，四个反应器中 SRB 的物种丰度始终高于 SOB 的物种丰度，这表明污水管道生物

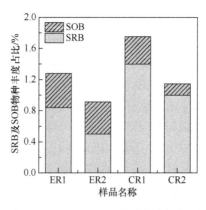

图 7-51　SRB 及 SOB 物种丰度柱状图

膜中的 SRB 含量高于 SOB。这可能是因为污水管道中长期处于厌氧环境，SRB 容易大量繁殖。

SRB 在反应器 ER1 及 ER2 中的物种丰度分别为 0.84% 和 0.50%，分别低于在反应器 CR1 和 CR2 中的物种丰度 1.40% 和 1.00%。这表明自然通气可以抑制 SRB 的生长，从而减少污水中硫化物的产生。末端反应器的 SRB 丰度略低于首端反应器，这可能是因为末端反应器内污水有机物浓度较低，微生物丰度较低。

SOB 在反应器 ER1 及 ER2 中的物种丰度分别为 0.44% 和 0.41%，在反应器 CR1 和 CR2 中的物种丰度分别为 0.35% 和 0.15%。这表明上游自然通气可以直接促进上游污水管道中 SOB 的生长，提高 SOB 的物种丰度，促进硫化物的生物氧化。末端反应器的 SOB 丰度低于首端反应器，这可能是因为末端反应器内污水有机物浓度和硫化物浓度均较低，不利于 SOB 的生长。

图 7-52 为样品中测得的 SRB 及 SOB 物种组成及占比。如图 7-52（a）所示，反应器中的 SRB 主要有五种，即 *Desulfovibrio*（脱硫弧菌属）、*Desulfomonile*（脱硫念珠菌属）、*Desulfobulbus*（脱硫叶菌属）、*Desulfomicrobium*（脱硫微菌属）和 *Desulfonema*（脱硫线菌属）。其中，*Desulfovibrio* 占比最多。从图中可以看出，与其余样品相比，样品 ER1-A 和 CR1-A 中的 SRB 占比最多，分别为 1.88% 和 2.24%。这表明 SRB 主要分布在污水水面下较浅的位置处。*Desulfovibrio* 在样品 ER1-A 和 CR1-A 的占比为 1.85% 和 2.21%，是最主要的 SRB。这表明 *Desulfovibrio* 是污水管道中硫化物的重要来源。

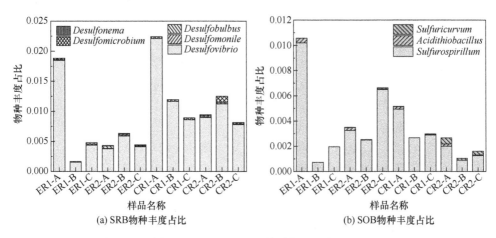

图 7-52 SRB 及 SOB 物种组成及占比

如图 7-52（b）所示，反应器中的 SOB 主要有三种，分别是 *Sulfurospirillum*（硫磺单胞菌属）、*Acidithiobacillus*（硫杆菌属）和 *Sulfuricurvum*。其中，*Sulfurospirillum*（硫磺单胞菌属）占比最高，是最主要的 SOB。这说明污水管道内的 SRB 物种的多样性大于 SOB。样品 ER1-A 和 CR1-A 中的 SOB 丰度较高，*Sulfurospirillum* 的物种占比分别为 1.02% 和 0.49%。这表明 SOB 与 SRB 的分布位置类似，均在水面下较浅的位置处。一方面，SOB 的生长有利于硫化物的生物氧化，降低污水中硫化物的浓度。另一方面，SOB 在气液交界面处氧化硫化物可能会生成硫酸，从而加剧污水管道的腐蚀，不利于污水管道的长期运行。

为了分析上游自然通气条件下甲烷产量减少的原因，了解自然通气对污水管道古菌群落结构的影响，采用高通量测序的方法检测了古菌的群落组成。图 7-53 为四个反应器中的 OTU 水平的古菌物种 Venn 图。

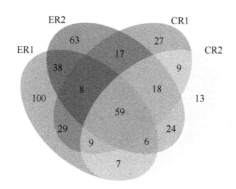

图 7-53　OTU 水平的古菌物种 Venn 图

从图 7-53 中可以看出，在 97% 相似水平下，反应器 ER1 内古菌共有 256 个 OTU，反应器 ER2 内有 233 个 OTU，反应器 CR1 内有 176 个 OTU，反应器 CR2 内有 145 个 OTU。这表明反应器 ER1 和 ER2 中的古菌物种数可能比反应器 CR1 和 CR2 更多，即自然通气组的古菌微生物多样性更高。四个反应器古菌样品中共有的 OTU 数较少，为 59 个。这表明不同反应器内古菌的物种差异性较大。反应器 ER1 内古菌样品独有的 OTU 数量最多，为 100 个，这表明自然通气可以显著提高古菌的微生物多样性。

此外，在属水平，四个反应器共有 16 个菌属的古菌物种，其中包含了大部分 MA 菌属。反应器 ER1 的独有菌属数量为 5 个，其中 *Candidatus_Nitrososphaera* 菌属占 ER1 独有物种的 45.92%。这种古菌可能与厌氧氨氧化过程相关，这可能是导致反应器 ER1 内氨氮浓度较低的原因之一。

为了探究自然通气对古菌物种组成及 MA 丰度的影响，对古菌在属水平绘制了物种组成丰度图。如图 7-54 所示，其中菌属丰度小于 3% 的物种归为其他菌属（others）。从图 7-54 可以看出，古菌中包含的物种主要是 MA。根据关于污水管道 MA 物种组成的相关研究，挑选出其中物种丰度比较高的 MA 菌属，主要有 *Methanobrevibacter*（甲烷短杆菌）、*Methanosaeta*（甲烷丝菌属）、

Methanomethylovorans（甲烷食甲基菌属）、*Methanobacterium*（甲烷杆菌属）、*Methanospirillum*（甲烷螺菌属）、*Methanosarcina*（甲烷八叠球菌属）和*Methanomassiliicoccus*。

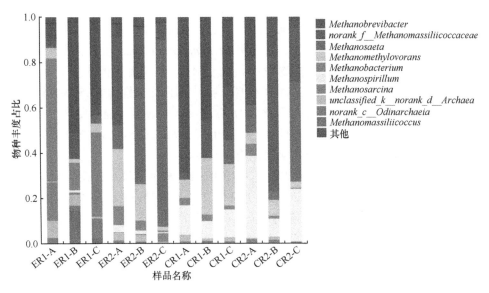

图 7-54　属水平的古菌物种群落组成柱状图

反应器 ER1 中的 MA 物种组成与其余反应器相比差别较大。反应器 ER1 中 *Methanobrevibacter*、*Methanobacterium* 和 *Methanosarcina* 物种丰度较高，在 ER1 组中的占比分别为 31.17%、26.59% 和 14.18%。其中，*Methanobacterium* 在反应器 ER2、CR1 和 CR2 中的占比分别为 4.45%、2.56% 和 2.42%，远远低于 ER1。*Methanobacterium* 在样品 ER1-A、ER1-B 和 ER1-C 中的占比分别为 54.57%、12.34% 和 12.86%。这说明自然通气条件下 *Methanobacterium* 主要分布在污水水面下较浅的位置。相比不通气条件，自然通气条件可能更有利于 *Methanobacterium* 的生长。*Methanosarcina* 在反应器 ER2 中的占比为 1.56%，远远低于 ER1 中 14.18% 的占比。而反应器 CR1 及 CR2 中基本没有这类菌属。对于 *Methanomassiliicoccus* 菌属也有类似的检测结果，该菌属在反应器 ER1 中占比为 5.52%，而其余组样品中检测到的占比很低。这表明自然通气能显著改变污水管道中 MA 的物种组成，从而影响 CH$_4$ 的产生。

反应器 ER2 中的主要 MA 菌属为 *Methanosaeta* 和 *Methanomethylovorans*。在样品 ER2-A、ER2-B 和 ER2-C 中，*Methanosaeta* 的占比分别为 10.62%、46.69% 和 82.63%，占比逐渐升高；*Methanomethylovorans* 的物种占比分别为 25.27%、16.15% 和 1.67%，占比逐渐降低。这表明这两种菌属在污水管道中的分布可能与污水水深有关。*Methanosaeta* 和 *Methanomethylovorans* 在反应器 ER2 中的平均物

种占比别为 46.65%和 14.36%，远远高于反应器 ER1。这表明上游自然通气条件下，上游污水管道与下游污水管道的物种组成差异较大。这对污水管道中的污染物转化可能产生影响。

反应器 CR1 中 *Methanobrevibacter* 物种占比最高，为 47.05%，高于反应器 ER1 中 31.17%的占比。*Methanobrevibacter* 在反应器 CR2 中的物种占比为 11.84%，高于反应器 ER2 中 2.86%的占比。这表明 *Methanobrevibacter* 在上游污水管道中分布较多，下游污水管道有机物较少，可能不利于该菌属的生长。此外，*Methanobrevibacter* 在 CR1-A、CR1-B 和 CR1-C 中的占比分别为 67.55%、44.16%和 29.44%，呈逐渐减少的趋势。这表明 *Methanobrevibacter* 可能主要分布在污水水面下较浅的位置。样品 ER1-A 中由于 *Methanobacterium* 的增多导致 *Methanobrevibacter* 减少也可以从侧面证明这一点。

Methanospirillum 在反应器 CR1 及 CR2 中的平均物种占比分别为 11.15%和 22.47%，高于反应器 ER1 及 ER2 中 0.35%和 1.73%的物种占比。这表明自然通气可能对 *Methanospirillum* 的生长影响较大，有一定的抑制作用。

Methanosaeta 在反应器 CR2 中的占比为 20.11%，低于反应器 CR1 中 37.39%的占比。这表明不通气组中 *Methanosaeta* 可能主要分布在下游污水管道中。反应器 CR2 与 ER2 的较为相似的物种组成也表明，自然通气对下游污水管道的 MA 物种组成影响较小。

参 考 文 献

金鹏康, 郝晓宇, 王宝宝, 等. 2015. 城市污水管网中水质变化特性. 环境工程学报, 9(3): 1009-1014.
李圭白, 张杰. 2005. 水质工程学. 北京: 中国建筑工业出版社.
于玺, 王社平, 高如月, 等. 2020. 脉冲通气对污水管道内有害气体的控制. 环境工程学报, (1): 1-7.
张二飞, 卢金锁. 2018. 建筑排水立管直接接入污水管网的通风性能分析. 中国给水排水, 34(17): 112-115.
朱炳辰. 2001. 化学反应工程. 北京: 化学工业出版社.
Auguet O, Pijuan M, Guasch-Balcells H, et al. 2015. Implications of downstream nitrate dosage in anaerobic sewers to control sulfide and methane emissions. Water Research, 68: 522-532.
Chen G H, Leung H W, Huang J C. 2001. Removal of dissolved organic carbon in sanitary gravity sewer. Journal of Environmental Engineering, 127(4): 295-301.
Ganigue R, Yuan Z. 2014. Impact of oxygen injection on CH_4 and N_2O emissions from rising main sewers. Journal of Environmental Management, 144(1): 279-285.
Li X, O'Moore L, Song Y, et al. 2019. The rapid chemically induced corrosion of concrete sewers at high H_2S concentration. Water Research, 162: 95-104.
Liu Y, Ni B J, Ganigué R, et al. 2014. Sulfide and methane production in sewer sediments. Water Research, 70(2): 350-359.
Ochi T, Kitagawa M, Tanaka S. 1998. Controlling sulfide generation in force mains by air injection. Water Science & Technology, 37(1): 87-95.

第8章 危害气体控制新思路

8.1 排水立管跌水的管道通气技术

8.1.1 技术背景

厌氧微生物在厌氧环境中对有机物进行厌氧分解，会产生硫化氢、甲烷等恶臭且易燃烧的气体。在排水立管中，这类气体因管道中的氧气不足而得不到一定的稀释，倘若长期积存则可能会发生意外事故。本书提出排水立管跌水的管道通气技术，以解决现有的充氧方法和充氧效果不能满足实际需氧要求的问题，从而保证人民生命财产安全。

8.1.2 技术原理

该技术设备包括传力装置和供氧装置，传力装置的顶部与建筑排水主管连通，传力装置的底部与城镇排水系统连通，利用建筑排水主管内污水的直接冲击作用，将建筑排水主管内污水的重力势能转化为传力装置的动能，传力装置的动能再转化为供氧装置的动能，供氧装置给城镇排水系统补充氧气。该技术的污水管道的通风方法利用建筑排水重力势能，节约能耗，依靠搅动水轮的转动作用起到了对重力势能的利用，同时对消除高层建筑排水噪声有一定效果，使污水有良好的充氧效果，污水含氧量明显上升对好氧类微生物的生长繁殖起到了积极作用，该技术实施装置构造如图8-1所示。

8.1.3 实施方式

该技术中污水管道的通气设备包括传力装置、供氧装置、建筑物排水主管、窨井、传动带和跌水构筑物。

该设备通过将建筑物排水主管内的污水下落的重力势能转化为传力装置的动能，再由传力装置将动能传给供氧装置，实现供氧装置为城镇污水处理系统提供氧气。传力装置的顶部与建筑物排水主管连通，传力装置的底部与窨井内的排水管连通，且在排水管上设置多个跌水构筑物，增加气体和污水的流速，避免污水经长距离输送后污水与表层气流速度骤减。

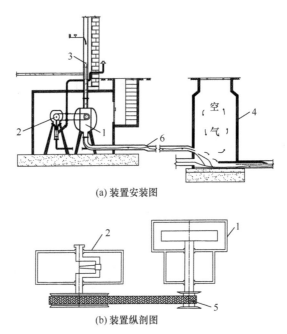

(a) 装置安装图

(b) 装置纵剖图

图 8-1　排水立管跌水的管道通气技术实施装置构造图

1. 传力装置；2. 供氧装置；3. 建筑排水主管；4. 窨井；5. 传动带；6. 跌水构筑物

传力装置包括传力腔和固定腔。固定腔与传力腔并列设置且固定连接，传力腔上设有叶轮、传力轴和主动轮。传力轴穿过传力腔和固定腔连接叶轮和主动轮，叶轮沿垂直于建筑排水主管内污水的下落方向设置，且叶轮、传力轴和主动轮同轴设置。建筑排水主管内污水下落的重力势能转化为叶轮的动能，叶轮通过传力轴将动能传递给主动轮，主动轮带动供氧装置给城镇排水系统补充氧气。

供氧装置包括供氧腔。供氧腔内设有曲轴、活塞杆和活塞，供氧腔的活塞移动段在侧部与通氧管连通，供氧腔在底部与供氧管连通，通氧管与建筑物外部空间连通提供氧气来源，供氧管与城镇排水系统的污水排水管连通补入氧气。曲轴的端部伸出供氧腔外与从动轮同轴连接，从动轮与主动轮通过传动带连接，从动轮接收来自传力装置的动能带动曲轴和活塞运动，将供氧腔内来自通氧管的空气通过供氧管补入城镇排水系统。

在活塞移动的下限与供氧管间的供氧腔内设有止回阀，止回阀沿垂直于活塞的运动方向安装，该止回阀只允许空气由供氧腔流入供氧管。止回阀包括限位片、活动页、活动页转轴和安装环，活动页为半圆形片状体，活动页转轴沿安装环的直径与安装环固定连接，活动页沿活动页转轴旋转，限位片安装在安装环的圆周内，限位片限制活动页仅能在背离限位片的空间内转动。

该技术污水管道的通风设备工作过程为：经排水器具的污水汇集于建筑物排

水主管内排出，高速跌落水流冲击叶轮，旋转的叶轮在带动管内气体流通的同时与叶轮连接的传力轴通过主动轮带动传动带高速旋转，在传动带的带动下，供氧装置上的从动轮高速旋转；从动轮带动曲轴高速旋转，通过活塞杆转换为拉伸动作拉动活塞做来回充氧动作，活塞将来自通氧管的空气压入供氧管内，供氧管内的空气通入城镇排水系统的排水管中，实现充氧。

8.2　跌水检查井的自动通气技术

8.2.1　技术背景

目前的市政污水管道在输送过程中，内部含氧不足导致好氧微生物在管道中得不到良好生长，而管道仅仅起到了运输污水的作用，浪费了可在其内部进行污水处理的作用；而且污水管道内有害气体的蓄积，给作业人员带来生命财产损失。该技术提出跌水检查井的自动通气设计，利用内部能量的转化提升管道溶解氧水平，增强污水中的好氧微生物的分解活性，使污水在管道内的流动中不断被微生物消耗有机污染物，达到降低污染物指标，净化污水的效果，从而为作业人员提供一个安全的工作环境。

8.2.2　技术原理

跌水检查井的自动通气设计：在检查井内壁的一侧有上游污水支管，检查井的底部是污水主管道，上游污水支管的水流向下流入污水主管道，在检查井底部安装有扬水水车，以上游水流对其冲击力为能量来源，将管道中的污水扬出水面，依靠溅开的水花使之在空中的氧气溶解于污水，通过不断地搅动，获得溶解氧的补充。并且扬水水车在检查井处对水流具有一定的扰动作用使水流处于不平稳状态，增加其与空气的接触机会。该装置结构简单、安装方便，便于进行拆卸维修。所使用的扬水水车具备一定的浮力，可随管道中水位的高低适当调整在检查井中的淹没深度，防止水位过低而导致扬水水车停止转动，并且扬水水车的转动能量来源为管道中的水流速度，不需要外部提供动力，省去一套完整的能量供应装置，方便施工。具体的技术实施装置构造如图 8-2 所示。

8.2.3　实施方式

扬水水车依靠墙壁上的水车支架固定于检查井中，扬水水车高度依据上游污水支管的出口与出水口间的垂直距离而定，扬水水车的整体尺寸大小则根据检查井口的大小而定，须满足扬水水车正常运行的要求。安装时要使扬水水车的

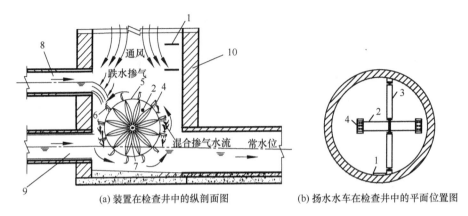

(a) 装置在检查井中的纵剖面图　　　　(b) 扬水水车在检查井中的平面位置图

图 8-2　跌水检查井的自动通气技术实施装置构造图

1. 踏步；2. 扬水水车；3. 固定支架；4. 盛水托盘；5. 钢筋圆环；6. 弹性材料制作的软性槽底；7. 花盘；
8. 上游污水支管；9. 污水主管道；10. 检查井

盛水托盘正对上游污水支管的泄水口处。以上游水流的水平流速和上游污水支管的下泄水流速度作为推动水车转动的动力，当扬水水车一侧的盛水托盘由于水流冲击下落时，其相应另一侧的盛水托盘则会露出水面将污水带出水面。

该装置在检查井的井壁上有踏步，检查井内一侧有上游污水支管，检查井的底部是污水主管道（上游污水管道和下游污水管道在此连通），在检查井的底部安装有扬水水车，该扬水水车位于污水主管道的水面上，并由固定支架固定于检查井两侧的井壁上。

扬水水车上有转盘，该转盘是以轴承为中心，在轴承两侧按照花盘，由软性槽底包履的空心圆柱结构，软性槽底的外围有钢筋圆环，在钢筋圆环上均匀固定有盛水托盘，这样的结构设计也增加了盛水托盘的稳定性，可防止水流冲击力过大而导致盛水托盘从钢筋圆环上意外脱落。盛水托盘为凹槽形状，底部有孔，由橡胶制备而成。转盘位于水面下部体积的不同而产生不同大小的浮力，浮力与水车自身重力的差异，使转盘始终漂浮于水面之上。

扬水水车具体运行时，其转动能量来源主要是上游污水主管道和上游污水支管的来水对扬水水车的冲击力；上游污水主管道和上游污水支管的来水会直接冲击扬水水车左侧的凹槽形状的盛水托盘，使其内部充满污水，盛水托盘底部的孔会不断地使水散出排放，水体的微细化会使其易于溶氧。扬水水车的逆时针转动又使其右侧的凹槽形状的盛水托盘将污水扬出管道，并在空中不断排放使其达到充氧效果。

盛水托盘固定位置是软性槽底的上边缘处，便于盛水托盘不断产生漏水。扬水水车右侧槽离开水面时软底盛满污水，污水通过盛水托盘底部的孔眼不断外排。而当软性槽底转动到另一侧时，上游污水支管的下泄水流冲击进入盛水托盘，盛水托盘在盛满水状态带动扬水水车向下转动，同时上游污水主管道的水流在检查井底部会推动扬水水车在水平方向的转动。充氧的过程均在盛水托盘不断外排污水的过程中实现，由于盛水托盘的孔眼流出的水流微小使其与空气接触面积较大，利于空气溶解，提升其溶氧量。

8.3 化粪池内推动除气技术

8.3.1 技术背景

化粪池具有对生活污水的接纳和简单处理的功能，但其处于一个相对密闭的环境，污水中的有机物则在厌氧条件下会分解释放出多种有毒有害、易燃易爆的气体，如硫化氢气体、甲烷等，如若不能及时地处理，有毒有害气体的泄漏会对环境造成危害。近年来，由于化粪池的改造设计中只考虑了排除有毒有害气体的设施，未考虑有毒有害气体排出化粪池后会对环境造成污染，当排出有毒有害气体浓度过高时会对人体产生危害，甚至遇到明火后极易发生爆炸，对人民的生命财产安全造成威胁。因此，该技术提出了一种化粪池内推动除气装置，将有毒有害气体无害化处理后排出，保证周边居民生命财产安全，提高环境质量。

8.3.2 技术原理

化粪池内推动除气技术：该技术中进水管携带的气体推动化粪池内蓄积的有毒有害气体绕着第一通气口和第二通气口上下流动，避免发生流动死角，第一隔板和第二隔板起到了导流的作用，引导含有甲烷和硫化氢的毒有害气体进入集气罐，在集气罐先后通过活性炭吸附层和碱石灰过滤层无害化处理后进入集气室内，从而避免未处理的气体泄漏出去对环境和居民造成危害。不含甲烷和硫化氢的气体通过排气立管和第二空腔的排气管排出。具体技术实施装置构造如图 8-3 所示。

8.3.3 实施方式

化粪池内推动除气技术装置：化粪池中包括第一空腔和第二空腔，第一空腔和第二空腔通过一隔墙相连接，隔墙上设有通水孔和导气管；在第一空腔的隔墙处设有一集气罐，其中，集气罐与导气管相连通。

第一空腔的侧壁设有进水管，进水管处设有进气管，第二空腔的侧壁设有出水管，出水管处设有排气管；进水管通过管道支架固定在化粪池内，出水管通过管道支架固定在化粪池内。

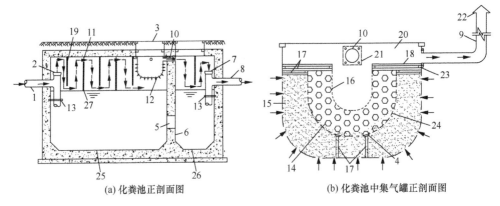

(a) 化粪池正剖面图　　　　　　　(b) 化粪池中集气罐正剖面图

图 8-3　化粪池内推动除气技术实施装置构造图

1. 进水管；2. 进气管；3. 井盖；4. 皮垫层；5. 通水孔；6. 隔墙；7. 排气管；8. 出水管；9. 排气立管；
10. 导气管；11. 固定链；12. 集气罐；13. 管道支架；14. 集气罐进气孔；15. 活性炭吸附层；16. 碱石灰过滤层；
17. 过滤网固定支架；18. 挡气板；19. 第一隔板；20. 集气室；21. 法兰；22. 通气帽；23. 挡气板支墩；
24. 过滤铁网；25. 第一空腔；26. 第二空腔；27. 第二隔板

进气管和排气管之间均匀并间隔设有多个第一隔板和第二隔板，第一隔板的一端与化粪池顶部相连接，另一端与水面之间形成第一通气口；第二隔板的一端与水面相接触，另一端与化粪池顶部通过一固定链相连接并形成第二通气口；所述进气管、第一通气口、第二通气口、集气罐和排气管之间相连通。

因化粪池内的硫化氢和甲烷气体的密度不同，硫化氢的相对密度较重，分布在靠近水面的位置，通过第一通气口进行导流，甲烷气体的相对密度较轻，堆积在化粪池的上方，通过第二通气口进行导流。

第一隔板和第二隔板位于化粪池内水面的上方，保证化粪池内的水流正常流动。具体工作过程为：水流由进水管进入化粪池的同时会带入大量含有甲烷和硫化氢的有毒有害气体，通过气体推动化粪池内产生的含有甲烷和硫化氢的有毒有害气体，沿着第一通气口、第二通气口构成的气体通道上下流动，第一隔板和第二隔板起到了导流的作用，引导含有甲烷和硫化氢的毒有害气体进入集气罐进行清除甲烷和硫化氢，并通过排气立管将一部分不含甲烷和硫化氢的气体排出化粪池，另一部分不含甲烷和硫化氢的气体通过第二空腔的排气管排掉。

在此基础上进行下列详细设置。

在集气罐的侧壁上设有多个集气罐进气孔，有毒有害气体通过该集气罐进气孔进入集气罐。

集气罐从外到内依次设有活性炭吸附层、碱石灰过滤层和集气室，气体先后通过活性炭吸附层和碱石灰过滤层无害化处理后进入集气室内。

集气室内设有排气立管，所述排气立管与化粪池外部相连通，集气室内的无害化气体一部分通过排气立管的抽吸作用排出化粪池。另一部分无害化气体则通过集气室的侧壁上设的导气管导入化粪池第二空腔，该导气管通过隔墙与第二空腔相连通，第二空腔内的气体通过排气管的抽吸作用将气体排出，实现将有毒有害气体处理后自动排出化粪池的目的。

其中，过滤铁网通过过滤铁网固定支架和皮垫层支撑，并且通过过滤网固定支架和皮垫层将过滤铁网固定在集气罐内。排气立管和导气管通过法兰与集气罐连接在一起。

将导气管设置在进水管轴线上方 400～650mm，因化粪池内的甲烷和硫化氢气体的密度不同，甲烷气体的相对密度较轻，堆积在化粪池的上方，硫化氢的相对密度较重，分布在靠近水面的位置，由于进气管的高度较高，由进气管进入的气体可推动化粪池上方的甲烷气体向下绕着第一通气口和第二通气口上下流动，同时也推动在水面附近的硫化氢气体流动，避免发生流动死角，最后气体进入集气罐，处理过后部分通过排气立管排出，部分则由导气管导入第二空腔，然后由排气管排出。

第一隔板和第二隔板采用橡胶折叠卷帘，气密性良好，保证气体不会穿越第一隔板和第二隔板流动，且避免了木质隔板的腐烂等不利情况的发生。

8.4 污水检查井内抽吸除气技术

8.4.1 技术背景

污水检查井是城镇排水系统内为检查和清理管道而设立的窨井，是维护管道工作人员的作业场所。然而，系统内危害气体的蓄积，对井下作业人员构成严重的安全隐患，检修事故频发。该技术目的在于提出一种适用于污水检查井内抽吸除气技术，将井内危害性气体抽吸出来，进行快速、有效地排除和无害化处理。整个装置占地少，对公共交通影响小，保障工作人员生命安全的同时提升了井下工作效率。

8.4.2 技术原理

污水检查井内抽吸除气技术主要包括三大装置：抽气装置、过滤装置、吸附装置。抽气装置设置在检查井中，其主要作用是将检查井中的有害气体进行导出，并通过输风管引导设置于检查井井口的气体处理设备中。气体处理设备包括过滤装置和吸附装置。过滤装置的作用主要是去除有害气体中容易反应的物质，如 H_2S、NH_3 等。过滤装置可采用与有害气体反应的方式，通过化学手段快速去除一部分有害气体。对于检查井中的有害气体——甲烷，其难以通过化学方式去除，如其排出时仍具有较高浓度，遇明火则易发生危险。而吸附装置能较好地将甲烷去除，如活性炭吸附层，对甲烷气体有良好的吸附效果。有害气体依次经过过滤装置和吸附装置进行处理，处理后的气体排入大气中。该技术的实施装置构造如图 8-4 所示。

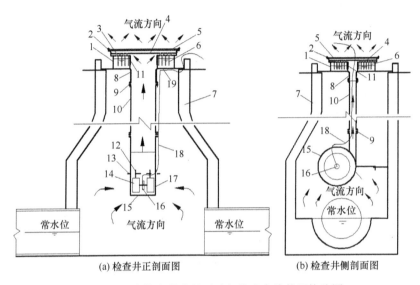

(a) 检查井正剖面图　　　(b) 检查井侧剖面图

图 8-4　污水检查井内抽吸除气技术实施装置构造图

1. 过滤槽; 2. 固定栓; 3. 第二导气管; 4. 梳气盘; 5. 活性炭吸附层; 6. 第一导气管; 7. 检查井; 8. 连接管; 9. 法兰; 10. 输风管; 11. 连接口; 12. 爬梯; 13. 固定卡件; 14. 涡轮; 15. 机舱; 16. 电机; 17. 进气口; 18. 导线; 19. 密封件

8.4.3　实施方式

（1）抽气装置。抽气装置可以采用多种结构，只要能将气体抽出即可，并要求抽气装置工作时不易产生静电、火花等，以免点燃有害气体产生危险。抽气装置可整体放入检查井中，也可以仅将抽气装置的吸气管道放入检查井中。要求抽气装置抽气的效率高，能在短时间内对检查井中的有害气体进行有效排除。按照这些要求，可以选择采用大功率的涡轮风机作为抽气装置。

（2）过滤装置。由于检查井中污水是流动的，其底部的有害气体浓度需要较长的时间才能得到有效的稀释，则过滤装置需要在较长的时间内充分与 H_2S、NH_3 等进行反应，可采用液体过滤的方式，如石灰水过滤，有效去除部分有害气体，该方式能满足长时间的过滤要求，并且成本低。

（3）吸附装置。检查井中的活性炭吸附层，对甲烷气体有良好的吸附效果。活性炭吸附层可采用成型活性炭、加入添加剂的活性炭，以改善活性炭的吸附性能，对甲烷进行有效吸附去除。

该技术中，有害气体依次经过抽吸、过滤、吸附，使检查井内的空气质量在一定时间内满足施工要求，保证井下工作顺利进行。

由于抽气装置在短时间内能将大量的有害气体抽出，那么，需要一个缓冲装置将抽出的气体与过滤装置、吸附装置连接起来，起到缓冲作用，使有害气体更加充分、快速、有效地完成过滤与吸附过程。

该技术中，缓冲装置采用梳气盘，梳气盘为空心盘体，输风管中通过抽气装置抽出的气体进入梳气盘中，然后进入过滤装置中。气体进入梳气盘中后，梳气盘的直径较输风管直径大，这样对气体的流速进行了缓释，使气体能较平稳地进入过滤装置中，同时改变气体的方向。

气体进入过滤装置时，应使其能更大面积地与过滤装置接触，该技术中梳气盘上贯通连接有第一导气管，第一导气管呈环状均匀分布在梳气盘上，可设置多组，梳气盘中的气体从一个个第一导气管进入过滤装置，使气体能充分、有效地完成过滤过程。

而采用化学的方式对有害气体进行去除时，该技术中采用廉价的石灰水。梳气盘中的第一导气管下端伸入石灰水中，每一个输风管中的气体从管中出来后，直接接触到石灰水，能有效地与石灰水进行反应，去除有害气体中的硫化氢、氨气等；反应后的气体再从设置在梳气盘上的第二导气管排出过滤装置，第二导气管的管径较第一导气管大，在梳气盘上分布多个，第二导气管直接贯穿梳气盘，与梳气盘的内墙、第一导气管不连通，是单独的管体；经过石灰水过滤的气体从石灰水中冒出，梳气盘的阻挡作用，使气体只能从第二导气管中穿过梳气盘；此时，气体中主要的有害成分仅为甲烷气体。

由于抽气装置在井下工作时，带动井内空气流动，会有一部分有害气体从输风管之外的空间蔓延到井口，因此在工作过程中，除了输风管之外的井口部分需要进行密封。而过滤装置中包含了用于密封检查井井口的密封件，密封件上有过滤槽，过滤槽中装有上述的过滤液，如石灰水。

密封件的下端如传统的井口状，为圆形结构，能正好放置在井口上，将井口盖严，而在密封件的中部设置有贯穿密封件并且与输风管对接的连接管，完成与输风管的接驳。

连接管伸入过滤槽中，其高度不大于过滤槽高度；过滤槽的侧壁为圆形结构，而过滤槽的内侧壁和连接管的外侧壁之间使过滤槽形成环形结构，过滤液就存储在这个环形结构中。这样从输风管中进入的气体经过梳气盘后是由中心向两侧流动的，气体在进入过滤液时是均匀的。

过滤槽顶部由下至上依次设置有带有固定栓的、环形的第一卡槽和第二卡槽，两个卡槽均为环形卡槽，类似于台阶结构，与过滤槽同轴心设置，卡槽的大小以正好能放入梳气盘和吸附装置为宜。直径较小的为第一卡槽，用于安放梳气盘，梳气盘的下端有与连接管对接的连接口，连接口和连接管能严密对接，并可以设置橡胶圈进行密封，使经过输风管、连接管的气体能通过连接口全部进入梳气盘中。

第二卡槽的位置较第一卡槽靠上，且直径也比第一卡槽大，第二卡槽上放置吸附装置，吸附装置也为圆形结构，如圆形的活性炭吸附层，能整体覆盖在第二卡槽上，气体只能从吸附装置中通过。经过过滤装置后的气体从梳气盘上的第二导气管排出梳气盘，继而通过吸附装置的吸附后，排出到大气环境中。

梳气盘和吸附装置可通过第一卡槽和第二卡槽上的固定栓进行固定，保证其工作时的稳定性。

抽气装置在该技术中采用蜗壳风机，其由蜗壳状机舱、设置在蜗壳中心截面钢板上的双轴电机和对称安装在双轴电机上的涡轮组成；机舱的下端或侧面开口，作为风机的进风口。蜗壳风机具有良好的抽吸性能，满足该装置的需求。由于风机整体较重，难以通过输风管进行支撑，因此在电机上设置有固定卡件，该固定卡件可以挂装在检查井内部的爬梯上，利用检查井自身的结构来对风机进行支撑。

8.5 污水管道中铁碳微电解除气技术

8.5.1 技术背景

城镇排水管道是城镇基础设施的重要组成部分，它的稳定运行对居民生活和城镇的环境都起着非常重要的作用。由于污水在管道内的停留时间长，在底泥中容易形成厌氧环境，一些厌氧微生物就会在排水管道中产生大量的有毒有害气体。因此，提出一种污水管道中铁碳微电解除气技术，用来控制硫化氢气体，提高居民生活环境的舒适度，降低检修工作人员的安全隐患。

8.5.2 技术原理

污水管道中铁碳微电解除气技术装置，主要包括支撑足、侧板、横杆和叶轮。该装置放置于排水管网污水支管交汇处的跌水井或沉泥井的水体内，利用叶轮对水体流动的扰动，进一步对水体进行复氧，同时利用污水处理工艺中的普通铁碳填料释放铁离子的高效性进行排水管道内的硫化氢气体去除。该技术从源头上除去了排水管道内的硫化氢气体，保证了工作人员的人身安全，去除了管道爆炸的安全隐患。利用吊件进行下放和吊上过程，控制设备在排水管网内的位置，实现了工作人员无须下井的目标，极大降低了排水管道内硫化氢气体去除设备的应用成本。具体的技术实施装置构造如图 8-5 所示。

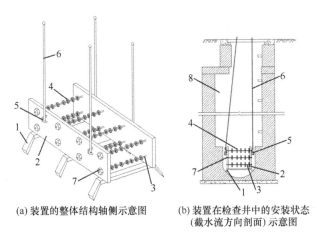

(a) 装置的整体结构轴侧示意图　　(b) 装置在检查井中的安装状态
　　　　　　　　　　　　　　　　　(截水流方向剖面) 示意图

图 8-5　污水管道中铁碳微电解除气技术实施装置构造图
1. 支撑足；2. 侧板；3. 横杆；4. 叶轮；5. 吊耳；6. 吊件；7. 轴承；8. 检查井

8.5.3　实施方式

污水管道中铁碳微电解除气装置包括支撑足，安装在支撑足上的侧板，安装于侧板上的横杆和安装于横杆上的叶轮。

侧板上还固定两个吊耳，吊耳上钩挂有吊件。其中，侧板为两块，侧板上安装八组轴承；横杆穿过安装于轴承内圈，横杆上安装八个叶轮；叶轮由铁碳填料制成，其中包括轮座、叶片和轮座孔，轮座孔为轮座上的透孔，叶片为均匀固接于轮座上的四个。轮座和叶片由可释放铁离子的普通铁碳填料高温烘烧后经压模一体成形。

污水管道中铁碳微电解除气技术虽然也用到了污水处理工艺中的普通铁碳填料，但在装置及所利用的去除方式和原理上截然不同。在污水处理厂处理工艺中，污水与铁碳填料的接触时间较长，铁离子浓度大，形成了较多的 $Fe(OH)_3$、$Fe(OH)_2$ 胶体，利用胶体的絮凝作用，达到降低废水的 COD 的目的。然而，该技术是利用污水检查井内中较短的接触时间，形成相对较低浓度的铁离子。因为与 $Fe(OH)_2$ 相比，FeS 的溶解度更低，所以低浓度下，能有效地去除污水中的 H_2S。

该技术改变传统的持续投加铁盐的措施，检查井内的污水在流经污水管道中铁碳微电解除气装置时带动叶轮翻滚，有增加污水的复氧作用，加速铁碳填料电化学反应的阴极反应 $O_2 + 2H_2O + 4e \longrightarrow 4OH^-$，向污水中释放更多的铁离子，并增加了污水的碱度，从而达到控制 H_2S 的目的。

Ⅰ区为检查井上游管道，Ⅱ区为检查井内，Ⅲ区为下游管道内。该装置放置于Ⅱ区，污水从Ⅰ区流入该装置，水流带动叶轮的翻滚，增加检查井内空气向污水中的传质效率，填料也会与污水发生电化学反应：

阳极：$2Fe \longrightarrow 2Fe^{2+} + 4e^-$

阴极：$O_2 + 2H_2O + 4e \longrightarrow 4OH^-$

该技术通过以下步骤进行。

步骤一，根据水内初始硫化氢浓度和污水管道水量的大小设计安装合适数量的叶轮，将该技术装置组装完成。

步骤二，将该技术装置通过吊件放置入污水管道检查井中的水体内，最好是放入污水支管交汇处的跌水井或沉泥井的水体内，并调整装置整体角度。

步骤三，定期检修整个装置并更换叶轮，使污水管道内水体中溶解的硫化氢持续除去并保持在较低水平。

8.6　管道生物膜灭活技术

8.6.1　技术背景

由于污水在管道内的停留时间长，管内会形成厌氧环境，管壁上会生长大量生物膜，生物膜中的厌氧微生物就会在排水管网中产生大量的有毒有害气体。在当下应用的管道气体控制方案中，多数只能处理被水淹没的管壁生物膜，忽略了不与污水接触的管壁。该技术提出一种将紫外线灯和药物喷洒与管道机器人组合的管道生物膜灭活技术，针对管壁上随水位降低而出现的生物膜，使用时直接向管壁上喷药，药物直接作用于生物膜将其灭活，从而完成对排水管网内硫化氢气体的控制。

8.6.2　技术原理

管道生物膜灭活技术，主要包括水箱Ⅰ和管道机器人，水箱Ⅰ承载在管道机器人上。水箱Ⅰ中放置水泵，水泵抽取药液喷洒到管壁上，灭活生物膜。该设备通过药物与生物膜的直接接触，大大提高与生物膜接触的药物浓度和药量；其药物喷洒覆盖范围较大，喷洒到管道上部的药物在向下流动时会流经侧面的生物膜，使得侧面生物膜所受到的处理更加充分。此外，药物流到管底也能在一定程度上灭活管底的生物膜。同时，以紫外线照射管壁，灭活管壁生物膜中的微生物（硫酸盐还原菌等）。该装置药液与泵分别放置在两个水箱的设计增加了可携带的药量，降低了设备的高度，使其可以适用于不同管径的排水管，成本低且使用方便。该技术实施装置构造如图 8-6 所示。

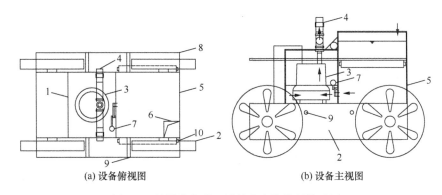

(a) 设备俯视图　　　　　　　　　　　(b) 设备主视图

图 8-6　管道生物膜灭活技术实施装置构造图
图中箭头表示水流方向

1. 水箱Ⅰ；2. 管道机器人；3. 水泵；4. 扇形喷头；5. 水箱Ⅱ；6. 加药口；7. 浮球液位控制器；8. 护板；9. 支撑柱；10. 紫外线灯

8.6.3　实施方式

管道生物膜灭活装置包括水箱Ⅰ和管道机器人，水箱Ⅰ承载在管道机器人上，水箱Ⅰ内部设置有水泵，水箱Ⅰ主要用来承载水泵，抽取水箱Ⅰ中的药液并加压，泵送至管道中，与水泵连接的管道为塑料软管，材料为 PVC，如果管道有变径的需要，可用黄铜材质的异径管连接两个不同直径的管道，因为黄铜抗氧化能力较强，分流药液的四通也是黄铜材质。随后是四通和三个扇形喷头，其中一个扇形喷头竖直向上，另外两个扇形喷头分别位于两侧并间隔 90°，每个喷头可服务 106°的范围，各扇形喷头的服务区域之间有所重叠，确保在喷洒药物时不会出现死角，四通将药液分成三股，分别输送至三个扇形喷头，通过扇形喷头将药剂喷洒至管壁上。在水箱Ⅰ两侧设有较长的护板，用于防止药剂溅到车体的轴承、接缝等部分，护板可以呈"L"形，由透明塑料制成。护板上方与水箱相连接固定，下侧靠近管道机器人的位置有两个支撑柱，与管道机器人的车体连接以提供额外支撑，支撑柱的数量可随车体长度不同增加。车体外壳可由塑料制成，其上有防腐涂层，以防药剂或污水对车体产生腐蚀，车体共四个轮子，其金属部分由防腐材料制成。

水箱Ⅱ为方形，同样为防腐材质，如防腐塑料，其上边缘有加药口，用于向水箱Ⅱ中加药，或者对水箱Ⅱ进行清洗；水箱Ⅱ中盛放的杀菌药物可为次氯酸钠、次氯酸钙等药物。水箱Ⅰ为长方体，比水箱Ⅱ矮一些，其上有洞口，供管道通过。水箱Ⅱ中药液的初始水深一般较深，以携带更多药物；水箱Ⅰ中水深较浅，避免水泵的接缝、孔口等部位，管道和金属构件与药液接触，产生腐蚀。

该技术的扇形喷头喷洒角度为 43°～106°，应用 106°的喷洒角度，材质为黄铜，工作压力为 0.5～10bar，流量 0.38～65L/min 不等，可调范围大。同时，紫外线灯可根据不同管道情况应用不同功率和长度的灯管。

水泵通过吸盘固定在水箱Ⅰ底部，防止水泵移动，水泵上方为出水口，连接塑料管并穿过水箱Ⅰ，与铜制四通相连，随后连接三个扇形喷头；若管道与四通直径不同，可在其间设置变径管。

水箱Ⅱ内孔口旁设置有浮球液位控制器，可在孔口上侧设置浮球控制的阀门，阀门与浮球之间用塑料杆相连接，水箱Ⅱ壁上有轴承穿过塑料杆的中间，用于在水位达到一定高度时堵住孔口。

水箱Ⅱ的前方布置一根紫外线灯，其上方有透明塑料板以防药剂的腐蚀，下方和后侧设有反光涂层，以便于光能的最大化利用，"L"形护板下侧分别布置一根，在其下方有塑料板保护紫外线灯，灯的功率可以根据情况进行调整。设备电能消耗低，并且将产生的紫外线最大化利用；药物易于采购，配制容易，危害性较小，并且用量较少；因此此法与传统方法相比，投资大大降低。处理过程中不会产生副产物，不会对管道结构产生危害，不会影响下游污水厂的运行；并且车体有抗腐蚀材料做的"L"形护板，可以阻挡喷洒的药液溅射到车体上，避免了药物对车体、轮胎和水箱等组件的腐蚀。紫外线灯上透明板也可以避免药物对灯的腐蚀，同时不会影响紫外线灯的亮度。

该技术设备的工作过程为：先配置确定浓度的药液（0.1%的次氯酸钠），储存于药箱中。应用之前根据管道直径和管道长度确定所需药物的量、泵的流量和紫外线灯的功率。流量可根据管径和机器人移速的不同进行调整。准备好后，先手动向水箱Ⅱ中投加药液，并让药液通过孔口流到水箱Ⅰ中；加药之后，打开紫外线灯，将管道机器人放置到管道内让其沿管道运动，与此同时，开启水箱Ⅰ中的水泵，将水箱Ⅰ中的药液抽取到管道中，药液沿管道输送至四通，分流到三条管道并输送至扇形喷头，经过扇形喷头使药液呈扇形均匀喷到管壁上，灭活生物膜，三个扇形喷头的喷药面积有所重叠，可保证管壁上所有生物膜全部能得到处理，不出现死角。

第9章 气体分布与控制效果模拟

9.1 硫化氢浓度分布模型

9.1.1 硫化氢浓度模型发展和原理

自 19 世纪 50 年代至今，国内外学者通过不断扩展模型中的物化和生化反应过程，建立了十余种污水管道内硫化氢浓度预测模型。其中，最典型且应用最广泛的有四种：1959 年的 RasEM 模型、1977 年的 P-P 模型、1998 年的 WATS 稳态模型以及 2008 年的 SeweX 动态模型，其发展过程如图 9-1 所示。早期的 RasEM

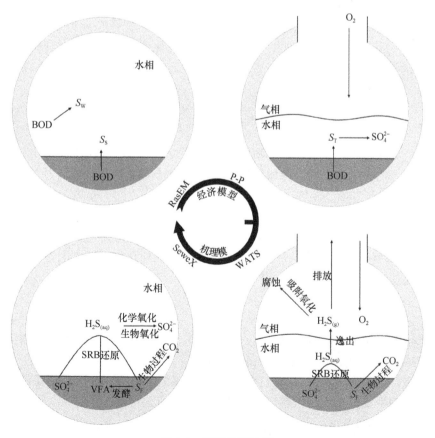

图 9-1 模型发展过程

模型和 P-P 模型是较为简单的经验概化模型，主要是预测污水管道水相中的硫化物浓度；而较为近期的 WATS 稳态模型和 SeweX 动态模型基于物化和生化过程，并考虑了气液传质，直接预测气相中的硫化氢气体浓度。其中针对压力流污水管道的模型有 RasEM 模型和 WATS 稳态模型，针对重力流污水管道的模型有 P-P 模型和 SeweX 动态模型。

1. RasEM 模型

1946 年美国雅可布工程公司的 Pomeroy 和 Bowlus（1946）在《硫化物控制研究进展报告》中表明：硫化物只在污水管道的管壁上生成，其生成物量与管径、管长和有效 BOD 成正比：

$$S_w = M\pi DLC_{EBOD} \tag{9-1}$$

$$C_{EBOD} = BOD(1.07^{T-20}) \tag{9-2}$$

式中，S_w 为管壁上产生的硫化物质量（kg/d）；M 为系数[（kg·L）/（d·m^2·mg）]；D 为管道直径（m）；L 为管道长度（m）；C_{EBOD} 为有效 BOD（mg/L）；T 为温度（℃）。

Pomeroy（1959）发现在长距离污水管道中，尤其是长期处于极度厌氧条件下的压力管道，污水中同样会产生大量的硫化物，甚至多于管壁上产生的硫化物的量，因此，Pomeroy 又提出了一个新的公式来描述污水中硫化物的产生：

$$S_S = N\frac{\pi D^2 L}{4}C_{EBOD} \tag{9-3}$$

式中，S_S 为污水中产生的硫化物质量（kg/d）；N 为系数[（kg·L）/（d·m^2·mg）]。

综合考虑污水管道内管壁以及污水中生成的硫化物，即 RasEM 模型：

$$S_{TW} = C_{EBOD}\pi DL(M + \frac{ND}{4}) \tag{9-4}$$

式中，S_{TW} 为总硫化物重量（kg/d）。

RasEM 模型最大的贡献是表明了污水中产生的硫化物远远大于管壁，而在这之前普遍认为硫化物只在管壁上产生。

2. P-P 模型

Pomeroy 和 Parkhurst（1977）在后续研究中发现：在重力污水管道的下游依然会形成厌氧环境，硫化物同样会不断地积累，于是在 1977 年二人提出了一个新的模型来描述重力污水管道中硫化物的生成。该模型基于 BOD、管道特性和水力条件，并利用实际重力污水管道收集的现场数据拟合得到：

$$\frac{d[S_T]}{dt} = 0.32 \times 10^{-3}[BOD](1.07)^{T-20} - 0.64(su)^{3/8}[S_T]d_m^{-1} \tag{9-5}$$

式中，S_T 为总硫化物浓度（mg/L）；s 为污水管道坡度；u 为污水平均流速（m/s）；d_m 为水深（m）；t 为时间（h）；T 为温度（℃）；BOD 为生化需氧量（mg/L）。

如式（9-5）所示，该模型综合考虑了污水管道水相中硫化物的生成速率以及削减速率，1974 年美国环境保护署（USEPA，1974）在《气味和腐蚀控制设计手册》中引用了 P-P 模型，并对其进行改进：

$$\frac{d[S_T]}{dt} = 0.32 \times 10^{-3}[BOD](1.07)^{T-20} - 0.69(su)^{3/8}[H_2S(aq)]d_m^{-1} \qquad (9\text{-}6)$$

式中，$H_2S(aq)$ 为水相中硫化氢的浓度（mg/L）。

相比较 Pomeroy 在 1959 年提出的 RasEM 模型，P-P 模型将流速、坡度等影响复氧过程的因素考虑在内，成为 20 世纪预测重力污水管道水相硫化物积聚使用最广泛的模型。

3. WATS 稳态模型

20 世纪 90 年代人们逐渐意识到污水管道是一个复杂的微生物系统，在水相、生物膜、沉积物以及管壁上存在着大量的微生物种群，污水管道中不断地进行着碳循环和硫循环等生物、物理和化学反应。1998 年，丹麦奥尔堡大学的 Hvitved-Jacobsen 等提出了第一个描述污水管道内与碳、硫循环相关的好氧/厌氧转化的模型——WATS 模型（Bjerre et al.，1998）。WATS 模型遵循物质守恒原则，假定管道内环境为准稳态，将水流视为均匀流和恒定流，并利用曼宁公式对水流条件做出描述。通过在实地检测污水水质和管道特性各项指标以及利用现有文献或者实验确定相关参数，利用连续性方程和质量平衡，对污水中硫化氢气体进行模拟。

如表 9-1 所示，WATS 模型描述了水相和生物膜中生物量增长、底物的好氧/厌氧快速和慢速水解、硫化物的生成等过程，并采用矩阵的形式描述各反应与物质之间的相互关系。WATS 模型在矩阵中采用了"开关函数"（可控制厌氧和好氧条件的转化），以反映环境因素改变对管道中反应产生的抑制作用，避免在模拟过程中出现数值不稳定的现象。

在 1998 年第一个版本的 WATS 模型建立后的十几年中，国外学者不断对其进行改进及完善，持续有新的反应加入 WATS 模型中，如复氧过程、水相中 $H_2S(aq)$ 向气相的传质、缺氧条件的添加以及硫化物化学氧化等，逐渐形成了现在较为完善的 WATS 模型。从这个过程中可以看出，WATS 模型的发展是一个持续的过程，并且在这个过程中需要进行广泛的现场和实验室研究。因此，在背景知识足够的基础之上，WATS 模型通过添加不同的反应过程的数学表达式，适用于各种具体的实际目标。

表 9-1　WATS 模型中反应矩阵

反应过程	S_F	S_A	X_{S1}	X_{S2}	X_{Bw}	S_T	S_O	反应速率表达式
水相生物量增长	$-1/Y_{Hw}$				1		$(1-Y_{Hw})/Y_{Hw}$	$\mu_H \dfrac{S_F+S_A}{K_{Sw}+(S_F+S_A)}\dfrac{S_O}{K_O+S_O}X_{Bw}\alpha_w^{t-20}$
生物膜相生物量增长	$-1/Y_{Hf}$				1		$(1-Y_{Hf})/Y_{Hf}$	$k_{1/2}S_O^{0.5}\dfrac{Y_{Hf}}{1-Y_{Hf}}\dfrac{S_F+S_A}{K_{sf}+(S_F+S_A)}\dfrac{A}{V}\alpha_f^{t-20}$
维持生命活动					-1	1		$q_m\dfrac{S_O}{K_O+S_O}X_{Bw}\alpha_w^{t-20}$
好氧快速水解	1		-1					$k_{hn}\dfrac{X_{Sn}/X_{Hw}}{K_{Xn}+X_{Sn}/X_{Hw}}\dfrac{K_O}{K_O+S_O}$ $\left(X_{Bw}+X_{Bf}\dfrac{A}{V}\right)\alpha_w^{t-20},n=1$
好氧慢速水解	1			-1				$k_{hn}\dfrac{X_{Sn}/X_{Hw}}{K_{Xn}+X_{Sn}/X_{Hw}}\dfrac{K_O}{K_O+S_O}\left(X_{Bw}+X_{Bf}\dfrac{A}{V}\right)\alpha_w^{t-20},n=2$
厌氧快速水解	1		-1					$\eta_{fe}k_{hn}\dfrac{X_{Sn}/X_{Bw}}{K_{Xn}+X_{Sn}/X_{Hw}}\dfrac{S_O}{K_O+S_O}$ $\left(X_{Bw}+X_{Bf}\dfrac{A}{V}\right)\alpha_w^{t-20},n=1$
厌氧慢速水解	1			-1				$\eta_{fe}k_{hn}\dfrac{X_{Sn}/X_{Bw}}{K_{Xn}+X_{Sn}/X_{Hw}}\dfrac{S_O}{K_O+S_O}$ $\left(X_{Bw}+X_{Bf}\dfrac{A}{V}\right)\alpha_w^{t-20},n=2$
厌氧发酵	-1	1						$q_{fe}\dfrac{S_F}{K_{fe}+S_F}\dfrac{K_O}{K_O+S_O}\left(X_{Bw}+X_{Bf}\dfrac{A}{V}\right)\alpha_w^{t-20}$
硫化物生成	-2					1		$k_{H_2S}10^{-3}24(S_F+S_A+X_{S1})^{0.5}\dfrac{K_O}{K_O+S_O}\dfrac{A}{V}\alpha_s^{t-20}$

4. SeweX 动态模型

WATS 模型虽然在不断地发展，越来越多的反应过程被考虑在内，但它的应用一般局限于稳态条件下的污水管道系统，即 WATS 模型假定污水管道内水力及水质条件等是稳定不变的，对于硫化氢的浓度预测为忽略时间变化的位置函数。而实际上，污水管道系统是一个典型的动态系统，不同时刻不同位置的污水特性和污水流量存在一定差异，污水在管道中的水力停留时间变化很大。另外，在压力管道中，上游水泵的定期开关会造成水流的间歇流动，也会改变污水的混合条件，进一步增加了污水管道的动态变化。这些动态因素会导致硫化氢产量在不同时间和位置的巨大变化，而这是无法用 WATS 模型预测的。

2008 年，澳大利亚昆士兰大学的 Sharma 等（2008）开发了一个描述压力污水管道系统中硫化物动态生成的新模型——SeweX 模型。SeweX 模型的建立基于 WATS 模型，并对其进行了一些改进，包括管道流动条件（流量、停留时间、管长、管径），边界层的形成，硫化物的化学、生物氧化；硝酸盐还原工艺以及预测

pH、碳酸盐、磷酸盐等关键平衡过程的重大变化。

SeweX 模型对 WATS 模型所补充的关键生化过程及其表达式如表 9-2 所示。SeweX 模型建立时忽略了悬浮物中的硫化物生成，以挥发性脂肪酸（VFA）、发酵基质（S_F）和硫酸盐为底物，采用双单分子动力学对生物膜的硫化物生成进行建模。利用 O'Brien 和 Birkner 提出的一阶模型（关于氧和硫化物）对硫化物的生物、化学氧化进行模拟，通过将模型模拟结果与实测数据进行拟合，确定硫化物的氧化速率。与 WATS 模型不同的是，WATS 模型中假定硫酸盐是非限制性底物，而在水力停留时间较长的管道中，硫酸盐在管道末端可能被消耗尽，因此 SeweX 模型中的动力学表达式对硫酸盐进行了限制。

表 9-2　SeweX 模型补充反应矩阵

反应过程	S_F	S_A	X_{S1}	X_{S2}	X_{Bw}	S_{H_2S}	$-S_O$	反应速率表达式
硫化物化学氧化							-1	$k_{\text{chem-oxi}} S_O S_{H_2S}$
硫化物生物氧化							-1	$k_{\text{bio-xoi}} \sqrt{S_O} \sqrt{S_{H_2S}} \dfrac{A}{V}$

SeweX 模型成功地预测了压力管道中硫化氢气体浓度的时空变化，SeweX 模型做出的动态预测可以为准确地采取硫化氢气体控制措施提供依据。

9.1.2　模型的实现

近期发展的硫化氢浓度预测模型涉及水相生物量增长、生物膜相生物量增长、好氧快速水解等诸多物化及生化过程，并均以偏微分方程形式描述过程，这类方程难以直接获得数值解，需要采用各种近似方法来计算它的解。另外，生化过程中有诸多参数，需要基于测定参数进行计算，最终在诸如 MATLAB 平台中实现模型。

1. 模型求解方法

有限差分方法是计算机数值模拟最早采用的方法，是一种直接将微分问题变为代数问题的近似数值解法，数学概念直观，表达简单，是发展较早且比较成熟的数值方法。

有限差分方法的基本思想是用离散的、只含有限个未知数的差分方程去代替连续变量的微分方程和定解条件。从原则上说，这种方法仍然可以达到任意满意的计算精度。因为方程的连续数值解可以通过减小独立变量离散取值的间隔，或者通过离散点上的函数值插值计算来近似得到。这种方法是随计算机的诞生和应用而发展起来的。其计算格式和程序的设计都比较直观和简单，因而，它的实际应用已经构成了计算数学和计算物理的重要组成部分。

对于求解的偏微分方程定解问题，有限差分方法的主要步骤如下：利用网格线将定解区域化为离散点集；在此基础上，通过 Taylor 级数展开等方法将微分方程离散化为差分方程，并将定解条件离散化，这一过程称为构造差分格式，不同的离散化途径一般会得到不同的差分格式，格的步长一般根据实际地形情况和柯朗稳定条件来确定。建立差分格式后，就把原来的偏微分方程定解问题化为代数方程组，通过解代数方程组，可得出定解问题的解在离散点上的近似值组成的离散解，应用插值方法可从离散解得到定解问题在整个定解区域上的近似解。

1）区域网格划分

在第一步中，通过网络分割法，将函数定义域分成大量相邻而不重合的子区域。通常采用的是规则的分割方式，这样可以便于计算机自动实现和减少计算的复杂性。网络线划分的交点称为节点。若与某个节点 P 相邻的节点都是定义在场域内的节点，则 P 点称为正则节点；反之，若节点 P 有处在定义域外的相邻节点，则 P 点称为非正则节点。在第二步中，数值求解的关键就是要应用适当的计算方法，求得特定问题在所有这些节点上的离散近似值。

设函数 φ 在区域 D 内满足方程，将区域 D 进行离散化：通过任意的网络划分方法把区域离散为许许多多的小单元。原则上讲这种网格分割是可以任意的，但是实际应用中，常常根据边界 D 的形状，采用最简单、最有规律、与边界的拟合程度最佳的方法来分割。如图 9-2 所示，常用的有正方形分割法和矩形分割法，有时也用三角形分割法，对于圆形区域，应用极网络格式更加方便。

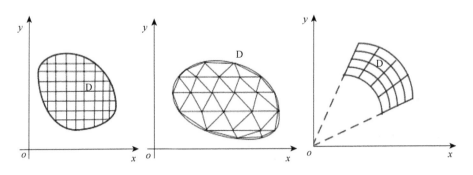

图 9-2　有限差分法区域划分

2）偏微分方程的差分格式构造

有限差分法的中心思想就是一个函数用某点相邻位置的点上函数值的差分来表示在某点的一阶和二阶微商。例如，对一个单变量函数 $f(x)$，x 为定义在区间[a, b]的连续变量。以步长 $h=\Delta x$ 将[a, b]区间离散化，得到一系列节点 $x_1=a$, $x_2=x_1+h$, $x_3=x_2+h=a+2\Delta x$, $\cdots$, $x_{n+1}=x_n+h=b$，然后求出 $f(x)$ 在这些点上的近似值。显然步长 h 越小，近似解的精度就越好。与节点 x_i 相邻的节点有 x_{i-h} 和 x_{i+h}，因此在 x_i

点可以构造如下形式的差值：

$$f(x_i + h) - f(x_i) \tag{9-7}$$

$$f(x_i) - f(x_i - h) \tag{9-8}$$

$$f(x_i + h) - f(x_i - h) \tag{9-9}$$

式（9-7）～式（9-9）分别为 x_i 点处的一阶向前、向后及中心差分。

与 x_i 点相邻两点的泰勒展开式可以写为

$$f(x_i - h) = f(x_i) - hf'(x_i) + \frac{h^2}{2}f''(x_i) - \frac{h^3}{3!}f'''(x_i) + \cdots \tag{9-10}$$

$$f(x_i + h) = f(x_i) + hf'(x_i) + \frac{h^2}{2}f''(x_i) + \frac{h^3}{3!}f'''(x_i) + \cdots \tag{9-11}$$

根据式（9-10）和式（9-11），并忽略 h 的平方和更高阶的项得到一阶微分的向前、向后及中心差商表示：

$$f'(x_i) \approx \frac{f(x_i + h) - f(x_i)}{h} \tag{9-12}$$

$$f'(x_i) \approx \frac{f(x_i) - f(x_i - h)}{h} \tag{9-13}$$

$$f'(x_i) \approx \frac{f(x_i + h) - f(x_i - h)}{2h} \tag{9-14}$$

同理，可以得到二元一次函数 $y = f(x,t)$ 的向前有限差分格式：

$$f'(x_i) = \frac{f(x_{i+h,n}) - f(x_{i,n})}{h} \tag{9-15}$$

$$f'(t_n) = \frac{f(x_{i,n+k}) - f(x_{i,n})}{h} \tag{9-16}$$

式中，h 为 x 方向上的步长（m）；k 为 t 方向上的步长（s）。

利用这样的差分表示，可以很容易地将微分方程离散化为差分方程组的形式，之后可利用迭代法在 MATLAB 中求解。

2. 模型参数的优化算法

模型中含有大量的参数，其中有很多参数无法或难以进行试验确定，因此，需要一些算法来对这些参数进行计算优化，比较常用的优化算法有遗传算法、模拟退火法、神经网络算法和粒子群算法，以下重点介绍遗传算法。

遗传算法是 1967 年由美国 Michigan 大学的 Holland 教授及其学生受到生物模拟技术的启发，创造出的一种基于生物遗传和进化机制的适合于复杂系统优化的自适应概率优化技术。

遗传算法是模拟达尔文生物进化论的自然选择（适者生存，优胜劣汰）和孟德尔的遗传学说的生物进化过程的计算模型，其本质是一种通过模拟自然进化过程搜索最优解的方法。遗传算法是一种基于"适者生存"的高度并行、随机和自适应的优化算法，通过复制、交叉、变异将问题解编码表示的"染色体"群一代代不断进化，最终收敛到最适应的群体，从而求得问题的最优解或满意解。目前，国内外许多学者已将其应用在污水管道的设计及污水厂的运行优化方面。

遗传算法的主要特点是直接对结构对象进行操作，不存在求导和函数连续性的限定；具有内在的隐并行性和更好的全局寻优能力；采用概率化的寻优方法，能自动获取和指导优化的搜索空间，自适应地调整搜索方向，不需要确定的规则。遗传算法的这些性质，已被人们广泛地应用于组合优化、机器学习、信号处理、自适应控制和人工生命等领域。它是现代有关智能计算中的关键技术。

在遗传算法中使用适应度这个概念来度量群体中各个个体在优化计算中能达到或接近于或有助于找到最优解的优良程度。适应度较高的个体遗传到下一代的概率较大；而适应度较低的个体遗传到下一代的概率相对小一些。度量个体适应度的函数称为适应度函数。

适应度函数也称为评价函数，是根据目标函数确定的用于区分群体中个体好坏的标准，是算法演化过程的驱动力，也是进行自然选择的唯一依据。直接利用目标函数构造适应度函数的方法如下：

$$\text{Fit}(f(x)) = \begin{cases} -f(x) & \text{最小值问题} \\ f(x) & \text{最大值问题} \end{cases} \tag{9-17}$$

式中，$f(x)$ 为目标函数；$\text{Fit}(f(x))$ 为适应度函数。

适应度函数总是非负的，任何情况下都希望其值越大越好。而目标函数可能有正有负，即有时求最大值，有时求最小值，因此，需要在目标函数与适应度函数之间进行变换。

对于求最小值的问题，做下列转换：

$$\text{Fit}(f(x)) = \begin{cases} c_{\max} - f(x) & f(x) < c_{\max} \\ 0 & \text{其他} \end{cases} \tag{9-18}$$

式中，$c_{\max}$ 为 $f(x)$ 的最大值估计。

对于求最大值的问题，做下列转换：

$$\text{Fit}(f(x)) = \begin{cases} f(x) + c_{\min} & f(x) > c_{\min} \\ 0 & \text{其他} \end{cases} \tag{9-19}$$

式中，$c_{\min}$ 为 $f(x)$ 的最小值估计。

遗传算法提供了一种求解复杂系统优化问题的通用框架，它不依赖于问题具体的领域，因此遗传算法在函数优化、组合优化、图像处理、遗传编程、生物技术和生物学、化学和化学工程、计算机辅助设计、物理学和数据分析、动态处理、建模与模拟、医学与医学工程、微电子学、模式识别、人工智能、生产调度、机器人学、开矿工程、电信学、售货服务系统等领域都得到应用，成为求解全局优化问题的有力工具之一。

3. 模型实现平台

模型含有大量的生化反应过程，手动求解复杂且难以实际操作，因此，需要使用一些计算机软件进行编程求解，常用的有 MATLAB、MAPLE 和 SCILAB，以下重点介绍科学计算中常用的 MATLAB。

MATLAB 是美国 MathWorks 公司出品的商业数学软件，用于算法开发、数据可视化、数据分析以及数值计算的高级技术计算语言和交互式环境，主要包括 MATLAB 和 Simulink 两大部分。MATLAB 可以进行矩阵运算、绘制函数和数据、实现算法、创建用户界面、连接其他编程语言的程序等，主要应用于工程计算、控制设计、信号处理与通信、图像处理、信号检测、金融建模设计与分析等领域。

MATLAB 是一个高级的矩阵/阵列语言，它包含控制语句、函数、数据结构、输入和输出及面向对象的编程特点。用户可以在命令窗口中将输入语句与执行命令同步，也可以先编写好一个较大的复杂的应用程序（M 文件）后再一起运行。新版本的 MATLAB 语言是基于最为流行的 C++语言的，因此，语法特征与 C++语言极为相似，而且更加简单，更加符合科技人员对数学表达式的书写格式，使之更利于非计算机专业的科技人员使用。而且这种语言可移植性好、可拓展性极强，这也是 MATLAB 能够深入科学研究及工程计算各个领域的重要原因。

MATLAB 主要有以下几个特点。

（1）功能强大。

MATLAB 不仅在数值计算上继续保持着相对其他同类软件的绝对优势，还开发了自己的符号运算功能。用户利用 MATLAB 可以很方便地处理线性代数中的矩阵计算、方程组的求解、微积分运算、多项式运算、偏微分方程求解、统计与优化等问题。在数值计算过程中，MATLAB 中许多功能函数都带有算法的自适应能力，且算法先进，解决了用户的后顾之忧，这也弥补了 MATLAB 程序因非可执行文件而影响其速度的缺陷，因为在很多实际问题中，计算速度对算法的依赖程度大大高于对算法本身的依赖程度。另外，MATLAB 提供了一套完善的图形可视化功能，为用户展示自己的计算结果提供了广阔的空间。

（2）语言简单。

MATLAB 的编程语言是一种面向科学与工程计算的高级语言，它允许用户以数学形式的语言编写程序，比 BASIC、FORTRAN、UNIX 等语言更接近于书写计算公式的思维方式。MATLAB 语言以向量和矩阵为基本的数据单元，包括流程控制语句（顺序、选择、循环、条件、转移和暂停等）、大量的运算符、丰富的函数、多种数据结构、输入输出以及面向对象编程。这些既可以满足简单问题的计算，也适合于开发复杂的大型程序。

（3）扩展能力强。

MATLAB 对其中函数程序的执行以一种解释执行的方式进行，使 MATLAB 完全成了一个开放的系统，用户可以方便地看见函数的源程序，也可以很方便地开发自己的程序，甚至可以创建自己的工具箱，以解决本领域内常见的计算问题。MATLAB 可以方便地与 FORTRAN、C 等语言接口，以充分利用各种资源。用户只需将已有的 EXE 文件转换成 MEX 文件，就可以很方便地调用有关程序和子程序。

9.2　多气体浓度分布模型

9.2.1　多气体浓度分布模型原理

污水管道中的硫化氢、甲烷和一氧化碳等气体对管道的安全运行都有重要影响，为此建立了能够预测污水管道中多种危害气体浓度分布（HGCD）的模型。参照一维河流污染物扩散模型，在管道中划分微元体，基于管道污水中物质物化和生化过程，对管道气相与液相中各物质组分进行物料衡算，建立表征污水管道中生化反应动力学与传质过程的微分方程组，利用欧拉一阶隐式差分法求解模型，基于管道的实测数据进行模型校准与验证。污水管道可近似看作理想管式反应器，以污水管道中长为 dx 的微元体为研究对象，对存在于气液两相中的物质 N 进行物料衡算，如图 9-3 所示，建立 HGCD 模型。

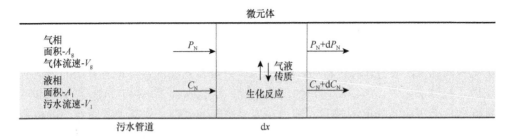

图 9-3　HGCD 模型原理图

单位时间内，流入微元体气相的物质 N 的总量为

$$M_{\mathrm{NI}} = A_{\mathrm{g}} V_{\mathrm{g}} P_{\mathrm{N}} \qquad (9\text{-}20)$$

式中，M_{NI} 为单位时间内流入微元体气相的物质 N 的总量（g/s）；A_{g} 为管道气相

横截面积（m²）；V_g 为管道气相气体流速（m/s）；P_N 为微元体的气相入流中物质 N 的浓度（g/m）。

单位时间内，流出微元体气相的物质 N 的总量为

$$M_{NO} = A_g V_g (P_N + \frac{\partial P_N}{\partial x} dx) \tag{9-21}$$

式中，M_{NO} 为单位时间内流出微元体气相的物质 N 的总量（g/s）；$P_N + \frac{\partial P_N}{\partial x} dx$ 为微元体的气相出流中物质 N 的浓度（g/m³）。

单位时间内，由微元体液相传入气相中物质 N 的总量为

$$M_{NT} = K_N (C_{N,SAT} - C_N) A_l dx \tag{9-22}$$

式中，M_{NT} 为单位时间内由液相进入气相的物质 N 的总量（g/s）；K_N 为传质总系数（1/s）；$C_{N,SAT}$ 为物质 N 在微元体液相中的饱和浓度（g/m³）；C_N 为物质 N 在微元体的液相入流中的浓度（g/m³）。

单位时间内微元体气相中物质 N 的变化量为

$$M_{NC} = \frac{\partial P_N}{\partial t} A_g dx \tag{9-23}$$

式中，M_{NC} 为单位时间内微元体气相中物质 N 的变化量（g/s）。

对微元体气相部分进行物料衡算，可得

$$M_{AC} = M_{NI} - M_{NO} + M_{NT} \tag{9-24}$$

将式（9-20）～式（9-22）代入式（9-24）中，可得

$$\frac{\partial P_N}{\partial t} A_g dx = A_g V_g P_N - A_g V_g (P_N + \frac{\partial P_N}{\partial x} dx) + K_N (C_{N,SAT} - C_N) A_l dx \tag{9-25}$$

在稳态条件下，单位时间内微元体气相中物质 N 的变化量为 0，因此，

$$0 = A_g v_g P_N - A_g V_g (P_N + \frac{\partial P_N}{\partial x} dx) + K_N (C_{N,SAT} - C_N) A_l dx \tag{9-26}$$

化简式（9-26），可得

$$\frac{\partial P_N}{\partial t} = -\frac{1}{V_g} \frac{A_l}{A_g} K_N (C_{N,SAT} - C_N) \tag{9-27}$$

同理，对微元体液相内的物质 N 进行物料衡算，可得

$$\frac{\partial C_N}{\partial t} A_l V_l C_N - A_l V_l (C_N + \frac{\partial C_N}{\partial x} dx) - K_N (C_{N,SAT} - C_N) A_l dx + r_N A_l dx \tag{9-28}$$

式中，A_l 为管道液相横截面面积（m²）；V_l 为管道液相中污水流速（m/s）；r_N 为微元体中物质 N 的生成速率[g/（m³·s）]。

化简上式可得

$$\frac{\partial C_N}{\partial x} = \frac{1}{V_1}\Big[-K_N(C_{N,SAT} - C_N) + r_N\Big] \tag{9-29}$$

式（9-27）与式（9-29）为 HGCD 模型的基本形式，求解两式，便可得出物质 N 沿管线在气液两相的浓度变化情况。

9.2.2 HGCD 模型中反应

污水管道中的生化反应主要涉及好氧过程与厌氧过程两大类。其中，好氧过程包括异养好氧生物量的增长、异养好氧微生物的基础代谢等过程；厌氧过程主要包括内源呼吸、产酸发酵、硫酸盐还原与产甲烷等过程。此外，污水管道中的水解过程是进一步反应的基础，其在好氧与厌氧条件下均可进行，根据有机质降解速率的快慢，可将水解过程分为快速水解过程与慢速水解过程。同时存在不同相间的传质过程，管道液相内的溶解氧、硫化氢通过气液传质过程进入管道气相，因而模型中包括了管道中的气液传质过程。各个过程详细描述如下。

1）水相中的异养生物增长速率

$$r_{grw} = \mu_{h,O_2} \frac{S_F + S_A}{K_{Sw} + (S_F + S_A)} \frac{S_O}{K_O + S_O} X_{Hw} \alpha_w^{t-20} \tag{9-30}$$

式中，r_{grw} 为水相中的生物量增长速率[g COD/（m³·d）]；μ_{h,O_2} 为最大比增长速率（1/d）；S_F 为发酵基质浓度（g O₂/m³）；S_A 为发酵产物浓度（g O₂/m³）；K_{Sw} 为水相中对于 S_F+S_A 的半饱和常数（g O₂/m³）；S_O 为溶解氧浓度（g O₂/m³）；K_O 为针对 S_O 的半饱和常数；X_{Hw} 为水相中生物量的浓度[g COD/（m³·d）]；α_w 为水相生物反应温度系数；t 为温度（℃）。

在模型中，按照发酵基质和发酵产物将式（9-30）分为两个部分：

$$r_{grw,S_F} = \mu_{h,O_2} \frac{S_F + S_A}{K_{Sw} + (S_F + S_A)} \frac{S_O}{K_O + S_O} X_{Hw} \alpha_w^{t-20} \times \frac{S_F}{S_F + S_A} \tag{9-31}$$

$$r_{grw,S_A} = \mu_{h,O_2} \frac{S_F + S_A}{K_{Sw} + (S_F + S_A)} \frac{S_O}{K_O + S_O} X_{Hw} \alpha_w^{t-20} \times \frac{S_A}{S_F + S_A} \tag{9-32}$$

2）水相中的异养生物生命维持能量消耗速率

$$r_{maint} = q_m \frac{S_O}{K_O + S_O} X_{Hw} \alpha_w^{t-20} \tag{9-33}$$

式中，r_{maint} 为生命维持能量消耗速率[g COD/（m³·d）]；q_m 为生命维持能量消耗速率常数（1/d）。

在模型中，同样将其分为两部分：

$$r_{\text{maint},S_{\text{F}}} = q_{\text{m}} \frac{S_{\text{O}}}{K_{\text{O}} + S_{\text{O}}} X_{\text{Hw}} \alpha_{\text{w}}^{t-20} \times \frac{S_{\text{F}}}{S_{\text{F}} + S_{\text{A}}} \tag{9-34}$$

$$r_{\text{maint},S_{\text{A}}} = q_{\text{m}} \frac{S_{\text{O}}}{K_{\text{O}} + S_{\text{O}}} X_{\text{Hw}} \alpha_{\text{w}}^{t-20} \times \frac{S_{\text{A}}}{S_{\text{F}} + S_{\text{A}}} \tag{9-35}$$

3）生物膜相中的异养生物增长速率

$$r_{\text{grf}} = k_{1/2} S_{\text{O}}^{1/2} \frac{Y_{\text{Hf}}}{1 - Y_{\text{Hf}}} \frac{S_{\text{F}} + S_{\text{A}}}{K_{\text{Sf}} + (S_{\text{F}} + S_{\text{A}})} \frac{A}{V} \alpha_{\text{f}}^{t-20} \tag{9-36}$$

式中，r_{grf} 为生物膜相中的生物量增长速率[g COD/（$m^3 \cdot$d）]；$k_{1/2}$ 为生物膜相中的生物量增长速率常数（1/d）；Y_{Hf} 为生物膜产率系数（g COD/substrate）；K_{Sf} 为生物膜相中对于 $S_{\text{F}}+S_{\text{A}}$ 的半饱和常数（g O_2/m^3）；$\dfrac{A}{V}$ 为比表面积（1/m）；α_{f} 为生物膜相生物反应温度系数。

在模型中分为两部分：

$$r_{\text{grf},\,S_{\text{F}}} = k_{1/2} S_{\text{O}}^{1/2} \frac{Y_{\text{Hf}}}{1 - Y_{\text{Hf}}} \frac{S_{\text{F}} + S_{\text{A}}}{K_{\text{Sf}} + (S_{\text{F}} + S_{\text{A}})} \frac{A}{V} \alpha_{\text{f}}^{t-20} \times \frac{S_{\text{F}}}{S_{\text{F}} + S_{\text{A}}} \tag{9-37}$$

$$r_{\text{grf},\,S_{\text{A}}} = k_{1/2} S_{\text{O}}^{1/2} \frac{Y_{\text{Hf}}}{1 - Y_{\text{Hf}}} \frac{S_{\text{F}} + S_{\text{A}}}{K_{\text{Sf}} + (S_{\text{F}} + S_{\text{A}})} \frac{A}{V} \alpha_{\text{f}}^{t-20} \times \frac{S_{\text{A}}}{S_{\text{F}} + S_{\text{A}}} \tag{9-38}$$

4）好氧水解速率

$$r_{\text{hydr,aero}} = k_{\text{h}n} \frac{X_{sn}/X_{\text{Hw}}}{K_{\text{X}n} + X_{sn}/X_{\text{Hw}}} \frac{S_{\text{O}}}{K_{\text{O}} + S_{\text{O}}} \left(X_{\text{Hw}} + \xi X_{\text{Hf}} \frac{A}{V} \right) \alpha_{\text{w}}^{t-20} \tag{9-39}$$

式中，$r_{\text{hydr,aero}}$ 为好氧条件下水解速率[g COD/（$m^3 \cdot$d）]；$k_{\text{h}n}$ 为水解速率常数（1/d）；X_{sn} 为水解基质，n=1 时为快速水解基质，n=2 时为慢速水解基质（g COD/m^3）；$K_{\text{X}n}$ 为水解半饱和常数（g COD /g COD）；ξ 为对于生物膜的水解效率系数；X_{Hf} 为生物膜相中的生物量（g COD /m^3）。

5）厌氧水解速率

$$r_{\text{hydro}} = \delta_{\text{h,ana}} k_{\text{h}n} \frac{X_{sn}/X_{\text{Hw}}}{K_{\text{X}n} + X_{sn}/X_{\text{Hw}}} \frac{K_{\text{O}}}{K_{\text{O}} + S_{\text{O}}} \left(X_{\text{Hw}} + \xi X_{\text{Hf}} \frac{A}{V} \right) \alpha_{\text{w}}^{t-20} \tag{9-40}$$

式中，r_{hydro} 为厌氧条件下水解速率[g COD/（$m^3 \cdot$d）]；$\delta_{\text{h,ana}}$ 为厌氧条件相对于好氧条件的水解效率系数。

6）发酵速率

$$r_{\text{ferm}} = q_{\text{ferm}} \frac{S_F}{K_{\text{ferm}} + S_F} \frac{K_O}{K_O + S_O} \left(X_{Hw} + \xi X_{Hf} \frac{A}{V} \right) \alpha_w^{t-20} \qquad (9\text{-}41)$$

式中，r_{ferm} 为产酸发酵速率[g COD/（m³·d）]；q_{ferm} 为发酵速率常数（1/d）；K_{ferm} 为酵半饱和常数（g COD/m³）；

7）内源呼吸速率

$$r_d = d_{\text{ana}} \frac{K_O}{K_O + S_O} X_{Hw} \alpha_w^{t-20} \qquad (9\text{-}42)$$

式中，r_d 为内源呼吸速率[g COD/（m³·d）]；d_{ana} 为内源呼吸速率常数（1/d）。

8）硫化物产生（硫酸盐还原）速率

$$r_{\text{sfprod}} = a\sqrt{S_F + S_A + X_{S1}} \frac{K_O}{K_O + S_O} \frac{A}{V} \alpha_f^{t-20} \qquad (9\text{-}43)$$

式中，r_{sfprod} 为硫化物产生速率[g S/（m³·h）]；α 为硫化物产生速率常数[g^{0.5}/（m^{0.5}·h）]。

在模型中，分为两个部分：

$$r_{\text{sfprod},S_F} = a\sqrt{S_F + S_A + X_{S1}} \frac{K_O}{K_O + S_O} \frac{A}{V} \alpha_f^{t-20} \frac{S_F}{S_F + S_A} \qquad (9\text{-}44)$$

$$r_{\text{sfprod},S_A} = a\sqrt{S_F + S_A + X_{S1}} \frac{K_O}{K_O + S_O} \frac{A}{V} \alpha_f^{t-20} \frac{S_A}{S_F + S_A} \qquad (9\text{-}45)$$

9）产甲烷速率

$$r_{M1} = k_{M1} \frac{S_F}{K_{MF} + S_F} \frac{K_O}{K_O + S_O} \frac{A}{V} \alpha_w^{t-20} \qquad (9\text{-}46)$$

$$r_{M2} = k_{M2} \frac{S_A}{K_{MA} + S_A} \frac{K_O}{K_O + S_O} \frac{A}{V} \alpha_w^{t-20} \qquad (9\text{-}47)$$

式中，r_{M1} 为产甲烷菌利用发酵底物的产甲烷速率[g/（m³·d）]；k_{M1} 为甲烷菌利用发酵底物的产甲烷速率常数[g/（m²·d）]；K_{MF} 为甲烷菌利用发酵底物的产甲烷基质半饱和常数（g/m³）；r_{M2} 为产甲烷菌利用发酵产物的产甲烷速率[g/（m³·d）]；k_{M2} 为甲烷菌利用发酵产物的产甲烷速率常数[g/（m²·d）]；K_{MA} 为甲烷菌利用发酵产物的产甲烷基质半饱和常数（g/m³）。

10）产一氧化碳速率

$$r_{C1} = k_{C1} \frac{C_F}{K_{CF} + C_F} \frac{C_{SO_4^{2-}}}{K_{CS} + C_{SO_4^{2-}}} \frac{C_O}{K_O + C_O} \frac{A}{V} \alpha_F^{t-20} \qquad (9\text{-}48)$$

$$r_{C2} = k_{C2} \frac{C_A}{K_{CA} + C_A} \frac{C_{SO_4^{2-}}}{K_{CS} + C_{SO_4^{2-}}} \frac{C_O}{K_O + C_O} \frac{A}{V} \alpha_F^{t-20} \tag{9-49}$$

式中，r_{C1} 为硫酸盐还原菌利用发酵底物产一氧化碳的速率[g/（$m^3 \cdot d$）]；k_{C1} 为硫酸盐还原菌利用发酵底物产一氧化碳的速率常数[g/（$m^2 \cdot d$）]；K_{CF} 为硫酸盐还原菌利用发酵底物产一氧化碳的发酵底物半饱和常数（g/m^3）；r_{C2} 为硫酸盐还原菌利用发酵产物产一氧化碳的速率[g/（$m^3 \cdot d$）]；k_{C2} 为硫酸盐还原菌利用发酵产物产一氧化碳的速率常数[g/（$m^2 \cdot d$）]；K_{CA} 为硫酸盐还原菌利用发酵产物产一氧化碳的发酵底物半饱和常数（g/m^3）。

11）氧传质总传质速率

$$F_{O_2} = \alpha_{cons,O_2} K_{L,O_2}(20)(\beta S_{OS} - S_O)\alpha_r^{t-20} \tag{9-50}$$

式中，F_{O_2} 为氧气传质速率[g O_2/（$m^3 \cdot s$）]；α_{cons,O_2} 取 0.95，与污水水质相关；$K_{L,O_2}(20)$ 为 20℃时总传质系数（1/s）；β 取 0.8～0.95，与污水水质有关；S_{OS} 为饱和溶解氧浓度（mg/L）；S_O 为污水中溶解氧浓度（mg/L）；α_r 为阿伦尼乌兹温度系数，与传质物质种类相关，取 1.024。

饱和溶解氧浓度：

$$S_{OS,mole} = p_{O,atm} / H_{A,O_2,t} \tag{9-51}$$

$$S_{OS,mole} = \frac{S_{OS}}{55.56 \times 32 \times 1000} \tag{9-52}$$

$$P_{O,atm} = \frac{C_O}{0.0446 \times 32 \times 1000} \tag{9-53}$$

$$H_{A,O_2,t} = H_{A,O_2,278} e^{-M_{O_2}\left(\frac{1}{t} - \frac{1}{298}\right)} \tag{9-54}$$

式中，$S_{OS,mole}$ 为液相溶氧浓度的摩尔分数表示（mol/mol）；$P_{O,atm}$ 为气相氧气浓度分压表示（atm）；C_O 为气相中氧气浓度（mg/L）；$H_{A,O_2,t}$ 为温度为 t（绝对温标）下的亨利常数（atm）；$H_{A,O_2,278}$ 为 25℃时氧气的亨利常数，为 43800atm；M_{O_2} 为温度系数，为 1700。

氧气传质系数：

$$K_{L,O_2}(20) = 0.86(1 + 0.2Fr^2)(S \times u)^{3/8} \bar{h}^{-1} \tag{9-55}$$

式中，S 为管道坡度；u 为水流速度（m/s）；$\bar{h}$ 为水力平均深度（m）；Fr 为弗劳德数。

12) 硫化氢总传质速率

$$F_{H_2S} = \alpha_{cons,H_2S} K_{L,H_2S}(20)(S_{H_2S} - \beta S_{H_2S,sat})\alpha_{trans,H_2S}^{t-20} \tag{9-56}$$

式中，F_{H_2S} 为硫化氢传质速率[g S/（m³·s）]；α_{cons,H_2S} 为阿伦尼乌兹温度系数，取值 0.60；$K_{L,H_2S}(20)$ 为 20℃时的硫化氢总传质系数；S_{H_2S} 为分子态硫化氢的浓度（mg/L）；β 为修正系数，取值 0.8；$S_{H_2S,sat}$ 为饱和浓度的质量浓度表示（mg/L）；α_{trans,H_2S} 为阿伦尼乌兹温度系数，取值 1.024。

硫化氢传质系数：

$$K_{L,H_2S}(20) = 0.92 K_{L,O_2}(20) \tag{9-57}$$

硫化氢（aq）浓度：

$$S_{H_2S} = \frac{S_{sulf} \times 10^{pH-pK_{a1,t}}}{1 + 10^{pH-pK_{a1,t}}} \tag{9-58}$$

$$K_{a1,t} = K_{a1,298}\alpha_{clas}^{t-298} \tag{9-59}$$

$$S_{H_2S,sat} = S_{H_2S,sat,mole} \times 55.56 \times 32 \times 1000 \tag{9-60}$$

$$S_{H_2S,sat,mole} = \frac{P_{sulf,ppm}}{10^6 \times H_{A,H_2S,t}} \tag{9-61}$$

$$P_{sulf,ppm} = \frac{C_{H_2S} \times 10^6}{0.0446 \times 32 \times 1000} \tag{9-62}$$

$$H_{A,H_2S,t} = H_{A,H_2S,278} \exp\left[-C\left(\frac{1}{t} - \frac{1}{278}\right)\right] \tag{9-63}$$

式中，$K_{a1,t}$ 为温度 t（绝对温标）时硫化氢的一级电离常数；$K_{a1,298}$ 为一级电离常数，取值 1.3×10^{-7}；S_{sulf} 为硫化物的总浓度（mg/L）；$S_{H_2S,sat,mole}$ 为液相硫化氢浓度的摩尔分数表示（mol/mol）；$P_{sulf,ppm}$ 为气相硫化氢分压表示（ppm）；$H_{A,H_2S,t}$ 为温度 t 时硫化氢的亨利常数；C_{H_2S} 为气相硫化氢的质量浓度表示（mg S/L）；$H_{A,H_2S,278}$ 为 25℃时硫化氢的亨利常数，取值 560atm；C 为温度系数，取值 2200K。

13) 甲烷传质速率

$$F_M = \theta_M K_M(20)(C_M - \beta C_{M,SAT})\alpha_{trans}^{t-20} \tag{9-64}$$

式中，F_M 为甲烷传质速率[g/（m³·s）]；θ_M 为甲烷传质速率常数；$K_M(20)$ 为 20℃时甲烷总传质系数（1/s）；$C_{M,SAT}$ 为污水饱和溶解甲烷浓度（g/m³）；C_M 为液相甲烷浓度（g/m³）。

14）一氧化碳传质速率

$$F_C = \theta_C K_C(20)(C_C - \beta C_{C,SAT})\alpha_{trans}^{t-20} \qquad (9\text{-}65)$$

式中，F_C 为一氧化碳传质速率[g/（m³·s）]；θ_C 为一氧化碳传质速率常数；$K_C(20)$ 为 20 ℃时一氧化碳总传质系数（1/s）；$C_{C,SAT}$ 为污水饱和溶解一氧化碳浓度（g/m³）；C_C 为液相一氧化碳浓度（g/m³）。

9.2.3　HGCD 模型表达与求解

1. 模型变量

模型变量对应了污水管道中的各种反应物组分浓度。根据反应物在污水管道中的位置，将模型变量分为气相模型变量与液相模型变量，共有 14 个变量，其中液相模型变量 10 个，包括污水中的异养好氧生物量、发酵底物浓度、发酵产物浓度、快速水解基质浓度、慢速水解基质浓度、硫酸盐浓度、硫化物浓度、甲烷浓度、一氧化碳浓度与溶解氧浓度；气相模型变量 4 个，包括气相中硫化氢浓度、甲烷浓度、一氧化碳浓度与氧气浓度。HGCD 模型所包括的变量具体如表 9-3 所示。

表 9-3　HGCD 模型变量

编号	符号	变量	区域	单位
1	C_{HW}	异养好氧生物量	液相	g/m³
2	C_F	发酵底物浓度	液相	g/m³
3	C_A	发酵产物浓度	液相	g/m³
4	C_{S1}	快速水解基质浓度	液相	g/m³
5	C_{S2}	慢速水解基质浓度	液相	g/m³
6	$C_{SO_4^{2-}}$	硫酸盐浓度	液相	g/m³
7	$C_S{}^{2-}$	硫化物浓度	液相	g/m³
8	C_M	液相甲烷浓度	液相	g/m³
9	C_C	一氧化碳浓度	液相	g/m³
10	C_O	溶解氧浓度	液相	ppm
11	P_S	硫化氢浓度	气相	ppm
12	P_M	甲烷浓度	气相	ppm
13	P_C	一氧化碳浓度	气相	ppm
14	P_O	氧气浓度	气相	—

2. 模型表达

对 HGCD 模型中包括的 14 种物质组分进行物料衡算，得到 14 个偏微分方程。将各偏微分方程耦合，得到 HGCD 模型方程组，具体如式（9-66）所示：

$$
\begin{cases}
\dfrac{\partial C_{HW}}{\partial x} = \dfrac{1}{v_1}\left(r_{GRW1} + r_{GRW2} + r_{GRF1} + r_{GRF2} - r_D \right) \\[2mm]
\dfrac{\partial C_F}{\partial x} = \dfrac{1}{v_1}\left(-\dfrac{1}{Y_{HW}}r_{GRW1} - \dfrac{1}{Y_{HW}}r_{GRF1} - r_{MAINT1} + r_{HYDRO,AERO,1} + r_{HYDRO,AERO,2} \right. \\[2mm]
\qquad\qquad \left. + r_{HYDRO,ANA,1} + r_{HYDRO,ANA,2} - r_{FERM} - r_{S1} - r_{M1} - r_{C1} \right) \\[2mm]
\dfrac{\partial C_A}{\partial x} = \dfrac{1}{v_1}\left(-\dfrac{1}{Y_{HW}}r_{GRW2} - \dfrac{1}{Y_{HW}}r_{GRF2} - r_{MAINT2} + r_F - r_{S2} - r_{M2} - r_{C2} \right) \\[2mm]
\dfrac{\partial C_{S1}}{\partial x} = \dfrac{1}{v_1}\left(-r_{HYDRO,AERO,1} - r_{HYDRO,ANA,1} \right) \\[2mm]
\dfrac{\partial C_{S2}}{\partial x} = \dfrac{1}{v_1}\left(-r_{HYDRO,AERO,2} - r_{HYDRO,ANA,2} + r_D \right) \\[2mm]
\dfrac{\partial C_{SO_4^{2-}}}{\partial x} = \dfrac{1}{v_1}\left(r_{S1} + r_{S2} - F_S \right) \\[2mm]
\dfrac{\partial C_{S^{2-}}}{\partial x} = \dfrac{1}{v_1}\left(-r_{S1} - r_S \right) \\[2mm]
\dfrac{\partial C_M}{\partial x} = \dfrac{1}{v_1}\left(r_{M1} + r_{M2} - F_M \right) \\[2mm]
\dfrac{\partial C_C}{\partial x} = \dfrac{1}{v_1}\left(r_{C1} + r_{C2} - F_C \right) \\[2mm]
\dfrac{\partial C_O}{\partial x} = \dfrac{1}{v_1}\left(-\dfrac{(1-Y_{HW})}{Y_{HW}}r_{GRW1} - \dfrac{(1-Y_{INW})}{Y_{HW}}r_{GRW2} - \dfrac{(1-Y_{HW})}{Y_{HW}}r_{GRF1} \right. \\[2mm]
\qquad\qquad \left. - \dfrac{(1-Y_{HW})}{Y_{HW}}r_{GRR2} - r_{MAINT1} - r_{MAINNT2} \right) \\[2mm]
\dfrac{\partial P_S}{\partial x} = -\dfrac{1}{v_g}\dfrac{A_1}{A_g}F_S \\[2mm]
\dfrac{\partial P_M}{\partial x} = -\dfrac{1}{v_g}\dfrac{A_1}{A_g}F_M \\[2mm]
\dfrac{\partial P_C}{\partial x} = -\dfrac{1}{v_g}\dfrac{A_1}{A_g}F_C \\[2mm]
\dfrac{\partial P_O}{\partial x} = -\dfrac{1}{v_g}\dfrac{A_1}{A_g}F_O
\end{cases}
\tag{9-66}
$$

3. 模型参数

HGCD 模型中的参数共 28 个，包括 2 个反应计量学参数和 26 个反应动力学参数。其中，反应动力学参数包括 13 个好氧动力学参数与 13 个厌氧动力学参数。HGCD 模型中涉及的参数及取值如表 9-4～表 9-6 所示。

表 9-4　反应计量学参数

符号	参数	单位	范围	取值
Y_{Hw}	水相产率系数	g/g	0.50～0.60	0.55
Y_{Hf}	生物膜相产率系数	g/g	0.50～0.60	0.55

表 9-5　好氧反应动力学参数

符号	参数	单位	范围	取值
K_O	溶氧半饱和参数	g/m^3	0.01～0.5	0.05
α_W	阿伦尼乌兹温度因子（水相）	—	1.07	1.07
α_F	阿伦尼乌兹温度因子（生物膜相）	—	1.05	1.05
μ_H	最大比增长速率	1/d	4～8	5.5
K_{SW}	水相生物量增长易降解基质半饱和常数	g/m^3	0.5～2.0	1
K_{MAINT}	基础代谢速率常数	1/d	0.5～1.0	1
$K_{1/2}$	1/2 生物膜生物量增长速率常数	$g^{0.5}/(m^{0.5}\cdot d)$	2.0～6.0	4
K_{SF}	生物膜相生物量增长易降解基质半饱和常数	g/m^3	5	5
K_{H1}	好氧快速水解速率常数	1/d	5	5
K_{S1}	好氧快速水解速率基质半饱和常数	g/m^3	1.5	1.5
K_{H2}	好氧慢速水解速率常数	1/d	0.5	0.5
K_{S2}	好氧慢速水解速率基质半饱和常数	g/m^3	0.5	0.5
ξ	生物膜反应效率系数	—	0.15	0.15

表 9-6　厌氧反应动力学参数

符号	参数	单位	范围
δ_{ANA}	厌氧水解效率系数	—	0.14～0.21
k_{FERM}	发酵反应速率常数	1/d	1.0～3.0

续表

符号	参数	单位	范围
K_{FERM}	发酵反应基质半饱和常数	g/m^3	$10.0 \sim 30.0$
k_D	内源呼吸速率常数	d^{-1}	—
k_S	产硫速率常数	$g^{0.5}/(m^{0.5} \cdot h)$	$0.001 \sim 0.012$
k_{M1}	利用发酵底物产甲烷速率常数	$g/(m^2 \cdot d)$	$1.40 \sim 2.44$
K_{MF}	产甲烷发酵底物半饱和常数	g/m^3	—
k_{M2}	利用发酵产物产甲烷速率常数	$g/(m^2 \cdot d)$	$4.14 \sim 4.74$
K_{MA}	产甲烷发酵产物半饱和常数	g/m^3	—
k_{C1}	利用发酵底物产一氧化碳速率常数	$g/(m^2 \cdot d)$	—
K_{CF}	产一氧化碳发酵底物半饱和常数	g/m^3	—
k_{C2}	利用发酵产物产一氧化碳速率常数	$g/(m^2 \cdot d)$	—
K_{CA}	产一氧化碳发酵产物半饱和常数	g/m^3	—

模型参数取值合理与否直接影响着模型的预测效果，模型参数取值合理，模型能够较为准确地计算出管道沿线的危害性气体浓度。反之，模型的计算结果便会偏离实际情况。确定模型中参数的方法有三种：参考相关文献、通过实验测定与利用优化算法确定。其中，通过文献来确定参数的方法只适用于敏感度因子较低的参数，当参数的敏感度因子较高时，参数较小的变化便会引起模型计算结果较大的变化。通过实验与优化算法确定的参数的精度较高，用来确定敏感度因子较高的参数。

4. 模型求解

HGCD 模型由 14 个偏微分方程组成，因而当模型方程组的变量为 14 个时，模型可解。HGCD 模型中的每一个偏微分方程均由物质浓度沿管长的变化率、污水管道气相或液相的面积、气体或污水的流速、反应动力学表达式与传质表达式组成。其中，污水管道气相或液相的面积与气体或污水的流速均可利用相关的水力公式计算。反应动力学表达式与传质表达式中的变量为物质浓度，对应了模型方程组中的 14 个变量，与模型中的方程数目相同，因此 HGCD 模型可解。

采用欧拉一阶隐式差分法求解模型。将式（9-66）转化为差分格式，具体如下：

$$
\begin{cases}
C_{\mathrm{Hw}}(x+\Delta x) = C_{\mathrm{Hw}}(x) + \dfrac{\Delta x}{v_1}\big(r_{\mathrm{GRW1}}(x) + r_{\mathrm{GRW2}}(x) \\
\qquad\qquad + r_{\mathrm{GRF1}}(x) + r_{\mathrm{GRF2}}(x) - r_{\mathrm{D}}(x)\big) \\[4pt]
C_{\mathrm{F}}(x+\Delta x) = C_{\mathrm{F}}(x) + \dfrac{\Delta x}{v_1}\Bigg(-\dfrac{1}{Y_{\mathrm{Hw}}}r_{\mathrm{GRW1}}(x) - \dfrac{1}{Y_{\mathrm{Hw}}}r_{\mathrm{GRF2}}(x) \\
\qquad - r_{\mathrm{MAINT1}}(x) + r_{\mathrm{HYDRO,AERO,1}}(x) + r_{\mathrm{HYDRO,AERO,2}}(x) \\
\qquad + r_{\mathrm{HYDRO,ANA,1}}(x) + r_{\mathrm{HYDRO,ANA,2}}(x) - r_{\mathrm{FERM}}(x) \\
\qquad - r_{\mathrm{S1}}(x) - r_{\mathrm{M1}}(x) - r_{\mathrm{C1}}(x)\Bigg) \\[4pt]
C_{\mathrm{A}}(x+\Delta x) = C_{\mathrm{F}}(x) + \dfrac{\Delta x}{v_1}\Bigg(-\dfrac{1}{Y_{\mathrm{Hw}}}r_{\mathrm{GRW2}}(x) - \dfrac{1}{Y_{\mathrm{Hw}}}r_{\mathrm{GRF2}}(x) \\
\qquad - r_{\mathrm{MAINT2}}(x) + r_{\mathrm{FERM}}(x) - r_{\mathrm{S}_2}(x) - r_{\mathrm{M2}}(x) - r_{\mathrm{C2}}(x)\Bigg) \\[4pt]
C_{\mathrm{H1}}(x+\Delta x) = C_{\mathrm{H1}}(x) + \dfrac{\Delta x}{v_1}\big(-r_{\mathrm{HYDRO,AERO,1}}(x) - r_{\mathrm{HYDRO,AERO,2}}(x)\big) \\[4pt]
C_{\mathrm{H2}}(x+\Delta x) = C_{\mathrm{H2}}(x) + \dfrac{\Delta x}{v_1}\big(-r_{\mathrm{HYDRO,ANA,1}}(x) - r_{\mathrm{HYDRO,ANA,2}}(x) \\
\qquad + r_{D}(x)\big) \\[4pt]
C_{\mathrm{SO_4^{2-}}}(x+\Delta x) = C_{\mathrm{SO_4^{2-}}}(x) + \dfrac{\Delta x}{v_1}\big(-r_{\mathrm{S1}}(x) - r_{\mathrm{S2}}(x)\big) \\[4pt]
C_{\mathrm{M}}(x+\Delta x) = C_{\mathrm{M}}(x) + \dfrac{\Delta x}{v_i}\big(r_{\mathrm{M1}}(x) + r_{\mathrm{M2}}(x) - F_{\mathrm{M}}(x)\big) \\[4pt]
C_{\mathrm{C}}(x+\Delta x) = C_{\mathrm{F}}(x) + \dfrac{\Delta x}{v_i}\big(r_{\mathrm{C1}}(x) + r_{\mathrm{C2}}(x) - F_{\mathrm{C}}(x)\big) \\[4pt]
C_{\mathrm{O}}(x+\Delta x) = C_{\mathrm{O}}(x) + \dfrac{\Delta x}{v_i}\Bigg(-\dfrac{\left(1-Y_{\mathrm{Hw}}\right)}{Y_{\mathrm{Hw}}}r_{\mathrm{GRW_1}}(x) - \dfrac{\left(1-Y_{\mathrm{Hw}}\right)}{Y_{\mathrm{Hw}}}r_{\mathrm{GRW2}}(x) \\
\qquad - \dfrac{\left(1-Y_{\mathrm{Hf}}\right)}{Y_{\mathrm{Hf}}}r_{\mathrm{GRF1}}(x) - \dfrac{\left(1-Y_{\mathrm{Hf}}\right)}{Y_{\mathrm{Hf}}}r_{\mathrm{GRF2}}(x) - r_{\mathrm{MAINT,F}}(x) \\
\qquad - r_{\mathrm{MAINT,A}}(x)\Bigg) \\[4pt]
P_{\mathrm{S}}(x+\Delta x) = P_{\mathrm{H_2S}}(x) - \dfrac{\Delta x}{v_g}\dfrac{A_1}{A_g}F_{\mathrm{S}}(x) \\[4pt]
P_{\mathrm{M}}(x+\Delta x) = P_{\mathrm{M}}(x) - \dfrac{\Delta x}{v_g}\dfrac{A_1}{A_g}F_{\mathrm{M}}(x) \\[4pt]
P_{\mathrm{C}}(x+\Delta x) = P_{\mathrm{C}}(x) - \dfrac{\Delta x}{v_g}\dfrac{A_1}{A_g}F_{\mathrm{C}}(x)
\end{cases} \tag{9-67}
$$

式中，Δx 为差分步长（m）。

将管道起端各组分的浓度代入式（9-67），解出每个差分点上各物质的浓度。另外，考虑 MATLAB 具有语言简单、内置函数丰富与科学计算能力较强等的特点，选用 MATLAB2017b 作为 HGCD 模型的求解平台。

9.2.4 模型的验证及校准

模型校准和验证时选用的案例管道为某市一段重力污水管道，长度 4100m，管径 400～1000mm，运行充满度为 0.4～0.6，管道埋深为 6～8m。污水管道设计传输流量为 21000m³/d。首端进水平均 COD 为 200gm³（标准误差为 7），管段起端气相硫化氢浓度为 2×10^6（标准误差为 $\pm0.3\times10^6$），甲烷浓度为 0（标准误差为 0），一氧化碳浓度为 0（标准误差为 0）。如图 9-4 所示，自首端开始，在管道沿线进行采样点设置，采样点为七个，每个采样点需要进行气相组分以及水质参数分析。

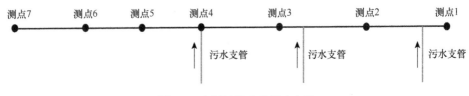

图 9-4 案例管道及采样点布置

利用模型计算案例管道中危害气体浓度，将其与案例管道中的实测数据相比，结果如图 9-5 所示。

如图 9-5 所示，各水质参数及危害性气体浓度的模拟结果与实测结果变化趋势一致，两者的相关系数 R^2 最高可达 0.99 以上。快速水解基质、慢速水解基质、发酵底物与产物浓度沿管长降低，在管道末端达到最低值；而异养好氧生物量沿管长逐渐升高，在管道末端达到最高值。产生上述现象的原因在于，异养好氧微生物需要发酵底物与产物为代谢过程提供碳源及能源，因此，异养好氧生物量的升高伴随发酵底物与产物浓度的降低。另外，微生物的水解过程会分解大分子的水解基质以便微生物利用，从而导致快速水解基质与慢速水解基质浓度均减小。

管道气相中 H_2S、CH_4 与 CO 浓度的变化与其在液相中的变化相关。CH_4 浓度在管道气相及液相均沿管长逐渐增大，这与 Guisasola 等（2009）的研究结果相同；随着硫酸盐还原过程的进行，管道气相与液相中的 CO 浓度沿管长逐渐增大，并在管道末端达到最大值。另外，气相 H_2S 浓度沿管长迅速升高，而后维持在 64×10^6mg/L 左右；液相中硫化物浓度先降低，而后基本保持不变，这与 Vollertsen 等（2015）的研究结果保持一致。其原因可能为，在管道前端的液相中，硫化物浓度较高，气液传质的速率较快，硫化物消耗较快；虽然硫酸盐的还原会补充硫

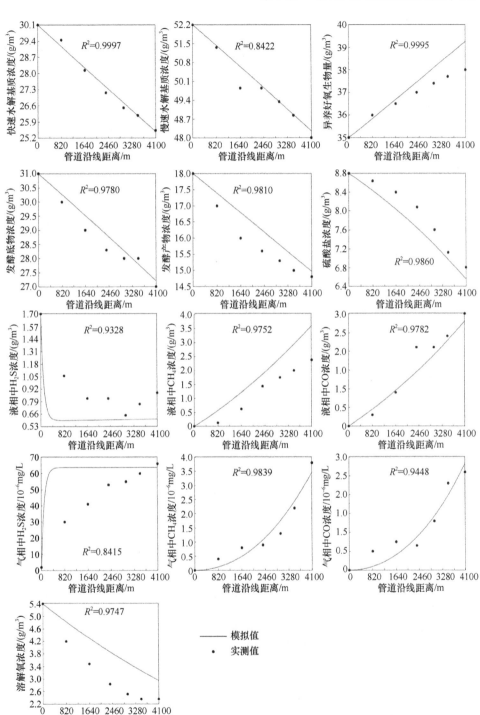

图 9-5 HGCD 模型模拟结果与实测结果

化物，但是由于硫化物向管道气相传质的速率较大，液相中硫化物的浓度仍会减小。与此同时，管道前端大量的硫化物经气液传质到达气相，气相中 H_2S 浓度快速升高。当管道液相中的硫化物被消耗殆尽时，其向管道气相传质的速率减慢，气相中 H_2S 浓度升高的速率放缓。

管道气相中，H_2S、CH_4 及 CO 浓度变化规律不同，前者升高的速率由快到慢，而后两者正好相反，升高的速率由慢到快。随着污水在管道中的流行，溶解氧浓度不断降低，污水的氧化还原电位降低，厌氧反应活跃程度增加，因此，CH_4 及 CO 浓度升高的速率变快；溶解氧浓度的降低同样会使得 H_2S 浓度升高速率加快，但是，由于管道始端液相中硫化物浓度较高，硫化物的传质的速率较快，气相中 H_2S 浓度升高的速率在整体上还是表现为由快到慢的变化趋势。

9.3　基于通风控制的硫化氢再增长模型

9.3.1　模型表达

与 HGCD 模型建立过程类似，在污水管道划分微元体，对管道微元体的硫化氢气体流入、流出以及反应项分别进行表述，如图 9-6 所示。

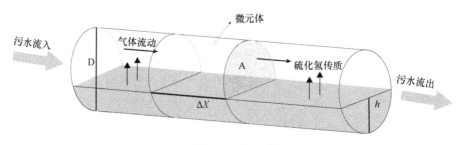

图 9-6　模型示意图

其中，单位时间流入微元体的硫化氢气体总量为

$$P_{in} = u P_{H_2S} A \tag{9-68}$$

式中，P_{in} 为单位时间内流入微元体内硫化氢气体总量（g/s）；u 为硫化氢气体流速（m/s）；P_{H_2S} 为入流的硫化氢浓度（mg/L）；A 为污水管道气相空间截面面积（m^2）。

流出单元体的硫化氢气体总量为

$$P_{out} = \left(P_{H_2S} + \frac{\partial P_{H_2S}}{\partial x} \Delta X \right) u A \tag{9-69}$$

式中，P_{out} 为单位时间内流出微元体内硫化氢气体总量（g/s）；$P_{H_2S} + \dfrac{\partial P_{H_2S}}{\partial x}\Delta X$ 为出流的硫化氢浓度（mg/L）。

反应增加或减少的硫化氢气体总量为

$$P_{re} = KA\Delta X \tag{9-70}$$

式中，P_{re} 为单位时间内微元体内反应增加或减少的硫化氢气体总量（g/s）；K 为与硫化氢气体相关反应源项的反应速率$[g/（m^3 \cdot s）]$。

单位时间硫化氢气体的变化积累量为

$$P_{total} = \frac{\partial P_{H_2S}}{\partial t}A\Delta x \tag{9-71}$$

根据物料守恒，$P_{total} = P_{in} - P_{out} + P_{re}$，得

$$\frac{\partial P_{H_2S}}{\partial t} = \left[uAP_{H_2S} - \left(P_{H_2S} + \frac{\partial P_{H_2S}}{\partial t}\Delta x \right)uA + KA\Delta x \right] / A\Delta x \tag{9-72}$$

化简可得

$$\frac{\partial P_{H_2S}}{\partial t} = -u\frac{\partial P_{H_2S}}{\partial x} + K \tag{9-73}$$

式（9-73）即为非稳态下硫化氢预测模型的基本形式，求解该式，便可得出硫化氢气体沿管长和时间上的浓度变化。

9.3.2 模型中反应

该模型中包含的生化反应在 HGCD 模型的基础上增加了硫化物氧化和硫化氢吸附反应，具体表达如下。

1. 水相中硫化物的化学氧化速率

$$r_{sf,oxw,chem} = \frac{k_{w,molecu} + k_{w,ion}\dfrac{K_{a1}}{10^{-pH}}}{1 + \dfrac{K_{a1}}{10^{-pH}}} S_O^{n1} S_{sulf}^{n2}\alpha_{w,chem}^{t-20} \tag{9-74}$$

式中，$r_{sf,oxw,chem}$ 为水相硫化物化学氧化速率$[g\,S/（m^3 \cdot h）]$；$k_{w,molecu}$ 为分子态的硫化物化学氧化速率，一般取值为 0.04；$k_{w,ion}$ 为离子态的硫化物化学氧化速率，一般取值为 0.5；$n1$ 为针对 S_O 的反应级数，取值范围为 0.1~0.2，在此取值 0.1；$n2$ 为针对 S_{sulf} 的反应级数，取值范围为 0.8~1.0，在此取值 1；K_{a1} 为硫化氢以及电力常数，在 25℃时取值 $10^{-7.1}$；S_{sulf} 为二价硫总浓度；$\alpha_{w,chem}$ 为阿伦尼乌兹温度系数，取值 1.07。

2. 水相中硫化物生物氧化速率

$$r_{\text{sf,oxw,bio}} = (k_{\text{w,pH}_{\text{opt}}} + k_{\text{w,ion}} \frac{K_{a1}}{10^{-\text{pH}}})(1 + \frac{K_{a1}}{10^{-\text{pH}}})S_O S_{\text{sulf}}{}^{n2} \alpha_{\text{w,bio}}^{t-20} \quad (9\text{-}75)$$

式中，$r_{\text{sf,oxw,bio}}$ 为水相硫化物生物氧化速率[g S/（m³·h）]；$k_{\text{w,pH}_{\text{opt}}}$ 为在最利 pH 条件下的水相硫化物生物氧化速率常数；pH_{opt} 为最利于生物氧化硫化物的 pH，取值范围为 7.5～8.5；Ω 为 pH 图形形状参数，取值 25；$\alpha_{\text{w,bio}}$ 为阿伦尼乌兹温度系数，取值 1.10；$n1$ 为针对 S_O 的反应级数，取值范围为 0.1～0.2，在此取值 0.1；$n2$ 为针对 S_{sulf} 的反应级数，取值范围为 0.8～1.0，在此取值 1。

3. 生物膜相中硫化物的氧化速率

$$r_{\text{sf,ox,f}} = k_{\text{f,pH}_{\text{opt}}} \frac{\Omega}{\Omega + 10^{|\text{pH}_{\text{opt}} - \text{pH}|} - 1} S_O{}^{1/2} S_{\text{sulf}}{}^{1/2} \frac{A}{V} \alpha_{\text{f,sulf}}^{t-20} \quad (9\text{-}76)$$

式中，$r_{\text{sf,ox,f}}$ 为生物膜相硫化物氧化速率[g S/（m³·h）]；$k_{\text{f,pH}_{\text{opt}}}$ 为生物膜相硫化物氧化速率常数；$\alpha_{\text{f,sulf}}$ 为阿伦尼乌兹温度系数，取值 1.03。

4. 污水管道液膜硫化氢的吸附速率

$$\frac{\text{d}P_{\text{H}_2\text{S}}}{\text{d}t} = k_n P_{\text{H}_2\text{S}}{}^n \quad (9\text{-}77)$$

式中，$P_{\text{H}_2\text{S}}$ 为硫化氢气体分压（ppm）；t 为时间（h）；k_n 为吸附速率常数[1/（ppm·h）]；n 为吸附反应级数，取值为 0.45～0.75。

9.3.3　模型求解

模型求解涉及上述反应式中各类物质（如生物量、硫酸盐、基质等）的浓度变化及最终硫化氢浓度变化，因此需要用到这两类方程分别进行求解。

对于各类物质的浓度求解，由于这类方程仅为位置函数的偏微分方程，因此，采用欧拉一阶隐式差分法将方程转化为差分格式，例如，对于发酵基质：

$$\frac{\partial C_{X_{\text{S1}}}}{\partial x} = \frac{1}{v}\left(-r_{\text{HYDRO,AREA,1}} - r_{\text{HYDRO,AN,1}}\right) \quad (9\text{-}78)$$

对其进行差分格式转化：

$$C_{X_{\text{S1}}}(x + \Delta x) = C_{X_{\text{S1}}}(x) + \frac{1}{v}\left(-r_{\text{HYDRO,AREA,1}}(x) - r_{\text{HYDRO,AN,1}}(x)\right)\Delta x \quad (9\text{-}79)$$

同理，对其他物质都可以进行类似的差分格式转化。

最终所得硫化氢预测模型式（9-73）是浓度关于时间和位置的二元一次偏微

分函数，因此，可用有限差分法对模型进行求解。以时间步长 k、空间步长 h 将其所在区域离散化，用 $P_{i,n}$ 表示函数在 $(x_i,\ t_n)$ 点处的值，采用向前差分格式对式（9-73）进行差分，因此对 x、t 的向前偏微分为

$$\frac{P_{i,n+1} - P_{i,n}}{k} = -u\frac{P_{i+1,n} - P_{i,n}}{h} + K \tag{9-80}$$

式中，$P_{i,n}$ 为 x_i 处 t 时刻硫化氢的浓度（ppm）；$P_{i+1,n}$ 为 x_i+1 处 t 时刻硫化氢的浓度（ppm）；$P_{i,n+1}$ 为 x_i 处 $t+1$ 时刻硫化氢的浓度（ppm）。

引入步长比 $\lambda = k/h$，即

$$\frac{P_{i,n+1} - P_{i,n}}{\lambda h} = -u\frac{P_{i+1,n} - P_{i,n}}{h} + K \tag{9-81}$$

式中，λ 为时间步长和空间步长的比。

等式两边同乘 λh，得

$$P_{i,n+1} = (\lambda u + 1)P_{i,n} - \lambda u P_{i+1,n} + \lambda h K \tag{9-82}$$

MATLAB 软件可以进行矩阵运算、绘制函数和数据、实现算法、创建用户界面、连接其他编程语言的程序等，并且语言简单，因此选用 MATLAB 作为编程软件对上述差分格式方程进行迭代求解。将上述差分格式在 MATLAB 软件中进行编程并迭代求解，即可求出各类物质沿管长及时间的解。

9.3.4　模型验证及敏感性分析

1. 数据收集

为了校准和验证该模型，在陕西省某市的一条重力污水管道进行了现场调研并收集了相关数据。如图 9-7 所示，该污水管道收集附近社区和学校排放出的生活废水，在该污水管道中选取两个位置处的检查井作为检测对象，通过检查井对污水进行取样并测量管道内的硫化氢浓度。两个位置处污水管道的物理尺寸和水力特性如表 9-7 所示，从表中可以看出，各值都不尽相同，表 9-7 列出了两个地点管道的主要特性。

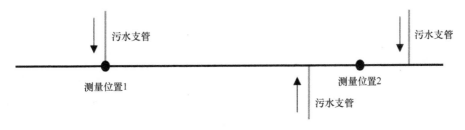

图 9-7　案例管道示意图

表 9-7　管道及污水特性

位置	管径/mm	流速/（m/s）	水温/℃	井深/m	水深/m	pH	ORP/mV
1	500	0.24	20.2	1.75	0.06	7.45	−188
2	600	0.19	17.1	1.65	0.04	7.20	−157.7

分别对两个位置处污水管道内的硫化氢气体进行测量，时间间隔为 30s，持续 60~90min，共进行了 6 次测量活动，细节如表 9-8 所示。

表 9-8　测量活动细节

活动	位置	通风	数据收集
1、2	1/2	无	每 30s 测量一次，共 90min
3、4	1/2	自然通风	每 30s 测量一次，共 90min
5、6	1/2	无	每 30s 测量一次，共 60min

测量活动 1 和活动 2 是在未打开检查井井盖的时候分别对位置 1 和 2 处的污水管道进行测量。测量时使用英思科 M40-PRO 多气体检测仪对管道中硫化氢气体进行检测，每隔 30s 记录一次数据，共检测 90min，检测结果如图 9-8（a）和（b）所示。测量结果显示，位置 1 处未打开井盖时硫化氢气体平均浓度是 14.3ppm，而位置 2 处平均浓度为 11.5ppm。

随后在测量活动 3 和活动 4 时打开井盖对管道进行持续 90min 的自然通风，其间每隔 30s 检测一次硫化氢气体浓度，检测结果如图 9-8（c）和（d）所示，此时得到位置 1 处硫化氢气体平均浓度为 13.1ppm，位置 2 处平均浓度为 11.5ppm。检测结果显示，尽管进行了长达 90min 的自然通风，位置 1 处硫化氢平均浓度仅降低了 1.2ppm，而位置 2 处几乎没有变化，这表明自然通风对硫化氢气体控制效果不佳，因此，使用鼓风机（风量为 2~3.6m³/min）对管道进行机械通风 30min，30min 后检测到位置 1 和位置 2 处硫化氢浓度分别降为 0.7ppm 和 0.8ppm。

最后在测量活动 5 和活动 6 时重新盖上检查井井盖后并对硫化氢气体浓度进行检测，依然每隔 30s 记录一次数据，共记录 60min，检测结果如图 9-8（e）和（f）所示。

2. 取样和分析

在两个检查井内各取 300mL 污水，并立即于 4℃下保存，用一种特殊的硫化物抗氧化剂缓冲液保存分析可溶性硫种的样品，使样品保存至少 4 天而不会使任何硫种变质。在实验室中对水样进行分析。取样时观察到井 1 中水样浑浊并且发黑，固体较多，因此相对于井 2 的 COD 等各项指标都高出很多。

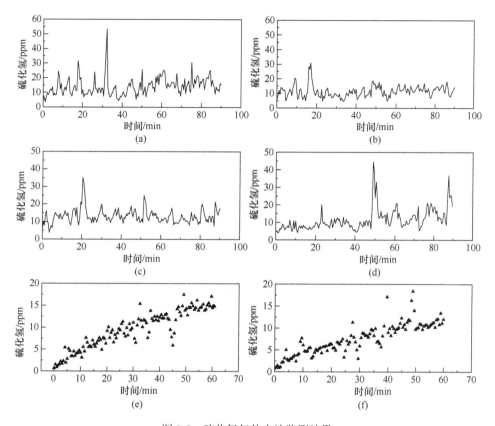

图 9-8 硫化氢气体实地监测结果

　　分别采用快速消解分光光度法测量 COD，过硫酸钾氧化紫外分光光度法测量 TN，钼锑抗分光光度法测量 TP，纳氏试剂光度法测量氨氮，紫外分光光度法测量硝态氮，重量法测量 SS，污水中硫化物以及硫酸盐浓度的测定采用亚甲蓝法，水样检测结果如表 9-9 所示。

表 9-9 污水基本参数

编号	总 COD /（mg/L）	溶解态 COD /（mg/L）	SS /（mg/L）	TN /（mg/L）	TP /（mg/L）	NH_4^+-N /（mg/L）	NO_3^--N /（mg/L）
1	1 965	1 109	1.12	149.2	13.1	119.9	9.4
2	693	638	0.39	70	5.9	61.1	2.6

3. 模型校准

　　模型校准的工作是通过调整模型中部分关键参数值，使得模型预测的硫化氢浓度能够与实际测量的浓度高度一致。为此，使用从测量活动 5（位置 1）收集的数据进行校准，并将位置 1 处的管道数据及污水特性导入 MATLAB 软件，模型仿真结果与实测结果如图 9-9 所示。

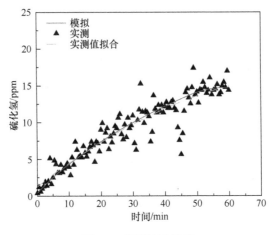

图 9-9　模型校准结果

如图 9-9 所示，校准前的模型能够较好地预测通风后硫化氢浓度的变化（R^2=0.8468），虽然依然有一些差异，但整个阶段的模型预测结果与实测趋势吻合较好。大部分时间硫化氢预测浓度均高于实测值，原因可能是部分参数取值时过高，因此手动调整了几个参数，以使模型预测和现场测量之间达到最佳拟合。

4. 模型验证

为了验证校准模型的有效性，将活动 6（位置 2）的测量结果与模型预测结果进行对比，如图 9-10 所示。从图中可以看出，实测值沿模拟曲线均匀下降，R^2 为 0.9306，说明校准后的模型能够很好地预测硫化氢浓度的变化，该模型可以应用于实际。

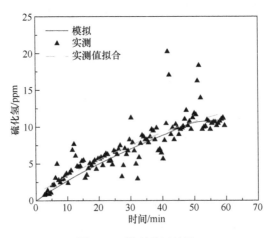

图 9-10　模型验证结果

5. 敏感性分析

污水管道内各类环境及水力因素同样是动态变化的，例如，冬天时污水温度会降低到 10～15℃，而夏天则会升高到 20～25℃。为了探究硫化氢气体浓度对不同因素的敏感性，在 20℃，pH=7，充满度为 0.3 的基础条件下，分别改变模型中的温度、充满度和 pH，举例说明管道内因素对硫化氢气体浓度的影响。

1）温度

污水管道中发生的反应多数依赖于温度，如硫化氢液气传质和微生物生命活动等，另外，温度也会影响 SRB 等细菌的活性，因此，温度对硫化氢气体浓度影响较为明显。为了量化 H_2S 生成速率和恢复时间对温度的敏感度，在温度 15～25℃（管道内正常温度）范围内利用模型进行了一系列模拟程序，结果如图 9-11 所示。

$$F_{H_2S} = \frac{RT}{M} \frac{A_w}{A_g} 10^3 K_{L,H_2S(20)} (S_{H_2S} - S_{H_2S,sat}) \alpha_{trans}^{t-20} \qquad (9-83)$$

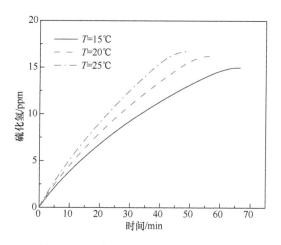

图 9-11　温度对硫化氢气体浓度的影响

从图 9-11 可以看出，温度升高能促进硫化氢气体的产生。在 pH 和深度比一定的情况下，随着温度的升高，硫化氢气体浓度会不断增加。另外，停气后硫化氢气体浓度恢复时间随温度升高而缩短。其中，当温度由 15℃升高到 20℃和 25℃时，H_2S 的最高浓度由 15.0ppm 升高到 16.3ppm，再升高到 16.7ppm。恢复时间从 66.7min 减少到 56.4min，再到 48.8min。这意味着温度的升高不仅可以增加硫化氢气体的最大浓度，还能提高硫化氢气体的产率。

2）充满度

重力式污水管道内流量是不断变化的，早上 7:00～9:00 以及晚上 18:00～23:00

是每天用水高峰期，在这段时间内，充满度可以达到 0.5，而在其他时间内，充满度通常会小于 0.1。充满度与水深相关，当水深发生变化时，水力半径和过流面积都将发生变化，最终将导致气液传质界面发生改变，影响硫化氢传质。

$$a = h / D \tag{9-84}$$

$$A_{w} = r^2 a \cos\left(\frac{r - h}{r}\right) \tag{9-85}$$

$$A_{g} = \pi r^2 - A_{w} \tag{9-86}$$

为了研究深度比在 0.1~0.5 的变化对 H$_2$S 浓度的影响，进行了一些仿真程序，改变模型的充满度后的仿真结果如图 9-12 所示。

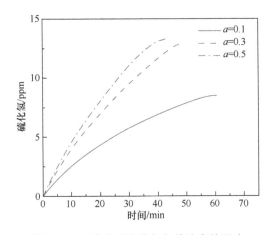

图 9-12　充满度对硫化氢气体浓度的影响

从图中可以看出，当充满度从 0.1 升高到 0.3 和 0.5 时，硫化氢最高浓度从 8.5ppm 升高到了 12.9ppm 和 13.3ppm，而浓度恢复时间从 60.8min 降低到了 49.1min 和 44.0min。与温度对硫化氢的影响相同，当充满度逐渐升高时，气相中硫化氢浓度升高，而恢复时间会缩短。随着污水管网系统的逐步完善，管道会接受更多的污水，导致流量及充满度升高，因此，硫化氢臭味及腐蚀问题会随着时间逐渐加重。

9.4　铁盐投加控制硫化氢模型

9.4.1　铁盐控制硫化氢原理

铁离子与硫化物反应十分迅速，在极短时间内可与硫化物反应，因此，利用铁盐来控制污水管道中硫化氢气体也是目前污水行业中最为常用的方法。关于这方面的研究以及实际应用非常多，投加药剂主要可分为三类：单独二价铁盐

（Fe^{2+}）、单独三价铁盐（Fe^{3+}）以及两者联用。

1. 二价铁盐

投加的 Fe^{2+} 会与水中的硫化物反应生成硫化亚铁沉淀，发生如下的反应：

$$Fe^{2+} + HS^- \longrightarrow FeS\downarrow + H^+ \tag{9-87}$$

根据 Dohnalek 和 FitzPatrick（1983）的研究，污水中溶解氧的存在能够极大地影响 Fe^{2+} 与硫化物反应，O_2 或者任何弱氧化剂都有助于 FeS 的形成，因此，在重力污水管道中使用 Fe^{2+} 的效果要优于压力管道。通常在溶解氧存在的情况下，总硫化物的减少量可超过溶解硫化物的一半。

$$Fe^{2+} + 2HS^- + \frac{1}{2}O_2 \longrightarrow FeS\downarrow + H^+ + H_2O \tag{9-88}$$

Won（1988）通过实地投加控制发现当污水中硫化物浓度超过 4mg/L 时，投加 $FeCl_2$ 的量与硫化物的比例为 7∶1（以重量计算）时能够达到 90%的控制效果，并且在投加铁盐位置处下游的 27km 处依然能够观察到对硫化物的控制效果。此外，他们还发现污水管道内部气相中硫化氢气体浓度降低了 40%～70%。

2. 三价铁盐

向典型的城市污水（6.5<pH<8.5）中投加三价铁盐时，Fe^{3+} 会迅速水解形成非晶态铁 $Fe(OH)_3(s)$，Fe^{3+} 能够将一部分硫化物氧化为单质硫并还原为 Fe^{2+}，而后 Fe^{2+} 继续与剩余的硫化物沉淀形成硫化亚铁沉淀：

$$2Fe^{3+} + S^{2-} \longrightarrow 2Fe^{2+} + S^0 \tag{9-89}$$

$$Fe^{2+} + HS^- \longrightarrow FeS\downarrow + H^+ \tag{9-90}$$

三价铁盐除了能够直接氧化硫化物并还原为 Fe^{2+} 沉淀硫化物外，它也会抑制硫酸盐还原菌及产甲烷菌的活性。对实验组持续投加了 2 个月浓度为 21.0mg/L 的三价铁盐。与对照组相比，未投加铁盐的硫化物浓度为 12.1～17.1mg/L，而投加了铁盐的实验组硫化物浓度则降低到了 0.2～1.0mg/L，控制效果达到了 90%以上，同时甲烷平均浓度从 17.7mg/L 降低到了 10.1mg/L，控制效果超过了 40%。另外，对照组的硫酸盐还原速率为（4.24±0.19）mg S/（L·h），而实验组的硫酸盐还原速率则降低到了（1.72±0.10）mg S/（L·h），与之相比降低了近 60%。研究还表明，即使停止添加三价铁盐，SRB 的活性也没有立即恢复，硫酸盐还原率仍然抑制在原来的 39%。

同时研究发现，在污水管道上游位置加入 Fe^{3+} 对硫酸盐还原的抑制作用更强，因为在这种情况下，可以沿着整个污水管道限制 SRB 的活性，从而产生更少的硫化物，同时减少铁盐的使用量。但在上游添加 Fe^{3+} 存在一个潜在问题，由于硫化

物与 Fe^{3+} 的反应有限，Fe^{3+} 会首先与其他阴离子如磷酸盐和氢氧化物发生沉淀反应，铁盐通常需要过量投加，因此需要进一步研究上游添加 Fe^{3+} 对硫化物控制的影响。

3. 二价铁与三价铁联用

前文说明了无论是二价铁盐还是三价铁盐对硫化氢都有很好的控制效果，但多项现场研究表明二价铁盐和三价铁盐的混合物在控制硫化氢方面更为有效。

$$Fe^{2+} + 2Fe^{3+} + 4HS^- \longrightarrow Fe_3S_4 \downarrow + 4H^+ \tag{9-91}$$

Bowlus（1946）表明 Fe^{3+} 和 Fe^{2+} 的混合物比单独的盐更有效，硫化物浓度在没有曝气的情况下降低到 0.2～0.3mg/L，而在有轻微曝气的情况下则是降低到 0.1mg/L。

Padival 等（1995）采用三价铁盐（$FeCl_3$）和二价铁盐（$FeCl_2$）共同使用来探究其对污水中硫化物及 H_2S 的控制作用。实验中总铁浓度为 16mg/L，三价铁盐和二价铁盐混合比例为 1.9：1，结果表明，污水中溶解硫化物浓度降低了 97%，总硫化物降低了 63%，并且管道气相中 H_2S 减少了 79%。

实际上当向污水中过量投加 $FeCl_2$ 时，部分 Fe^{2+} 在富氧环境中迅速氧化为 Fe^{3+}，因此，向污水中加入 $FeCl_2$ 相当于加入 Fe^{2+} 和 Fe^{3+} 的混合物。同样，在缺氧环境中 Fe^{3+} 还原为 Fe^{2+}，加入 $FeCl_3$ 也相当于加入了 Fe^{2+} 和 Fe^{3+} 的混合物。另外在实践中发现，在完全没有 O_2 的情况下，Fe^{3+} 明显比 Fe^{2+} 更能降低硫化物浓度。然而，少量的 O_2（约 0.2mg/L）可以大大提高 Fe^{2+} 的有效性，而对 Fe^{3+} 没有影响。

9.4.2 铁盐控制模型建立

1. 模型建立

铁盐控制模型是在硫化氢预测模型的基础上拓展而建立的，本质上是将二价铁盐和三价铁盐在污水中与硫化物的反应关系添加到模型中，并设定初始浓度及反应速率。该模型中添加的变量有 Fe^{2+}、Fe^{3+} 及二者与硫化物的反应速率。

对于反应物 A 和反应物 B 反应成生成物 C 的化学反应，反应速率用下式来表示：

$$\frac{dC}{dt} = k[A]^m[B]^n \tag{9-92}$$

式中，k 为反应速率常数；m、n 为反应级数，取决于反应机理。

根据 Rickard 和 Luther（2007）及 Gutierrez 等（2010）的研究，铁盐与硫化物的反应符合一级反应动力学模型，因此，Fe^{2+} 与硫化物反应速率可表示为

$$r_{Fe^{2+}} = \frac{\partial C_{FeS}}{\partial t} = k_1 \left[Fe^{2+} \right] \left[HS^- \right] \tag{9-93}$$

式中，$r_{Fe^{2+}}$ 为 Fe^{2+} 与硫化物反应速率[mg/（L·s）]；C_{FeS} 为反应生成硫化铁浓度（mg/L）；k_1 为 Fe^{2+} 与硫化物反应速率常数[L/（mg·s）]；$[Fe^{2+}]$ 为 Fe^{2+} 浓度（mg/L）；$[HS^-]$ 为 HS^- 浓度（mg/L）；t 为时间（s）。

同样地，得到 Fe^{3+} 与硫化物反应速率为

$$r_{Fe^{3+}} = k_2 [Fe^{3+}][S^{2-}] \tag{9-94}$$

式中，$r_{Fe^{3+}}$ 为 Fe^{3+} 与硫化物反应速率[mg/（L·s）]；k_2 为 Fe^{3+} 与硫化物反应速率常数[L/（mg·s）]；$[Fe^{3+}]$ 为 Fe^{3+} 浓度（mg/L）；$[S^{2-}]$ 为 S^{2-} 浓度（mg/L）。

Fe^{2+} 与 Fe^{3+} 联用时与硫化物的反应速率为

$$r_{Fe^{23+}} = k_3 [Fe^{2+}][Fe^{3+}][HS^-] \tag{9-95}$$

式中，$r_{Fe^{23+}}$ 为 Fe^{2+} 与 Fe^{3+} 联用与硫化物反应速率[mg/（L·s）]；k_3 为 Fe^{2+} 与 Fe^{3+} 联用与硫化物反应速率常数[L/（mg·s）]。

2. 模型验证

利用 Poulton 等（2002）的研究成果验证模型有效性。在 25℃条件下，直径为 10cm、体积为 1L 的有机玻璃筒体中进行实验，实验分为对照组和实验组，进水 pH 和流量均相同，在筒体进口和出口分别测定溶解性硫化物浓度。实验组加入 500g 沸石（含有 Fe^{3+}2.05g），对照组中没有发现硫化物明显减少，实验组中溶解硫化物浓度降低了 87%±13%。

图 9-13 显示了实验组中输入和输出处的溶解硫化物浓度，发现加入沸石的 20min 后，在玻璃体外层观察到颜色由橙色变为黑色（即生成了 FeS），在大约 5h 内几乎完全变为黑色。

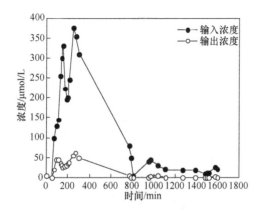

图 9-13　实验组中输入和输出处溶解硫化物浓度（Poulton et al.，2002）

根据上述实验条件，在 25℃条件下，pH=8.5[$H_2S(aq)$几乎不存在，因此 HS^- 可视为总硫化物]，硫化物 HS^- 的单位为 μmol/L，即 10^{-6}mol/L，换算为质量单位为 0.033mg/L。通过下述公式来计算加入铁盐后硫化物浓度从初始浓度降为零所经过的管道长度。

$$Q = 100\text{mL/min} = 1.67 \times 10^{-6} \, \text{m}^3/\text{s} \tag{9-96}$$

$$A = \pi r^2 = 3.14 \times 0.05^2 = 7.85 \times 10^{-3} \, \text{m}^2 \tag{9-97}$$

式中，Q 为流量（m^3/s）；A 为管道截面积（m^2）。

由此可以得到流速 v 为 2.1×10^{-4}m/s。

$$\text{HRT} = \text{有效容积} \div \text{设计流量} = 1 \div 0.1 = 10\text{min} \tag{9-98}$$

式中，HRT 为水力停留时间（min）。即一段污水从流入容器到流出容器的时间为 10min，选取图 9-13 中稳定后（1000min 以后）的一段污水，进水点选择时间点为 1200min，此时硫化物浓度为 30μmol/L（即 0.99mg/L），选择出水点为 10min 后，此时浓度为 0μmol/L。将铁盐与硫化物在容器内的反应时间换算为实际管道长度，为

$$L = vt = 2.1 \times 10^{-4} \times 10 \times 60 = 0.126\text{m} \tag{9-99}$$

根据实验所述，玻璃体中投加三价铁盐量为 2.05g，玻璃体体积为 1L，因此，铁盐浓度为 2.05g/L，即 2050mg/L。在模型中将三价铁盐浓度及硫化物初始值与上述实验中设为一致，即 2050mg/L 和 0.99mg/L，模型模拟结果如图 9-14 所示。

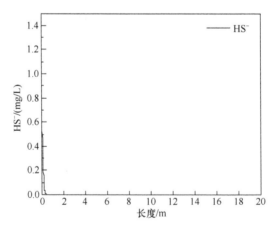

图 9-14　铁盐控制模型模拟结果

图 9-14 的模拟结果表明，当向污水中加入 2050mg/L 的铁盐后，硫化物浓度从 0.99mg/L 在管道中经过约 0.4m 降为了 0mg/L，并且在之后的管道中始终保持为 0mg/L，这个模拟结果与 Poulton 等的实验结果非常接近，因此可以证实模型的准确性。

9.4.3　铁盐控制模型应用

1. 铁盐投加量

根据经验，向污水中投加铁盐来控制硫化氢气体的浓度，通常为 5～20mg/L，以单独投加 Fe^{3+} 为例，利用铁盐控制模型来探究不同浓度（5～20mg/L）对硫化氢的控制效果。

模拟中选用案例管道长度为 1200m，管径为 600mm，水温为 20℃，pH 为 7，硫化物初始浓度为 0.2mg S/L，利用铁盐控制模型对污水管道内硫化物及硫化氢气体浓度进行模拟，模拟结果如图 9-15 和图 9-16 所示。

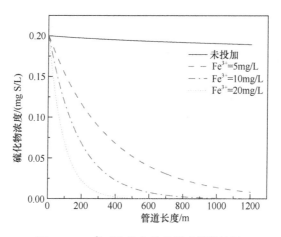

图 9-15　Fe^{3+} 对硫化物浓度影响模拟结果

由图 9-15 可以看出，在没有投加铁盐的时候，硫化物浓度降低速率很慢，直到管道末端才降低至 0.19mg S/L，当投加铁盐浓度为 5mg/L 时，硫化物浓度降低已然很明显，到管道末端时硫化物浓度为 0.0086mg S/L，降低率为 95.7%；铁盐浓度升高到 10mg/L 时，硫化物浓度在 800m 后基本为 0mg S/L，在管道末端浓度为 0.0004mg S/L，降低率为 99.8%；而当铁盐浓度为 20mg/L 时，硫化物浓度在 400m 后基本为 0mg S/L，在管道末端浓度为 $9.5×10^{-7}$mg S/L，降低率几乎高达 100%。

由图 9-16 可以看出，与硫化物相同，随着铁盐浓度升高，气相中硫化氢气体浓度均逐渐降低。在没有投加铁盐的时候，硫化氢气体浓度随管道长度逐渐升高，由初始的 0ppm 升高到 21.1ppm，并且有继续升高的趋势；当投加铁盐浓度为 5mg/L 时，硫化氢气体浓度呈现先升高后降低的趋势，在 380m 处浓度最高，为 6.9ppm，在管道末端浓度最低，为 1.9ppm，降低率为 45.3%～95.7%；当铁盐浓度为 10mg/L

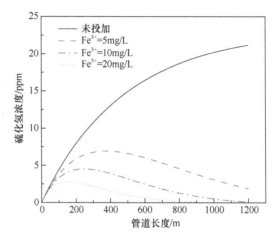

图 9-16　Fe^{3+}对硫化氢气体浓度影响模拟结果

时，硫化氢气体浓度在 250m 处最高，为 4.5ppm，在管道末端几乎为 0ppm，降低率为 31.9%~99.5%；铁盐浓度为 20mg/L 时，硫化氢气体浓度在 160m 处最高，为 2.8ppm，在 800m 处已经几乎为 0ppm，降低率为 59.1%~99.9%。

在这样的设定条件下，选择投加铁盐浓度为 5mg/L 即可将管道内硫化氢气体浓度全部降低至 10ppm 以下，因此，可选择 5mg/L 作为铁盐投加量来控制硫化氢气体。

2. 投加位置

在管道不同位置投加铁盐会有不同的控制效果，若在管道上游投加，则在整个管道中都能够减少硫化氢气体浓度并降低硫酸盐还原菌的活性，但这样会加大铁盐的投加量从而导致成本增加；而在管道下游投加铁盐，则只能解决管道末端的硫化氢气体问题。以往的研究中，只提到了在管道上游投加铁盐对于控制管道内硫化氢气体更加有效，但是所有的研究都没有给出一个确切的投加位置，因此，此次利用模型探究投加铁盐时具体的投加位置。

由于污水中硫化物浓度在 0.1~0.5mg S/L 时就会出现管壁腐蚀问题，在控制时应将硫化物浓度尽量控制在 0.1mg S/L 以下，由图 9-15 可以看出，当投加铁盐浓度为 5mg/L 时，在管道 251m 处硫化物浓度降为了 0.1mg S/L，因此在本模型的设定条件下，应将铁盐投加位置选择在控制点（发生问题的地点）上游 251m 处。同样，当投加铁盐浓度为 10mg/L 和 20mg/L 时，投加位置应选在控制点上游 124m 和 63m 处。若想得到更好的控制效果，即将硫化物浓度降低为近似 0mg S/L，则在铁盐浓度分别为 5mg/L、10mg/L 和 20mg/L 时，应将投加位置选择在控制点上游 1200m、900m 和 500m 处。

当污水管道气相中硫化氢气体浓度超过 0.5ppm 时就会有臭味并且使人感到

不适,超过 10ppm 时就会对人体产生危害,因此,规范中要求硫化氢浓度不能高于 10ppm,从图 9-16 可以看出,投加铁盐浓度无论是 5mg/L 或是 20mg/L,在管道全长上均能保证硫化氢气体浓度在 10ppm 以下,因此,铁盐投加位置可以选择在控制点上游任意位置。

综上所述,在本模型设定条件下,应按照硫化物控制要求选择投加位置,即铁盐浓度分别为 5mg/L、10mg/L 和 20mg/L 时,应将投加位置选择在控制点上游 251m、124m 和 63m 处。

3. 三价与二价铁投加比例

之前的研究中发现三价铁盐和二价铁盐投加比例为 1.9∶1∼2∶1 时对硫化氢的控制效果最佳,为了探究这一比例的有效性,采用三个不同投加比例(Fe^{3+}∶Fe^{2+}=1∶1、Fe^{3+}∶Fe^{2+}=2∶1 和 Fe^{3+}∶Fe^{2+}=1∶2)来观察其对硫化氢气体的不同控制效果。

由上节分析可知,向污水中投加三价铁盐浓度为 5mg/L 时,即可使得硫化氢气体浓度在管道全长上低于 10ppm,因此,为了控制成本并保持条件一致,采用如表 9-10 所示的投加浓度,控制污水中总铁盐浓度也为 5mg/L。

表 9-10　铁盐投加浓度

Fe^{3+} 与 Fe^{2+} 配比	Fe^{3+} 浓度/(mg/L)	Fe^{2+} 浓度/(mg/L)
仅 Fe^{3+}	5	—
1∶1	2.5	2.5
2∶1	3.33	1.67
1∶2	1.67	3.33

采用和上节中相同的条件对不同铁盐配比对硫化氢气体的影响进行模拟,结果如图 9-17 和图 9-18 所示。

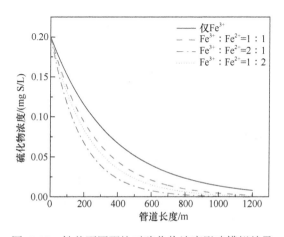

图 9-17　铁盐不同配比对硫化物浓度影响模拟结果

如图 9-17 所示，当将 Fe^{3+} 和 Fe^{2+} 联用时，无论二者配比如何，硫化物控制效果都优于单独使用 Fe^{3+}，而当浓度比为 2∶1 时，硫化物浓度在 128m 处就已经低于 0.1mgS/L，且相比较配比 1∶1 和 1∶2 效果更好（1∶1 优于 1∶2）。

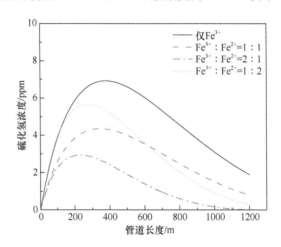

图 9-18 铁盐不同配比对硫化氢气体浓度影响模拟结果

如图 9-18 所示，与硫化物变化情况相同，Fe^{3+} 和 Fe^{2+} 联用会提高铁盐对硫化氢气体的控制效率，配比为 2∶1 时控制效果最佳，相比较单独使用 Fe^{3+} 硫化氢最高浓度降低了 62.3%。

9.5 碱投加控制硫化氢模型

9.5.1 碱控制硫化物原理

1. pH 与硫存在形态

硫化物主要以两种形式存在于污水中：分子硫化氢[$H_2S(aq)$]和硫氢根（HS^-）。表 9-11 给出了 25℃ 时，不同 pH 下 H_2S 和 HS^- 分配比例。中性 pH 下，$H_2S(aq)$ 和 HS^- 近似相等，pH 降低，会增加 $H_2S(aq)$，pH 升高，会增加 HS^-，而当 pH 为 8 时，只有约 9% 的硫化物以 $H_2S(aq)$ 的形式存在，当 pH 升高至 9 时，$H_2S(aq)$ 含量下降到不足 1%。$H_2S(aq)$ 可以通过液气传质作用转移到污水管道的气相中，投加 $NaOH$、$Mg(OH)_2$ 和 $Ca(OH)_2$ 等碱性物质使污水 pH 升高，能降低 $H_2S(aq)$ 的浓度。另外，pH 的升高也会导致生物膜上 SRB 活性降低，从而使生物膜的硫化物产量降低，达到控制硫化氢气体的目的。如前所述，铁盐可控制硫化氢，研究发现在 pH 较低时铁盐投加量更大，因此，将碱与铁联用控制硫化氢可以降低成本。

表 9-11　不同 pH 下硫化物的分配比例

pH	7.0	7.5	8.0	8.5	9.0
H_2S/%	51	25	9	3	1
HS^-/%	49	75	91	97	99

投加碱性物质控制硫化氢主要有两种方式：第一种是 pH 冲击，即在短时间内（0.5～1h）投加碱，将 pH 急剧提高到 10 以上，定期间歇投加控制，常用 NaOH 作为投加药剂。另一种是 pH 长期控制，将 pH 缓慢提升到 8.6～9.0，持续投加，$Mg(OH)_2$ 作为投加药剂。

2. pH 冲击

Gutierrez 等（2010）实验结果表明，将 pH 提高到 10.5～12.5 并持续 6h 的 pH 冲击后，污水生物膜的硫化物产率降低了 70%～90%，而甲烷产率降低了 95%～100%，同时对 SRB 和 MA 产生了较强的毒性作用，在冲击后的 2d 内，SRB 的活性被控制在原来的 10%～15%。将 pH 冲击时间改为持续 1h 时，结果则显示硫化物的浓度降低了 17%～34%，并且在 pH 冲击后的 1～3d 内硫化氢产量开始逐渐恢复，在 5～7d 恢复到了原来的 100%。这些结果表明，pH 冲击对污水中硫化物浓度及生物膜上 SRB 还原速率有着明显的控制作用，其持续控制作用为 3～4d。

但是，Gutierrez 等在现场试验中发现，投加碱性物质后污水管道沿线的污水 pH 会由于稀释而降低，因此，实际应用时需要更高的 pH（11.5）和更长的持续时间。于是，在实际操作过程中，Gutierrez 等利用 NaOH 将 pH 提高到 11.5，每次投加时间持续 6h，投加频率为 1 周 2 次，这样能够控制 50%～60% 的硫化物浓度及 SRB 活性。同时分析表明，pH 冲击策略的费用远远低于投加 Fe^{2+}/Fe^{3+}、NO_3^- 策略的费用。

pH 冲击取得的效果是由于高 pH 具有生物杀灭作用，但同时需要注意的是，高 pH 可能会干扰下游污水处理设施的运行，如形成碳酸盐沉淀、增加污泥生成和增加氨气释放等，并且 pH 冲击通常适用于小管径污水管道的硫化物控制。

3. pH 长期控制

高 pH 可能会影响下游污水处理厂的正常运行，而由于 pH 9.0 接近好氧和厌氧消化菌的最大耐受量，因此，pH 提升到 9 可作为一种硫化氢控制策略。与氢氧化钠（NaOH）或石灰（CaO）相比，$Mg(OH)_2$ 属于中强碱，更容易处理和储存，也更安全，因此，常使用中强碱 $Mg(OH)_2$ 作为控制硫化氢时使用的碱性物质。由于 $Mg(OH)_2$ 在水中的溶解度有限，投加 $Mg(OH)_2$ 提高 pH 只能使其最大值达到 9.0。另外，$Mg(OH)_2$ 的自缓冲特性可以使污水管道中充满剩余或未反应的碱度，当发生再酸化时可得以利用，延长硫化物控制的有效时间。

Gutierrez 等（2010）研究表明，将污水 pH 长期稳定在 8.6～9.0，能够显著降低污水中硫化物产量及生物膜 SRB 活性。与 pH 为 7.6 的污水中生物膜相比，pH 为 8.6 时硫化物产生速率从（5.7±0.5）mg S/（L·h）降低到了（4.4±0.3）mg S/（L·h），降低了 27.8%，而在 pH 为 9 时则降低了 50%。生物膜的活性在停止 pH 升高后的约 1 个月后才能恢复到原来水平的 90%。表明，长期升高 pH 对污水生物膜上 SRB 的活性影响是长期且有效的。同时，这项研究也指出，在管道上游位置投加 $Mg(OH)_2$ 更加合理，这能解决整个污水管中硫化物排放及腐蚀问题，与在管道下游投加相比，达到相同的控制效果时上游投加能够节约 36.1% 的 $Mg(OH)_2$ 投加量。

9.5.2 碱控制模型建立

pH 升高会降低分子硫化氢在水中的浓度，在模型中应用具体公式来量化 pH 对硫化氢浓度的影响。水中分子硫化氢 $H_2S(aq)$ 能够解离为 HS^-，此时平衡常数为 K_{a1}，HS^- 会继续解离为 S^{2-}，平衡常数为 K_{a2}。

$$H_2S(g) \rightleftharpoons H_2S(aq) \rightleftharpoons HS^- + H^+ \rightleftharpoons S^{2-} + 2H^+ \tag{9-100}$$

平衡常数值 K_{a1}、K_{a2} 可由以下平衡方程定义：

$$K_{a1} = \frac{C_{H^+} C_{HS^-}}{C_{H_2S(aq)}} \tag{9-101}$$

$$K_{a2} = \frac{C_{H^+} C_{S^{2-}}}{C_{HS^-}} \tag{9-102}$$

由此可计算水中硫化物的不同 pH 下 $H_2S(aq)$ 和 HS^- 的比例：

$$f_{H_2S} = (10^{pH-pK_{a1}} + 1)^{-1} \tag{9-103}$$

式中，f_{H_2S} 为硫化物中 H_2S 与 HS^- 的比例；K_{a1} 为平衡常数（mol/L）；pK_{a1} 为 $\lg K_{a1}$。

因此，想要得知 $H_2S(aq)$ 的比例，需先得到水的 pH，水中 pH 可由氢离子和氢氧根离子浓度计算：

$$pH = -\lg c(H^+) \tag{9-104}$$

$$c(H^+) \cdot c(OH^-) = K_W \tag{9-105}$$

式中，$c(H^+)$ 为氢离子浓度（mol/L）；$c(OH^-)$ 为氢氧根离子浓度（mol/L）；K_W 为水的离子积常数，25℃时取值为 10^{-14}。

采用将 pH 长期控制到 8.6～9 作为控制方式进行模拟研究，因此，选用碱为 $Mg(OH)_2$，分子量 $M=58$。污水中 pH 稳定时约为 7，氢离子浓度为 10^{-7}mol/L，计算可得，将 pH 从 7 提高到 8，需要 $Mg(OH)_2$ 提供的 OH^- 物质的量浓度为 10^{-6} mol/L，而 1mol $Mg(OH)_2$ 能够提供 2mol OH^-，因此，需要 $Mg(OH)_2$ 的浓度为 $5×10^{-7}$ mol/L，即 $2.9×10^{-2}$ mg/L。表 9-12 分别计算了将水的 pH 从 7 提高到 9 所需 $Mg(OH)_2$ 的剂量。

表 9-12　升高 pH 所需 $Mg(OH)_2$ 剂量

pH	$C/$（mol/L）	$C/$（mg/L）
7.5	$2.5×10^{-6}$	$1.45×10^{-2}$
8	$5×10^{-7}$	$2.9×10^{-2}$
8.5	$2.5×10^{-7}$	$1.45×10^{-1}$
9	$5×10^{-6}$	$2.9×10^{-1}$

9.5.3　碱控制模型应用

1. 碱投加量

与铁盐相似，当向污水中投加碱的量提高时，污水中硫化氢浓度也会随之降低，控制效果也会更好，但同时也会加大控制成本造成浪费。因此，有必要对不同碱投加量对硫化氢气体的控制效果进行分析，以求达到最优控制效果及成本。

模型中设定污水管道内硫化物初始浓度为 0.2mg S/L，管长为 1.2km，充满度 a 为 0.3，管径 D 为 600mm，则在此段管道中污水的体积计算得 101.7m³。利用建立的碱控制模型对碱投加量进行模拟，分别在 pH 为 7、7.5、8 和 8.5 的条件下进行模拟，模拟结果如图 9-19 所示。

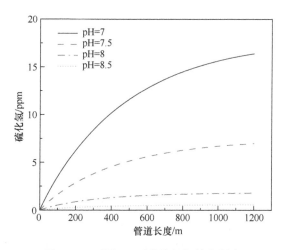

图 9-19　不同 pH 对硫化氢气体的影响

从图 9-19 可以看出，硫化氢气体浓度沿着管长方向逐渐升高，当 pH 为初始值 7 时，在管道末端达到最高值 16.7ppm，且有继续升高的趋势；当 pH 升高至 7.5 时，硫化氢气体浓度有了明显降低，管道末端浓度为 6.9ppm，降低率为 58.7%；当 pH 达到 8 和 8.5 时，硫化氢气体末端浓度已降低至 1.8ppm 和 0.6ppm，降低率分别为 89.2%和 96.4%。

由此在这样设定条件下（硫化物初始浓度设定仅为 0.2mg S/L），只需投加 $Mg(OH)_2$ 为 2.9×10^{-2} mg/L 将 pH 升高至 7.5 即可控制硫化氢气体浓度在 10ppm 以下，达到控制要求。

2. 碱与铁盐联用

Firer 等（2008）在研究中发现适当提高污水 pH 可以提高铁盐对硫化物的控制效果，因此，本节采用碱和铁盐联用的方式对其控制效果进行模拟分析。

通过之前章节分析得到，当铁盐浓度为 5mg/L 时，即可达到硫化氢气体的最低控制要求，同时这样的剂量是成本最低的方案，因此，选择铁盐浓度为 5mg/L，$Mg(OH)_2$ 浓度分别为 1.45×10^{-2} mg/L、2.9×10^{-2} mg/L 和 1.45×10^{-1} mg/L 联用对其效果进行分析，结果如图 9-20 所示。

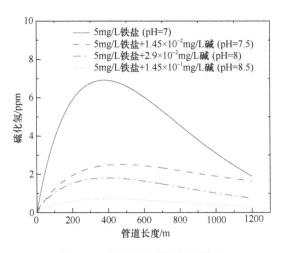

图 9-20 碱与铁盐联用控制效果

由图 9-20 可知，投加 $Mg(OH)_2$ 升高 pH 与铁盐联用时，能够提高铁盐对硫化氢气体的控制效率。在单独使用铁盐 5mg/L 时，污水 pH 为正常值 7，此时硫化氢气体最高浓度为 6.9ppm；当向污水中投加 $Mg(OH)_2$ 1.45×10^{-2} mg/L 将 pH 提高至 7.5 时，硫化氢气体最高浓度降低到了 2.5ppm，与单独使用铁盐时相比降低了 63.8%；同样，当向污水中投加 $Mg(OH)_2$ 2.9×10^{-2} mg/L 和 1.45×10^{-1} mg/L 将 pH 提高至 8 和 8.5 时，硫化氢气体最高浓度降低到了 1.8ppm 和 0.7ppm，降低率分别为 73.9%和 89.9%。

参 考 文 献

Bjerre H L, Hvitved-Jacobsen T, Teichgräber B, et al. 1998. Modeling of aerobic wastewater transformations under sewer conditions in the Emscher river, Germany. Water Environment Research, 70(6): 1151-1160.

Bowlus P F D. 1946. Progress report on sulfide control research. Sewage Works Journal, 18(4): 597-640.

Dohnalek D A, FitzPatrick J A. 1983. Chemistry of reduced sulfur species and their removal from groundwater supplies. Journal, 75(6): 298-308.

Firer D, Friedler E, Lahav O. 2008. Control of sulfide in sewer systems by dosage of iron salts: comparison between theoretical and experimental results, and practical implications. Science of the Total Environment, 392(1): 145-156.

Guisasola A, Sharma K R, Keller J, et al. 2009. Development of a model for assessing methane formation in rising main sewers. Water Research, 43(11): 2874-2884.

Gutierrez O, Park D, Sharma K R, et al. 2010. Iron salts dosage for sulfide control in sewers induces chemical phosphorus removal during wastewater treatment. Water Research, 44(11): 3467-3475.

Jameel P. 1989. The use of ferrous chloride to control dissolved sulfides in interceptor sewers. Journal, 61(2): 230-236.

Padival N A, Kimbell W A, Redner J A. 1995. Use of iron salts to control dissolved sulfide in trunk sewers. Journal of Environmental Engineering, 121(11): 824-829.

Pomeroy R. 1959. Generation and control of sulfide in filled pipes. Sewage and Industrial Wastes, 31(9): 1082-1095.

Pomeroy R, Bowlus F D. 1946. Progress report on sulfide control research. Sewage Works Journal, 18(4): 597-640.

Pomeroy R D, Parkhurst J D. 1977. The forecasting of sulfide buildup rates in sewers. Program Water Technology, 9(3): 621-628.

Poulton S W, Krom M D, Jaap V R, et al. 2002. The use of hydrous iron (III) oxides for the removal of hydrogen sulphide in aqueous systems. Water Research, 36(4): 825-834.

Rickard D, Luther G W. 2007. Chemistry of iron sulfides. Chemical Reviews, 107(2): 514-562.

Sharma K R, Yuan Z, Haas D D, et al. 2008. Dynamics and dynamic modelling of H_2S production in sewer systems. Water Research, 42(10-11): 2527-2538.

USEPA. 1974. Process Design Manual for Sulfide Control in Sanitary Sewerage Systems. Washington DC: United States Environmental Protection Agency.

Vollertsen J, Revilla N, Hvitved-Jacobsen T, et al. 2015. Modeling sulfides, pH and hydrogen sulfide gas in the sewers of San Francisco. Water Environment Research, 87(11):1980-1989.

Won D. 1988. Sulfide Control with Ferrous Chloride in Large Diameter Sewers. Whittier：County Sanitation District of Los Angeles County.

Zhang L, Derlon N, Keller J, et al. 2009. Inhibition of sulfate-reducing and methanogenic activities of anaerobic sewer biofilms by ferric iron dosing. Water Research, 43(17): 4123-4132.

第 10 章　城镇污水管网危害气体控制实例

10.1　洛杉矶地区危害气体控制实例

10.1.1　洛杉矶危害气体控制概况

19 世纪末，洛杉矶直接将污水输送至城镇边缘或牧场直接排放。城镇经过发展扩建后，人口逐渐增加，污水量也随之增长。1908 年，洛杉矶排水系统总服务人口达到 75 万人，污水不经处理，直接从现今海伯利安（Hyperion）水厂的位置排入大海。1920 年，洛杉矶经投票决定对污水进行处理，形成现代污水收集输送和处理系统。

目前，洛杉矶污水收集系统排水管道总长度约 6700km，共设置 47 个泵站，服务面积达 550km^2（Poosti et al.，2010）。污水管道内产生的危害气体（主要是 H_2S）释放造成城镇臭味问题，长期影响当地居民的生活环境，引发了居民大量的投诉。为减少居民的投诉，切实改善城镇环境，自 20 世纪 20 年代起，洛杉矶市政府投入大量人力、物力等来解决城镇排水管网危害气体产生和散逸问题（图10-1）。其中，自 2008 年起，洛杉矶政府投资 200 万美元，进行了为期两年的气体处理综合处置研究，并提出了多个解决方案。随后，洛杉矶政府将这些控制方案投入实施，如应用空气洗涤器降低管内气压、设置联合处理设施降解臭味物质、设置气幕防止危害气体转移等。经过一段时间的努力，目前城镇臭味问题基本得到控制，居民投诉也大幅减少。本节主要对洛杉矶危害气体引发城镇臭味问题的控制实例进行介绍。

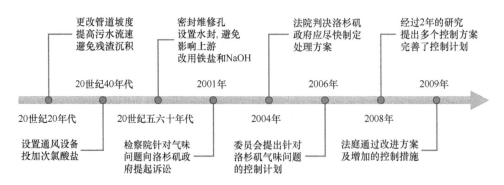

图 10-1　洛杉矶危害气体控制发展史

10.1.2 危害气体相关的投诉概况及处理流程

1. 投诉概况

居民投诉主要针对透气孔、社区管道与城区主干管连接的横支管、水封和其他排水系统构筑物（如泵站和水厂）等与外界大气相通的位置释放的臭味气体。居民投诉主要集中在春季，其中多数来源于管道通风问题（表 10-1 和表 10-2）。经过数年对危害气体的控制，目前居民对于危害气体臭味问题的投诉数量基本维持在较低水平。臭味问题如图 10-2 所示，与 2009 年相比，2010 年的危害气体相关投诉降低了 21%，且所有管道气体相关投诉都得到妥善解决。2011 年，投诉数量再次下降，但在 2012 年，居民的投诉数量再次上升，这主要是北部排水管道（north outfall sewer，NOS）过量通风导致大量危害气体通过社区管道进入居民房屋，洛杉矶政府计划利用水封将干管和社区管道隔离，以解决这一问题。

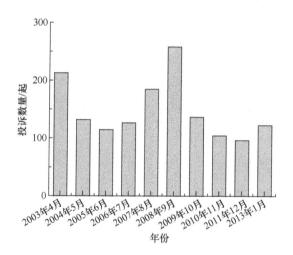

图 10-2 近年居民投诉概况（2003～2013 年）（Poosti et al.，2010）

表 10-1 2010 年投诉统计 （单位：起）

类型	第一季度	第二季度	第三季度	第四季度	总和
水封	1	2	0	1	4
管道通风	32	4	5	13	54
腐败现象	11	8	4	2	25
其他构筑物	8	8	4	3	23
总数	52	22	13	19	106

资料来源：Poosti et al.，2010。

表 10-2　2012 年投诉统计　　　　　　　　　　（单位：起）

类型	第一季度	第二季度	第三季度	第四季度	总和
水封	0	0	0	0	0
管道通风	32	5	19	25	81
腐败现象	9	9	12	8	38
其他构筑物	3	1	0	0	4
总数					123

资料来源：Poosti et al.，2010。

2. 投诉处理流程

为了及时了解和回复居民的投诉并解决相应问题，洛杉矶排水系统臭味问题投诉热线 24h 开通。洛杉矶市民可以通过投诉热线或洛杉矶官网对危害气体引发的相关问题进行投诉。卫生局、排水系统部门会对投诉进行调查，确定问题位置并处理，非管道问题则会提交给其他部门进行后续调查和处理，随后回复市民的投诉。投诉的调查和回复程序如下：①将投诉提交给维修部；②工作人员进行调查，确定气味来源并采取相应措施，如清洁管道、密封透气孔等，如果与排水系统无关，则将问题提交给其他部门或机构；③调查人员会将调查过程和结果记录在臭味投诉表上，以供审查和数据录入；④排水系统服务部门会在 7d 内向投诉人告知处理过程和处理结果并取得反馈；⑤必要时进行后续调查；⑥维修人员无法解决的问题会移交给工程部进一步调查。

10.1.3　危害气体的控制措施

1. 管道系统维护

管道系统维护对于污水的顺畅流动很重要，管道堵塞会降低污水流速，使残渣沉积，促进硫化氢的产生。管道系统维护包括管道清理、水封的检查和清理、倒虹吸管的检查和清理。

1）管道清理

定期检查、清理管道可避免危害气体问题恶化。传统清洁技术主要有加压冲洗、刮除和研磨（Poosti et al.，2010）。加压冲洗是用高速水流冲洗管壁，去除管内沉积的残渣，清除小管道内的堵塞物；刮除是将末端带刀片的杆伸入管中旋转，破坏沉积物；研磨是让一个圆柱形的实心柱子从管道内通过，去除管内沉积物和部分淤泥、沙子、砾石和固体废物。

管道至少五年清理一次，问题严重的管道要更频繁清理。除了水力和机械清理，化学药物也可用于清理管道沉积。

2）水封的检查和清理

洛杉矶每季度都会检查和清理维护管道连接处的水封，该结构可防止气体从干管流向支管，多设于 0.15～0.4m 的支管与大型主干管的连接点处（图 10-3）。水封与住宅管道中的 P 型管类似，主要利用水封阻止管道气体的运动。

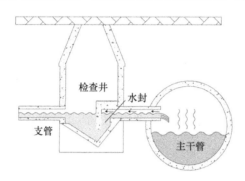

图 10-3　水封示意图

3）倒虹吸管的检查和清理

在管道运输方向有障碍物时，倒虹吸管可在其下侧输送污水，如河流、雨水渠或其他公用设施，通过后恢复原始高度。倒虹吸管道内始终充满污水，流量较低时流速很慢，更易产生沉积，导致危害气体的产生。为防止此类情况，每季度需清理一次倒虹吸管。

管内的满流阻碍了气体向下游移动，且倒虹吸管始端处水流紊动较大，促使危害气体从倒虹吸管始端附近散逸。研究及维护人员在倒虹吸管上侧设置气体跃流管（图 10-4），将倒虹吸管两端进行连接，用于气体从倒虹吸管的始端流动至终端，降低倒虹吸管的干扰，减少危害气体的散逸。

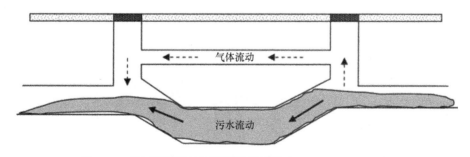

图 10-4　倒虹吸管及气体跃流管示意图（Poosti et al.，2010）

4）密封通气孔

污水流量增加会使得管道空间的大部分被占据，管内气压则会随之增加，在此情况下，管道内部气体会在内压的驱动下通过检查井上的通气孔释放至外界。相反，流量降低时外界的新鲜空气会进入管道。流动的污水会拖曳气体随之流动，污水流速较高时会携带更多气体到下游，气体受到阻碍时也会由通气孔等位置溢出。因此，洛杉矶市政部门要求将气味问题严重的透气孔密封。

2. 投加药物控制

经过初步试验确定了各种药物（包括氢氧化钠、氯化铁、氯化亚铁、过氧化氢、硝酸钙、氢氧化镁）控制危害气体产生的效果后，洛杉矶开始定期投加药物控制危害气体。最常应用的药物为氢氧化钠和氢氧化镁。

1）氢氧化钠的应用

1997 年，氢氧化钠碱冲击法（短时间投加大量氢氧化钠）开始应用于污水中硫的控制。洛杉矶污水管道较长的水力停留时间使药物可以与生物膜充分接触，使碱冲击的效果得到充分的发挥。并且，碱冲击法不受位置限制，可应付各种突发状况。

碱冲击可以破坏管内的生物膜，减少硫酸盐还原菌的生物量，达到控制硫化物的目的。根据污水的 pH、温度和接触时间，经过 3～5d 后，生物膜就会恢复生成硫化物的能力，天气温暖时恢复速率会更快。因此，碱冲击的应用频率需随季节变化，防止硫酸盐还原菌活性的恢复。

碱冲击的具体应用过程为：在问题区域上游的透气孔直接向污水中投加碱液，将 pH 提升至 12.5 以上，保持至少 30min，灭活硫酸盐还原菌。投加点下游设置 pH 监测器以确保处理效果。根据硫化物的产率和季节的不同，每周需加药 1～3 次。

2）氢氧化镁的应用

pH 会影响污水中硫化物的存在形态（图 10-5），pH 为 7 时，约有 50%的硫化物以硫化氢分子存在，pH 升至 8 会使硫化氢分子的占比降至 10%，pH 达到 8.6 时，则只有 3%以硫化氢分子存在，因此只要提高污水的 pH 就能有效控制硫化氢向气相空间的散逸。实际应用中主要以 65%的氢氧化镁悬浊液调节污水 pH，需药量为 0.02～0.025L/m^3（Poosti et al.，2010）。

3. 危害气体异位处理

为解决系统中的高压和臭味问题，洛杉矶市在城镇部分区域设置了活性炭吸附塔和联合处理设施处理管道已产生并从污水中散逸出来的危害气体，并在管道连接点设置气幕防止危害气体向其他管段扩散。

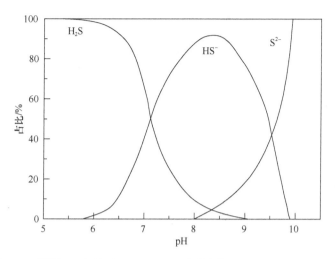

图 10-5　不同 pH 条件下 H_2S、HS^-、S^{2-} 的占比（Zhang et al.，2008）

1）活性炭吸附塔

活性炭是多孔介质，表面积较大，吸附性能较强。如图 10-6 所示，管道气体通过活性炭吸附塔时，其中的危害气体物质，如硫化氢和挥发性有机物会被吸附到活性炭介质上，达到控制危害气体进一步散逸的效果，并且能够缓解系统内的高气压问题。数据显示，活性炭吸附塔的硫化氢去除率可达 99%（Poosti et al.，2010）。实际应用中需要注意的是，应定期更换活性炭，更换频率根据吸附塔的处理负荷确定。

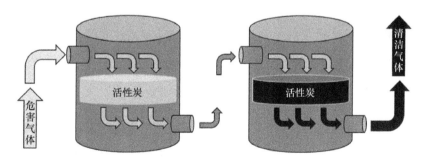

图 10-6　活性炭吸附塔示意图（Poosti et al.，2010）

2）两级生物滴滤和炭吸附装置

洛杉矶还应用两级生物滴滤和炭吸附装置对管道危害气体进行处理（图 10-7）。滴滤工艺主要利用介质上附着生长的微生物将危害气体物质氧化为无害物质，超出处理负荷的部分危害气体则会通过活性炭吸附塔被进一步处理。

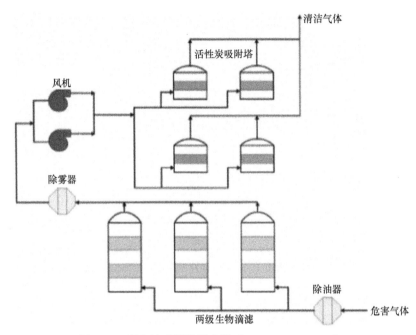

图 10-7　联合处理设施示意图（Poosti et al.，2010）

4. 气体帘幕

在洛杉矶的排水系统中，大部分的管道连接点，分流、合流处都设置了气体帘幕。气体帘幕作为一种柔性结构，能够隔绝管道内的气体流动，阻止危害气体扩散至管道系统的其他管段。

5. 处理方案的投资比较

洛杉矶各种危害气体处理方案的投资如表 10-3 所示。

表 10-3　各处理方案的投资

项目	预计花费	完成时间
联合处理设施	12000000 美元[①]	2014 年 6 月
村庄管道气味控制计划	740000 美元[①]	2014 年 1 月
化学药物	3500000 美元/a	正在运行
活性炭的消耗	1600000 美元/a	正在运行
水封项目	3100000 美元[①]	2013 年
服务范围	50000 美元/a	正在运行
气味控制—未来计划	500000 美元/a	

①处理设施或调研等项目为单次投资项目，不以年均投资计算。
资料来源：Poosti et al.，2010。

10.1.4　应用案例

洛杉矶选出四个投诉最多的区域，作为"特别关注区域"，洛杉矶应用的控制措施和对管道的研究监测主要集中在这四个区域，它们分别是格伦代尔（Glendale）/博伊尔（Boyle）高地、拉谢纳加（La Cienega）/圣费尔南多（San Fernando）、鲍尔温（Baldwin）/卡尔沃（Culver）城区和东部山谷地区。此外，洛杉矶增设了四个区域作为"研究区域"，以获取完整准确的排水系统概况，它们分别是南洛杉矶区、沿海区、海港区、西部山谷区。研究区域仅有南洛杉矶区存在危害气体释放问题。

1. 格伦代尔/博伊尔高地

1）区域概况

如图 10-8 所示，收集格伦代尔/博伊尔高地市政污水的北方排水管（NOS）东部管段，主要包括 NOS 从格伦代尔水厂向南延伸至博伊尔高地 Mission 的管段和恩特普莱斯虹吸管。格伦代尔水厂向排水管中排放生物污泥，使管道中 H_2S 和 CH_4 大量产生，在管道高压环境的作用下，危害气体大量排出，引发居民投诉。这一地区的问题区域主要集中于吉尔罗伊（Gilroy）虹吸管、恩特普莱斯虹吸管、部分分流设施和水封的附近。

2）处理方案

2007 年，洛杉矶将洪保德（Humboldt）水封上游从 NOS 流向东北截流管（north-east interceptor sewer，NEIS）的污水分流，降低 Mission/Jesse 坡降的入流污水，使大量外界新鲜空气进入 NOS，用以改善这一区域的危害气体问题。2010 年，洛杉矶将更多污水导流至 Mission/Jesse 坡降和 23 号街（23rd）/圣佩德罗（San Pedro）水封，平衡洪保德坡降上下游的气压。

除调整管道流量外，洛杉矶还在吉尔罗伊虹吸管入口和银湖路（Silver Lake Boulevard）拐角设置了碳吸附塔，并开始建设 Mission 路和 Jesse 街拐角处的联合处理设施，并于 2014 年完工。

此外，洛杉矶更改了社区管道与 NOS 主干管的连接方式，在两管道间设置了水封，防止主干管内的危害气体向社区管道和室内管道扩散。

3）处理效果测试

管道维护工作人员在 2011 年 4 月对这一地区的管道气压及 H_2S 浓度进行了测定。结果显示，格伦代尔水厂排放的污泥导致排水系统内的 H_2S 浓度高过其他区

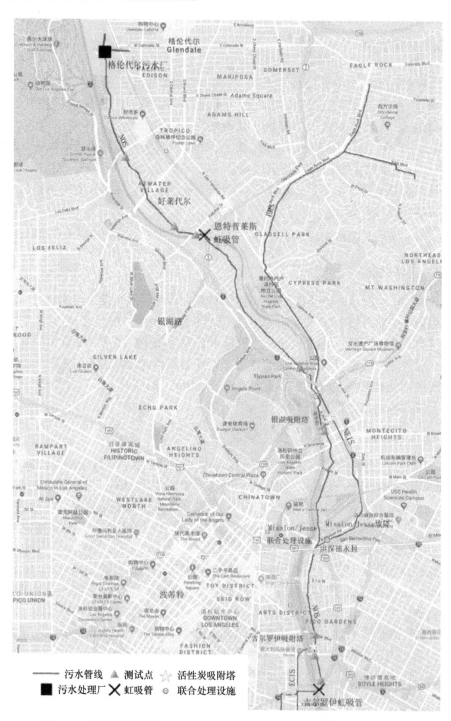

图 10-8 格伦代尔/博伊尔高地北方排水管道地图（Poosti et al.，2010）

域。受吉尔罗伊虹吸管的高压影响，好莱代尔（Hollydale）和波蒂特（Petite）两地的气压为正。受 Mission/Jesse 坡降处（NOS 与 ECIS 的连接点）ECIS 压力的影响，Mission 和 Jesse 附近管段的气压为正。在 Mission/Jesse 坡降和恩特普莱斯虹吸管的压力影响下，Mission 和 7 号（7th）街的气压有所上升。尽管这一区域的危害气体问题有所改善，但受管道内气压的影响，高浓度的 H_2S 依然向外界大量释放。

2013 年，洛杉矶的工作人员再次测试了这一地区的管道气压和 H_2S 浓度。结果显示，在好莱代尔路和银湖路拐角处的活性炭吸附塔作用下，这一区域的管道气压大幅下降，呈现负值，仅有吉尔罗伊虹吸管上游和恩特普莱斯虹吸管下游的管段依然呈现正压。尽管排水系统内的 H_2S 浓度依然较高，但管内的负压使其无法释放至外界，危害气体引发的臭味问题也得以解决。2010 年增加 Mission/Jesse 坡降和 23 号街/圣佩德罗水封的入流污水量，平衡洪保德坡降上下游气压的措施虽然在一定程度上减少了危害气体的释放，但难以完全解决这一问题。

2. 拉谢纳加/圣费尔南多

1）区域概况

拉谢纳加/圣费尔南多管廊（La Cienega-San Fernando valley relief sewer，LCSFVRS）建于 1950 年，于鲍尔温公园罗德奥（Rodeo）路和杰弗逊（Jefferson）路的交叉口与 NOS 相连接，主要用于缓解圣费尔南多南部 NOS 管段的流量负荷。如图 10-9 所示，LCSFVRS 的上游管段位于好莱坞山和费尔法克斯（Fairfax）之间，下游管段位于塞拉利昂博尼塔（Sierra Bonita）和好莱坞大道（Hollywood Boulevard）。LCSFVRS 的流速变化幅度较大，拥有大量的坡降结构，两者的共同作用导致管道气压保持较高的水平。在管道高压环境作用下，危害气体大量排出，引发居民投诉，促使洛杉矶开始调查并处理这一区域的危害气体问题。

2）处理方案

自 2005 年起，洛杉矶开始向这一区域的排水管道投加氢氧化镁悬浊液，通过调节污水 pH 控制危害气体的释放。洛杉矶在这一地区设置了两个活性炭吸附塔，分别位于 LCSFVRS 下游热内斯虹吸管处和 De Longpre 街/加德纳路（Gardner）处的塞拉利昂博尼塔。自吸附塔完工运行以来，多数管道的气压都降至大气压以下，管道内的危害气体难以释放至管道系统外部，大幅改善了这一地区的危害气体问题。

3）处理效果测试

洛杉矶的工作人员在 2011 年 4 月对这一地区的气压及 H_2S 浓度进行了测定。结果显示，多个地点出现了气压上升的情况，其中，圣莫妮卡（Santa Monica）北的加德纳上升幅度最大，高达 67.5Pa。测试中研究人员发现，热内斯（Genesee）

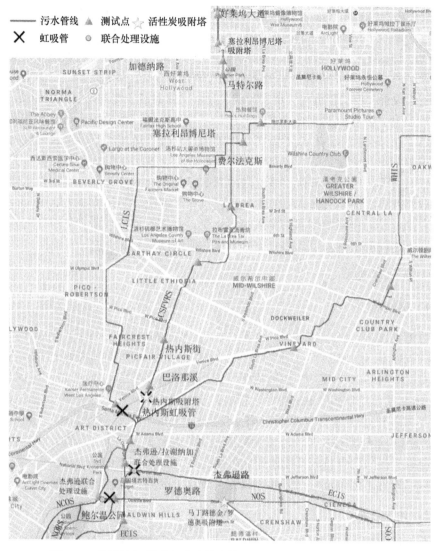

图 10-9　拉谢纳加/圣费尔南多排水管道地图（Poosti et al.，2010）

虹吸管的附属结构气体跃流管严重堵塞。气体跃流管是辅助吸附塔释放危害气体降低管道气压的重要附属设施，这一堵塞情况致使危害气体在虹吸管前端大量淤积，导致虹吸管上游管段呈现高压状态。

LCSFVRS 经由好莱坞和费尔法克斯（Fairfax）于鲍尔温（Baldwin）与 NOS 相连，利用热内斯虹吸管通过巴洛那溪（Ballona Channel）。热内斯虹吸管前端危害气体的淤积导致 LCSFVRS 的上游管段呈现持续的高压状态，促使大量危害气体释放至外界。为缓解上游管段的高压问题，洛杉矶在虹吸管上游设置了活性炭吸附塔，抽取危害气体进行处理，于 2005 年 2 月投入使用。工作人员测试了吸附塔上游和下游的管道气压来确定其处理性能。结果显示，热内斯吸附塔缓解管内气压的效果并不明显，虹吸管上游管段依然呈现高压状态，尽管气压随着与虹吸管之间距离的增加而逐渐降低，但 8km 外的区域依然会受到影响。研究人员应用 CCTV 技术（管道摄像机器人）对管道内部情况进行观测，发现虹吸管的附属结构气体跃流管被混凝土堵塞，危害气体大量淤积，由此产生的高压促使大量危害气体向外界释放。研究人员认为，热内斯吸附塔已经老旧，无法应对当前释放管道气压、控制危害气体的需求，需要对其进行升级改进，以提高处理能力。热内斯虹吸管气体跃流管的堵塞导致虹吸管上游呈现高压状态，洛杉矶计划在吸附塔升级改进之后对其进行更换。

2013 年，研究人员扩大了拉谢纳加/圣费尔南多地区的测试范围，将西好莱坞截流管（west Hollywood interceptor sewer，WHIS）和 La Cienega 截流管（La Cienega interceptor sewer，LCIS）两段管段纳入其中。气压测试结果显示，在塞拉利昂博尼塔吸附塔的作用下，LCSFVRS 上游管段的气压大幅下降，多数呈现负压，危害气体难以释放至外界。热内斯虹吸管的气体跃流管尚未更换，其前端仍处于高压状态，因此，虹吸管附近 LCSFVRS 的管道压力虽然也呈下降趋势，但仍然处于正压范围，有部分危害气体向外界释放。

3. 鲍尔温/卡尔沃城区

1）区域概况

如图 10-10 所示，鲍尔温/卡尔沃城区的排水系统主要包括北部溢流管（north outfall replacement sewer，NORS）、东部主截流管（east central interceptor sewer，ECIS）、北部排水管（NOS）、洛杉矶西截流管（west L.A. interceptor sewer，WLAIS）、西木（Westwood）溢流管（Westwood relief sewer，WRS）和北部排污主干管（north central outfall sewer，NCOS）。NORS 为新建管段，建成后洛杉矶开始修复 NOS 的下游管段，在此期间 NOS 承载的污水被分流至 NORS。污水负荷的增加导致管道空间被大量占据，管顶气相空间缩小，大量危害气体在有限的管顶空间淤积，使得 NORS 始终处于高压状态。NORS 的虹吸管气体跃流管直径较小，ECIS、LCIS、LCSFVRS、WLAIS、WRS 等上游管段输送来的危害气体无法全部通过气体跃流管进入下游管段，在管道高压的作用下，大量危害气体从附近的检查井释放至外界大气中，引发居民的投诉。

2）处理方案

洛杉矶在这一地区设置了两个气体联合处理设施和两个活性炭吸附塔，联合

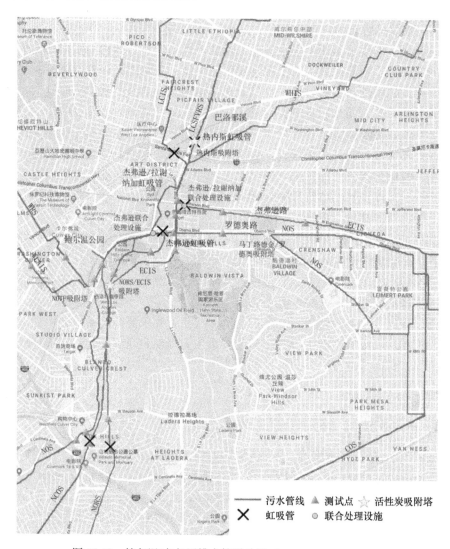

图 10-10　鲍尔温/卡尔沃排水管道地图（Poosti et al.，2010）

处理设施分别位于 ECIS 管段上的杰弗逊/拉谢纳加虹吸管处和 NCOS 管段上的杰弗逊虹吸管处，吸附塔分别位于鲍尔温公园下游的 NORS 管段和 NCOS 管段。NOS 下游管段被分为两部分同时进行修复，两部分管段分别于 2009 年和 2010 年修复完毕。在 NOS 正常运行数月之后，洛杉矶将分流至 NORS 的污水重新排放至 NOS。

3）处理效果测试

　　洛杉矶的工作人员在 2011 年 4 月对这一地区的气压及 H$_2$S 浓度进行了测定。结果显示，在杰弗逊/拉谢纳加联合处理设施的作用下，ECIS 的杰弗逊/拉谢纳加虹吸管附近的管段呈现出低压状态，仅有少量危害气体释放。LCSFVRS 下游管道的高压及危害气体问题也有所改善，管道气压降至大气压附近，但远离联合处理设施作用区域的管段气压依然较高，仍然有大量危害气体向外界释放。杰弗逊联合处理设施降低管道气压的效果明显，其上下游的 NCOS 管段都显现负压状态，最低达 −235Pa，管道内的负压使危害气体难以释放至外界。NOS 管段修复完毕后，NORS 的污水负荷随之降低，顶部气相空间增加，管道气压下降，危害气体向外界的释放也大幅减少。NOS 经过修复之后，污水负载能力大幅增加，在大量污水重新流入 NOS 之后，多数管道依然呈现低压状态。综上，联合处理设施的设置和污水负荷的调整显著改善了这一地区的高压问题，多数管段都呈现负压或低压状态，危害气体释放问题得到有效控制。

北部溢流管（NORS）建于 1993 年，其完工后，洛杉矶开始修复北部排水管（NOS）的下游管段。为确保修复工作的顺利进行，NOS 下游管段承载的污水被导流至 NORS（图 10-11），致使 NORS 污水流量增大，顶部气相空间减小。在管道内危害气体增加和气体输送能力降低的双重影响下，NORS 的管道气压大幅增加，大量危害气体排放至外界，引发居民投诉。2010 年，NOS 修复完成，NORS 承担的额外污水负荷再次由 NOS 承担，NORS 污水流量大幅下降。新建的杰弗逊/拉谢纳加联合处理设施和杰弗逊联合处理设施开始试运行，抽取并处理 NORS 上游的 ECIS 和 NCOS 管段的危害气体，减少危害气体向 NORS 的流动。在 NORS 管段的上游，NORS/ECIS 吸附塔持续运行，抽取并处理管道内的危害气体。由于不了解污水流量降低后，NORS 管内高压问题的改善情况，洛杉矶测试了 NORS 的管内气压以确定是否需要额外措施解决 NORS 的高压及危害气体问题。测试结果显示，在 NORS/ECIS 吸附塔开启时，NORS 的管内气压几乎全部为负，与污水流量降低之前相比，管内气压下降幅度明显，危害气体释放问题得到控制。唯一的正压点位于 NORS 虹吸管附近，不过虹吸管附近没有检查井等与外界相连通的设施，危害气体无法释放至外界。吸附塔停止运行后，NORS 管道各点的压力都有明显的上升，但依然处于低压状态，仅有少量危害气体释放。综上，NORS/ECIS 吸附塔控制危害气体的效果十分明显，在吸附塔和流量降低的双重作用下，管道高压和危害气体问题得到有效解决。

2013 年，洛杉矶的工作人员再次测试了这一地区的管道气压和 H_2S 浓度。结果显示，这一地区 NCOS、WLAIS、WRS、NOS 等管段的气压都有小幅上升，但在联合处理设施和活性炭吸附塔的作用下，依然处于低压状态，危害气体问题的数量也保持在较低的水平。NORS 管段在污水流量得到降低之后，其管道压力稳步下降，已接近大气压，受其低压影响，ECIS 的管道压力也降至大气压附近，危害气体问题得到有效控制。

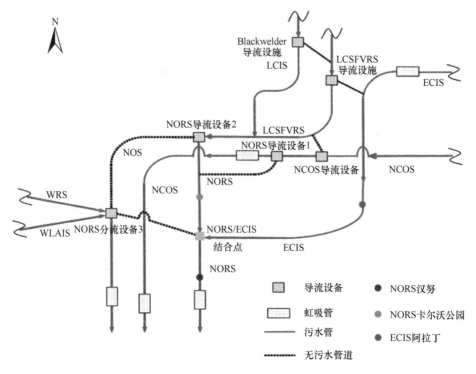

图 10-11　鲍尔温/卡尔沃区域排水系统简图（Poosti et al.，2010）

4. 东部山谷

1）区域概况

如图 10-12 所示，东部山谷地区的排水系统主要包括山谷副主干管（additional valley outfall relief sewer，AVORS）、东部山谷主干管（east valley relief sewer，EVRS）、山谷主排水管（valley outfall relief sewer，VORS）和北部排水管（NOS）的一部分。塞普尔韦达（Sepulveda）路附近的蒂尔曼（Tillman）水厂的出水和剩余污泥直接排入东部山谷城区的排水系统，先后流经 AVORS、EVRS 和 NOS，随后分为两部分，分别通过拉谢纳加/圣费尔南多主干管（LCSFVRS）和 NOS 输送至海伯利安水厂。高浓度的污泥促使管道内产生大量 H_2S 气体，管内气压随之升高，高浓度的危害气体通过检查井等设施排放至外界，引发大量居民投诉。

2）处理方案

洛杉矶在这一地区的 NOS 管段下游拉德福德（Radford）虹吸管处设置了活

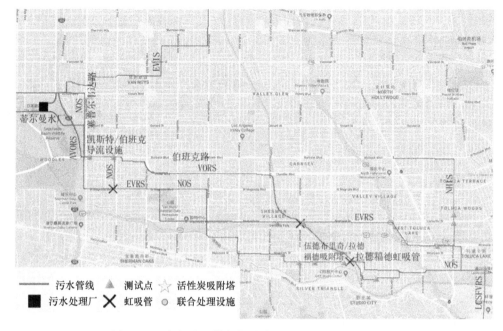

图 10-12　东部山谷排水管道地图（Poosti et al.，2010）

性炭吸附塔，抽取并处理管道内的危害气体，在蒂尔曼水厂向排水系统投加氢氧化镁，降低污水中 H_2S 分子的占比，减少 H_2S 向气相空间的传质。福曼（Forman）路北好莱坞截流管（north Hollywood interceptor sewer，NHIS）的部分污水被分流至 NOS，用以增加其管顶气相空间。

3）处理效果测试

洛杉矶的工作人员在 2011 年 4 月对这一地区的气压及 H_2S 浓度进行了测定。结果显示，在凯斯特（Kester）/伯班克（Burbank）分流设施处污水剧烈紊动和水跃的作用下，污水中的 H_2S 分子大量释放至气相空间，导致蒂尔曼水厂到分流设施间的 VORS 管段呈现正压，大量高浓度危害气体向外界释放。在水厂污泥的影响下，EVRS 管段的 H_2S 浓度远超其他管段，EVRS 与 NHIS 的结合点处的污水紊动剧烈，大量 H_2S 释放至气相空间，导致结合点附近的 EVRS 管段和 NHIS 管段气压增加。在流量调整之后，NHIS 管段的气相空间有所增加，气压大幅下降，但是 NHIS 依然呈现正压状态，且其较大的顶部空间成为 EVRS 危害气体的释放途径。尽管 NOS 的污水流量较之前有所增加，但在伍德布里奇（Woodbridge）/拉德福德吸附塔的作用下，NOS 的高压问题明显得到改善，拉德福德虹吸管的上游管段改善效果尤为明显，多数呈现负压。

2013 年，洛杉矶的工作人员再次测试了这一地区的管道气压和 H_2S 浓度。结果显示，VORS 管段的危害气体问题得到有效改善，高压问题仅出现在伯班克（Burbank）路和塞普尔韦达路的交叉点附近。EVRS 管段的气压降幅较小，始终在 25～62.5Pa 内波动，在其影响下，NHIS 也呈现正压状态。在伍德布里奇/拉德福德吸附塔的作用下，NOS 管段的气压多数降至大气压附近，最高值仅为 16Pa。综上，东部山谷各管段的气压基本保持稳定，危害气体问题少有出现，居民投诉的数量也保持在较低水平。

5. 南洛杉矶

1）区域概况

如图 10-13 所示，南洛杉矶的梅兹（Maze）区处于北部排水管（NOS）的服务范围内，NOS 主要分为南部管段和北部管段，其流向为从北向南。北部管段主要接收博伊尔高地、23 号区和崔妮蒂（Trinity）等城区的生活污水，南部支管则主要接收佛罗伦萨（Florence）路、74 号街和史劳森（Slauson）路等街区的综合污水。这一地区管道坡度较为平缓，污水流速较低，固体物质大量沉积于管底，为 H_2S 的形成提供了有利条件。高浓度的危害气体在管道压力作用下释放至外界，引发居民频繁的投诉。南洛杉矶的污水被部分分流至东北截流管（NEIS）和东部主截流管（ECIS），缓解了梅兹区排水系统的高压问题。

2）处理方案

为缓解梅兹区的管道高压和危害气体问题，洛杉矶将梅兹区的部分污水分流至 NEIS 和 ECIS，降低 NOS 的污水负荷。此外，洛杉矶在马丁·路德·金（Martin Luther King）路和罗德奥（Rodeo）路的交叉点处设置了活性炭吸附塔，在 NOS 上游崔妮蒂设置了联合处理设施，抽取并处理管道内的危害气体，在梅兹区各个排水支管中间歇应用碱冲击来灭活管道内的微生物，减少 H_2S 的生成。

3）处理效果测试

洛杉矶的工作人员在 2011 年 4 月对这一地区的气压及 H_2S 浓度进行了测定。结果显示，在 NCOS 联合处理设施和马丁·路德·金/罗德奥吸附塔的作用下，NOS 的北部管段全部呈现负压，南部管段大多呈现负压，其余管道的气压则与大气压相当。连接 NOS 北部、南部管段的各个支管的气压均小于或等于大气压。NOS 的北部管段和南部管段由罗德奥管道连接，在两端负压的影响下，罗德奥管道常年处于负压状态。由于这一地区的气压已经稳定在大气压之下，在 2013 年的测试中这一区域被排除在外。

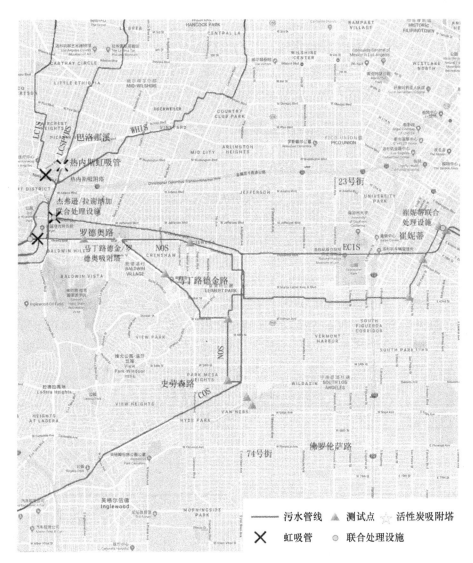

图 10-13　南洛杉矶排水管道地图（Poosti et al.，2010）

10.2　澳大利亚黄金海岸危害气体控制实例

10.2.1　管道概况

澳大利亚黄金海岸奥克森福德（Oxenford）有一段名为 UC09 的专门用于现场试验的压力管道（谷歌地图经纬度坐标：27.9°S，153.3°E），这段管道主要收集附近城区的生活污水，长 1080 m，直径 150 mm，平均流量为 206m³/d，水力停留时间（HRT）为 1.5～6.0 h（Gutierrez et al.，2014）。这一地区的年平均气温在 17.2～25.1℃，年平均降水量为 1376.5mm。污水泵站在水位到达配水井总深度 18% 以上时启动，抽取污水输送至压力干管中，水位到达 7% 以下水泵停止运行，水泵每次启动输送污水约 2.2m^3（Gutierrez et al.，2014）。

10.2.2 碱冲击对危害气体的控制效果

1. 处理方案

在正式开始现场应用之前，研究人员先通过实验室小试实验，利用 UC09 管道内的污水进行滴定实验，确定污水的缓冲容量，并由此确定 NaOH 的最佳投加量和持续时间。随后，研究人员在污水泵站设置了储药箱，储存高浓度 NaOH 溶液（质量比为 50%），通过计量泵（手动）向管道内投加 NaOH 溶液，以达到碱冲击的目的。研究人员共进行了三次碱冲击试验，每次加药后 pH 和持续时间如表 10-4 所示。试验过程中，研究人员利用 TPS 设备监测污水泵站和终点处（距污水泵站 828m）污水的 pH，利用 UV-VIS 光谱仪测定硫化物浓度。此外，每次投加 NaOH 前采样 3 次，每次采集 3 个样品，用于硫化物和甲烷的测定，在每次加药后的第 1d、7d、14d 和 21d，再次测定污水水质，以确定排水管道内微生物的恢复情况。

表 10-4　碱冲击试验参数

序号	pH 调整值	pH 冲击持续时间/h	投加量/（mg/L）
试验 1	10.5	2	260
试验 2	11	2	370
试验 3	10.5	6	520

资料来源：Gutierrez et al.，2014。

2. 控制效果

试验 1 中，研究人员将水池中污水的 pH 调节至 10.5 并保持这一状态 2h。调节 pH 后，硫化物平均浓度从 6mg S/L 降至 1mg S/L 以下，其抑制率可达 85%。然而，碱冲击对硫酸盐还原菌的抑制作用持续时间较短（约 4.5h），其恢复速率比预期快得多。根据管道末端 pH 的检测数据可知，终点处的 pH 从未达到预期值 10.5，最大仅为 9.0。研究人员认为这一现象有两个原因：①污水的混合，经过 pH 调节的污水与原管道中未经 pH 调节的污水混合，导致污水 pH 下降；②在高 pH 下，管道内的微生物没有完全失活，产生酸性物质中和 NaOH。

与硫化物的控制不同，在试验 1 中，UC09 管段内产甲烷菌的产甲烷活性被完全抑制（图 10-14）。在碱冲击前，从污水泵站流至终点处的污水中甲烷的浓度从 0.2mg CH₄/L 增加至 3.1mg CH₄/L，在碱冲击后，终点处甲烷的浓度被控制在 0.1mg CH₄/L 以下，控制效果可持续 15d（Gutierrez et al.，2014）。

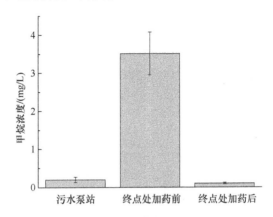

图 10-14　试验 1 中甲烷浓度的变化情况（Gutierrez et al.，2014）

试验 2 中，研究人员将污水的 pH 调节至 11.0，并保持这一状态 2h，而终点处的污水 pH 仅被提高至 10.0。这种调节并未改善对硫化物的控制效果，硫化物浓度在碱冲击后不久就完全恢复，因此，这一剂量的 NaOH 无法取得对硫化物的持续控制效果。

试验 3 中，研究人员将水池中污水的 pH 调节至 10.5，并保持这一状态 6h，这使得终点处的污水 pH 被提高至 10.5，持续时间增加至 4h。在碱冲击后 2d 内，终点处污水的平均硫化物浓度从约 10.8mg S/L 降至 3.6mg S/L，下降幅度接近 67%（Gutierrez et al.，2014）。硫酸盐还原菌的硫酸盐还原活性在 7d 内逐渐恢复，这一期间 UC09 的出流污水中 SS 增加了 74%（Gutierrez et al.，2014）。

综上，间歇的碱冲击（提高污水 pH 至 10.5 并持续 6h）可有效控制排水管道内硫化物和甲烷的生成，但在实际应用中应考虑污水 pH 会沿污水管线逐渐降低，当根据实际情况适当调整 NaOH 投加量。

这一实验没有探究排水管道内微生物对碱冲击的适应性，微生物的适应性将影响碱冲击控制危害气体的长期效果。研究显示，碱冲击不能完全抑制硫化物的产生，加药后硫化物的产量依然保持在加药前水平的 30%～40%。

10.2.3　亚硝酸盐对危害气体的控制效果

1. 处理方案

研究人员通过实验室小试实验确定了应用亚硝酸盐控制排水管道危害气体的投加浓度为 100mg N/L（Jiang et al.，2010），并于 UC09 管道进行了现场试验。研究人员在污水泵站设置了储药箱，用于储存亚硝酸盐。每次泵送污水之前通过计量泵手动向泵站内配水井中定量投加亚硝酸钠溶液，使井中亚硝酸钠浓度达到 100mg N/L,加药过程持续 3d(早上 8:00 到下午 19:00)。研究人员在泵站下游 828m 的终点处设置 UV-VIS 光谱仪（S：CAN, Messtechnik GmbH, Austria）监测整个 研究过程中污水的硫化物浓度（共约 3 个月，包括投加亚硝酸盐的前、中、后期）。 在投加亚硝酸盐前 7d,对 UC09 管段的甲烷产率进行 3 次测试,每次测试持续 3～ 6h,测试配水井和光谱仪位置的产甲烷情况。投加亚硝酸盐后的第 1 周、4 周、5 周、10 周、14 周再次测定两地点的甲烷产率。

2. 控制效果

加药 3d 后，硫酸盐还原过程被完全抑制，加药持续时间较实验室实验（12d） 更短，这可能是两个系统生物膜结构的不同导致的。UC09 管道内的剪切力为 10 Pa, 较实验室反应器（0.3Pa）高得多，高剪切力致使管道生物膜的厚度变薄，亚 硝酸盐能够轻易渗透至生物膜深层，产生抑制作用（Jiang et al.，2010）。停止加 药 7d 后，硫化物浓度恢复到初始水平的 50%。这一恢复速率较实验室实验略快， 在实验室实验中，亚硝酸盐投加浓度为 80mg N/L 和 120mg N/L 时，50%的恢复 期分别为 9.5d 和 15.8d（Jiang et al.，2010）。但现场实验中，第 12～14d 的硫化物 浓度迅速降低，第 14d 降至 0，随后逐渐恢复，第 20d 恢复至投加前水平的 60%。 研究人员认为这可能是亚硝酸盐破坏了污水管道生物膜的生物稳定性导致的，使 其更易受外界恶劣环境的影响。亚硝酸盐对甲烷的控制效果较强，在停止投加亚 硝酸盐 1 个月后，终点处的甲烷浓度与配水井处的甲烷浓度处于同一水平。在随 后的 2 个月中，微生物的产甲烷活性仅有少量增加。

10.2.4 游离性亚硝酸对危害气体的控制效果

1. 处理方案

在应用游离亚硝酸（FNA）控制排水管道危害气体的实验室实验取得成功之 后，研究人员于 2012 年 3～9 月在 UC09 管道进行了 9 次现场试验。研究人员在 污水泵站设置了储药箱，用于储存亚硝酸盐（40%）、酸和过氧化氢，通过计量泵 （手动）向泵站内配水井投加药物。每次泵送污水之后立刻向配水井中投加亚硝酸 钠溶液，在下一次泵送污水之前使配水井中亚硝酸钠浓度达到 100mg/L。持续向 配水井中投加浓盐酸（36%）使污水 pH 保持在 6.0。需要投加过氧化氢时，在泵 送污水前，向配水井中投加过氧化氢浓溶液（35%），使污水中过氧化氢浓度达到 60mg/L。每次投加药物之后有 1～4 周的恢复期，恢复期间不向配水井中投加药 物。当 H$_2$S 浓度恢复到药物投加前水平的 20%～50%时，开始下一组实验。此次 试验测试了两种化学药物的组合，即单独的 FNA 和 FNA+H$_2$O$_2$，实验中投加 FNA

和 H_2O_2 的浓度分别为 0.26mg N/L 和 60mg/L,每次实验投加亚硝酸盐、过氧化氢的量、pH 的调节值和加药持续时间如表 10-5 所示。

表 10-5　实验中药物投加参数

序号	亚硝酸盐/(mg-N/L)	H_2O_2/(mg/L)	pH	FNA/(g HNO$_2$-N/L)	给药持续时间/h
1	100	60	6	0.26	24
2	100	60	6	0.26	24
3	100	60	6	0.26	24
4	100	0	6	0.26	24
5	100	0	6	0.26	24
6	100	0	6	0.26	8
7	100	0	6	0.26	8
8	100	6	6	0.26	8
9	100	6	6	0.26	8

资料来源:Jiang et al.,2013。

试验期间,研究人员会在每次加药前采集配水井中的污水样品,用于确定调节 pH 的需药量。每次试验前后会检测各化学药品的储备量来确定试验消耗的化学药品量,用于验证给药率。在投加药物之后,研究人员会在污水泵站下游采样点采集三个污水样本,测定亚硝酸盐浓度,确定其消耗速率。

研究人员在泵站下游终点 B 处设置 UV-VIS 光谱仪(S:CAN,Messtechnik GmbH,Austria)监测污水中的硫化氢浓度,在下游配水井中安装在线气体记录仪(Odalog 10-1000 Logger L2)监测气相空间中 H_2S 的浓度。

2. 控制效果

对于所有试验,给药后立即将溶解的硫化物和气态 H_2S 浓度降低了 95% 以上,日平均硫化物浓度降至 0.5mg S/L 以下,而气态 H_2S 浓度降至 1ppm 以下(Jiang et al.,2013)。

组合应用 FNA 和 H_2O_2 时,溶解硫化物在 7d 后恢复了 20%,而单独加入 FNA 时,溶解硫化物在第 5d 后恢复了 20%。同样在 Odalog 传感器测量的气态 H_2S 水平中也能观察到类似的差异,大体来说,FNA+H_2O_2 比单独的 FNA 具有更好地抑制硫化物再生的性能。间歇加入 FNA 或 FNA+H_2O_2 可以有效控制排水管中硫化物的产生,投加药物 8~24h 可以提供长达 10d 的持久效果,使硫化物平均减少 80%(Jiang et al.,2013)。

实验显示,添加相同的药剂情况下,8h 连续给药时间相比 24h 给药时间会使得硫化物恢复时间更长,因此,给药初期规定给药为 24h,并投加 FNA+H_2O_2,随后规定给药时间为 8h,并单独投加 FNA,这可能是提高控制效率的非常经济的方式。

10.3 其他地区危害气体控制实例

10.3.1 希腊科孚岛市

1. 管道概况

科孚岛市的实验排水管道长 6.7km，平均流量 500 m³/h，平均水力停留时间 2h（Mathioudakis et al.，2006）。这一段管段中，共设有四座污水泵站，每座污水泵站间的距离在 2km 左右。由于长时间输送污水，这段管道内滋生了大量的硫酸盐还原菌，进而产生硫化物，因为水力停留时间的不同，硫化物的浓度在 3～27mg/L（Mathioudakis et al.，2006）。

2. 处理方案

科孚岛市的研究人员在泵站 A 设置了容积 1m³ 的水箱，以硝酸铵溶液作为控制药剂通过重力自流的方式连续投加至污水管道中。研究人员共考察了硝酸铵投加浓度分别为 13.8mg/L、30mg/L 和 55.4mg/L 时对硫化物的控制效果。根据硝酸铵溶液投加速率的不同，加药的持续时间被控制在 4～8h（Mathioudakis et al.，2006）。污水泵站附近的 A、B、C、D 四个地点为此次试验的水质检测点，研究人员应用在线监测仪器直接测试 A、B、C、D 四点的污水温度和 pH，在加药 3h 后取样，测定四个地点污水的溶解性 COD、硫化物和 NO_3^--N 三个水质指标。

3. 控制效果

如图 10-15 所示，在污水平均温度为 26.6℃条件下，三种不同浓度的硝酸铵

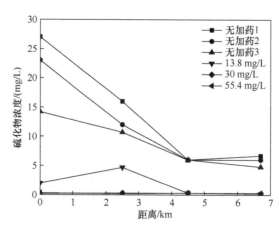

图 10-15　实验中硫化物浓度的变化情况（Mathioudakis et al.，2006）

都能够将硫化物的浓度降至 1mg/L 以下，当硝酸盐投加浓度分别为 13.8mg/L、30 mg/L 和 55.4mg/L 时，硫化物的平均浓度分别降低了 83.5％、97.9％和 98.8％（Mathioudakis et al.，2006）。在管道前半段，污水中的硝态氮有一个明显的上升，但在管道末端，硝态氮浓度已降至 4mg/L 以下，与未加药时（2.3mg/L）相比，其提高幅度仅为 1.7mg/L，且在最高投加浓度下，污水处理厂入口处的总凯氏氮仅增加 10%（Mathioudakis et al.，2006）。研究表明，硝酸铵是一种有效的控制管道内危害气体的药物，其最佳应用浓度为 30 mg/L。

10.3.2　英国沃尔顿

1. 管道概况

位于英国内兹岬附近的沃尔顿区域的排水主干管为压力管道，长 2.4km，直径为 667mm，平均日流量为 3700m³/d（雨季可达 5000～7000m³/d），平均水力停留时间为 5.4h（Bentzen et al.，1995）。这一管段将市政污水从污水泵站运输到沃尔顿污水处理厂进行处理。调查显示，由于海水向排水管道内渗透，沃尔顿污水处理厂的入流污水中含有高浓度的硫酸盐，最高可达 1300 mg/L（Bentzen et al.，1995），污水的其他水质参数则显示，这一地区的污水为中等浓度的生活污水。高浓度的硫酸盐促使排水管道中的硫酸盐还原菌大量繁殖，在硫酸盐还原菌的作用下，SO_4^{2-} 被大量还原为硫化物，并部分以 H_2S 形式释放至外界。污水泵站处的硫化物浓度通常小于 0.3mg/L，没有造成明显的问题，由于压力管道内一直处于厌氧状态，污水处理厂进水口和出水口出现高浓度的硫化物。现场实验进行了 3 个月（4～7 月），在 3 个月中，污水温度从 12℃上升至 22℃。由于污水温度存在差异，7 月的硫化氢浓度明显增加，污水处理厂进水口的硫化氢浓度从 3 月的 1.6mg/L 上升至 7 月的 10mg/L（Bentzen et al.，1995）。

2. 处理方案

研究人员在污水泵站设置了一个储药罐（9m³），储存高浓度的硝酸钙溶液，其中硝态氮的含量为 77mg/mL，钙离子含量为 109mg/mL，溶液 pH 约为 6。此外，研究人员在污水泵站安装了变速计量泵和微处理器计量控制设备（NBOX），用于硝酸钙浓溶液的投加。

研究人员此次试验的在线控制系统主要用于控制硝酸盐的投加量，这一工艺以专门开发的无氨水高浓度硝酸钙水溶液作为投加药剂，利用 NBOX 控制硝酸盐的投加量。NBOX 计量控制系统有多种给药模式，适用于不同的排水系统。NBOX 计量控制系统主要通过几个控制参数的变化来控制硝酸盐的投加量，如污水的流量、水力停留时间、水温、污水中和管顶气相空间中的 H_2S 浓度。硝酸盐的日投加量是动态变化的，在现场实验中，硝酸盐浓溶液的投加量主要分布于 5～25L/h，平均投加量为 13L/h。

实验过程中，研究人员在污水泵站、污水处理厂进水点、污水处理厂出水点设置了硫化物分析仪（Norsk Hydro）和可编程的污水采样器，收集的污水用于监测污水水质的变化，如 COD、DOC、总凯氏氮、硝态氮、亚硝态氮、悬浮固体（SS）、硫酸盐和总磷。

3. 控制效果

测试结果显示，利用在线控制系统控制硝酸盐的投加量能够有效控制沃尔顿排水系统内硫化物的产生。在投加硝酸盐之前，污水处理厂入流污水的硫化物浓度在 0.5～10mg/L 变动，平均浓度 4.2mg/L。在给药阶段，污水中的硫化物浓度降至 0～0.4mg/L，平均浓度为 0.24mg/L，污水中的硫化物减少了 95％ 左右（Bentzen et al.，1995）（图 10-16）。

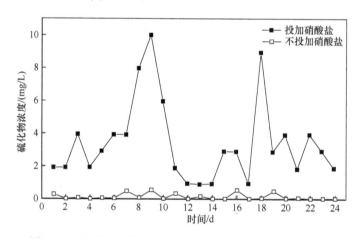

图 10-16　实验中硫化物的变化情况（Bentzen et al.，1995）

根据水质参数分析可知，硝酸盐投加浓度为 0～20mg N/L，平均投加浓度为 10mg N/L 左右时，污水处理厂入流污水的硝酸盐浓度保持在较低水平，多数时间都处于 2mg N/L 以下，对污水处理厂的运行没有不利影响（Bentzen et al.，1995）。

10.3.3　西班牙南特内里费

1. 管道概况

西班牙 El Tablero 水库通过重力管将水输送到岛屿南部，这一管段是南特内里费再生水系统的一部分，直径 600mm，长 61km。管道为混凝土材质，内涂层为铸铁，平均流量为 525m^3/h，流速为 0.5m/s，水力停留时间为 33h（Rodríguez-gómez et al.，2005）。污水中 NO$_x$-N 浓度低于 0.5mg/L，COD 浓度为 65mg/L。管道内没有气相空间，溶解氧耗尽后开始产生硫化物，管道末端污水中硫化物浓度始终高于 2mg/L，最高可达 15mg/L（Rodríguez-gómez et al.，2005）。

2. 处理方案

研究人员试验了硝酸钙投加浓度分别为 2.5mg N/L 和 5.0mg N/L 时的控制效果，药物投加持续两周，每个浓度持续一周，进行三次实验。研究人员首先在三种不同有机物含量（50mg COD/L、60mg COD/L 和 70mg COD/L）下应用 2.5mg NO$_3^-$-N/L 的投加浓度进行了三次实验，随后在另外三种不同的有机物含量（84mg /L、90mg /L 和 80mg /L）下应用 5mg NO$_3^-$-N/L 投加浓度进行了三次实验。投加药物之前对水进行了几次采样分析，作为之后分析亚硝酸盐控制效果的参考。

3. 控制效果

表 10-6 比较了加药前后的水质参数的变化情况。在硝酸盐投加浓度为 2.5mg NO$_3^-$-N/L 时，COD/ NO$_3^-$-N 的比例为 29～42。在水的输送过程中 NO$_3^-$-N 被全部消耗，反硝化速率与 COD 浓度呈线性关系，说明有机物质并不过量。

表 10-6 加药前后水质参数变化情况

水质参数	基础阶段	加药阶段	
		2.5mg NO$_3^-$-N/L	5.0mg NO$_3^-$-N/L
温度/℃	22.4±0.6	23.2±0.5	22.9±0.1
pH	7.89±0.04	7.80±0.05	7.80±0.02
DO/（mg/L）	5.2±1.2	4.1±0.7	3.6±0.2
TSS/（mg/L）	16±2	23±4	21±2
COD/（mg/L）	70±8	88±15	89±12
SO$_4^{2-}$/（mg/L）	86±15	78±4	86±5
S^{2-}/（mg/L）	0.0±0.0	0.0±0.0	0.0±0.0

资料来源：Rodríguez-gómez et al.，2005。

在硝酸盐投加浓度为 5mg NO$_3^-$-N/L 时，COD/ NO$_3^-$-N 的比例为 16～17，反硝化平均速率为 0.16mg NO$_3^-$-N/（L·h），硝酸盐没有完全进行反硝化。硝酸盐的平均消耗量为 3.5mg NO$_3^-$-N/L，最终浓度为 1.5mg NO$_3^-$-N/L（Rodríguez-gómez et al.，2005）。若要将出水的 NO3$^-$-N 控制在较低浓度，必须提高 COD/ NO$_3^-$-N 比例。

亚硝酸盐浓度为 2.5mg NO$_3^-$-N/L 时，污水中的硫化物被大幅降低，但依然有少量存在。亚硝酸盐浓度为 5mg NO$_3^-$-N/L 时，由于管道内始终有 NO$_3^-$-N 的存在，硫化物的产生被完全抑制，因此，亚硝酸盐的最佳投加浓度应当在两个数值之间。从控制硫化物的角度看，硝酸盐不被完全消耗很重要，这能够保证厌氧条件下硫化物被完全抑制。实验中，硝酸盐的平均消耗量为 3.5mg NO$_3^-$-N/L，因此，4mg NO$_3^-$-N/L 的亚硝酸盐就足以完全控制管道内的硫化物。

10.3.4 澳大利亚悉尼

1. 管道概况

澳大利亚悉尼 Bellambi 有一段压力管道，用于运输生活污水。管道总长 9.93km，管径为 600～750mm。管道前设有污水泵站，其中的配水井容积为 500m^3。泵站内设有三个水泵（一用二备），水泵的运行基于配水井水位确定，旱季流量为 21000m^3/d，水力停留时间为 6h（Ganigué et al., 2018）。管道末端为伍伦贡污水处理厂，用于处理污水。

2. 处理方案

研究人员基于泵站的污水流量计读数实时计算 FeCl$_2$ 投加量，由于铁盐投加位置为配水井，其中的硫化物浓度极低，因此，FeCl$_2$ 投加量只取决于污水在压力管道中流动时产生的硫化物。

研究人员在 Bellambi 干管进行现场试验来验证这一控制算法，相应的加药方案如下：①不加药（14d）；②按照预先设定的加药方案投加 FeCl$_2$；③利用控制算法实时控制 FeCl$_2$ 的投加量（对已有的可编程逻辑控制器进行编程，应用改进后的控制算法基于泵站的污水流量计读数实时计算 FeCl$_2$ 的投加量）。三组实验中气候保持稳定，平均气温分别为 23.1℃、20.6℃和 21.7℃，每组实验开展期间的总降水量均小于 20mm，且在验证在线控制算法的实验中没有降水。

压力干管入口处设有流量计，每 15min 记录一次流量。加药装置包括储药箱、变速传动加药泵和可编程逻辑控制器。研究人员利用变速传动加药泵向配水井投加 FeCl$_2$ 溶液（浓度为 10%～29%）将管道出水的硫化物控制在 0.5mg/L 以下。实验过程中，每间隔 1h 系统会基于预先设定的每日配置方案调整 FeCl$_2$ 溶液的投加量，停止污水泵时停止加药。

现场实验以三周为一个周期。研究人员在压力管道出水口处设置了在线监测装置监测硫化物，每周在泵站配水井和污水处理厂进水口处取样分析铁的浓度。实验过程中，根据加药量记录和储药箱的液位监测药物的消耗。为评估在线控制算法节省药物的量，研究人员将实时控制的加药量与按加药方案投加的加药量进行了对比。

3. 控制效果

表 10-7 比较了不同加药方式时的 $FeCl_2$ 投加量和加药后硫化物的平均浓度。结果显示，不加药时出水的硫化物平均浓度为 1.65mg/L，根据水力停留时间的不同，硫化物浓度在 1～5mg/L 波动。按预先设定的方案加药和在线控制加药会使出水硫化物浓度分别降至（0.13±0.20）mg/L 和（0.23±0.19）mg/L。在控制效果相同时，在线控制法的需药量减少了 30.5%，相当于每年减少 100m^3 的 $FeCl_2$ 溶液的消耗（Ganigué et al.，2018）。

表 10-7　不同方案的加药量及水质参数变化情况

水质参数	不加药/21d	按预先设定方案加药/14d	在线控制加药
污水流量/（mL/d）	21	20.9	20.9
pH	7.39±0.23	7.33±0.22	7.38±0.29
S^{2-}浓度/（mg/L）	1.65±1.15	0.13±0.20	0.23±0.19
加药量/（kg Fe^{2+}/d）	0	213.5±30.4	148.28±6.40

资料来源：Ganigué et al.，2018。

参 考 文 献

Bentzen G, Smit A T, Bennett D, et al. 1995. Controlled dosing of nitrate for prevention of H$_2$S in a sewer network and the effects on the subsequent treatment processes. Water Science & Technology, 31(7): 293-302.

Ganigué R, Jiang G, Liu Y, et al. 2018. Improved sulfide mitigation in sewers through on-line control of ferrous salt dosing. Water Research, 135: 302-310.

Gutierrez O, Sudarjanto G, Ren G, et al. 2014. Assessment of pH shock as a method for controlling sulfide and methane formation in pressure main sewer systems. Water Research, 48: 569-578.

Jiang G M, Gutierrez O, Sharma K R, et al. 2010. Effects of nitrite concentration and exposure time on sulfide and methane production in sewer systems. Water Research, 44(14): 4241-4251.

Jiang G M, Keating A, Corrie S, et al. 2013. Dosing free nitrous acid for sulfide control in sewers: results of field trials in Australia. Water Research, 47(13): 4331-4339.

Mathioudakis V L, Vaiopoulou E, Aivasidis A, et al. 2006. Addition of nitrates for odor control in sewer networks: laboratory and field experiments. Global Nest, 8(1): 37-42.

Poosti A, Levin M, Crosson L, et al. 2010. Sewer Odor Control Master Plan. Los Angeles: Bureau of Sanitation: 37-126.

Rodríguez-gómez L E, Delgado S, Álvarez M, et al. 2005. Inhibition of sulfide generation in a reclaimed wastewater pipe by nitrate dosage and denitrification kinetics. Water Environment Research, 77(2): 193-198.

Zhang L H, Schryver P D, Gusseme B D, et al. 2008. Chemical and biological technologies for hydrogen sulfide emission control in sewer systems: a review. Water Research, 42(1-2): 1-12.